建筑学必读经典书籍

# 建筑
# 细部

[美] 爱德华·R·福特 著

胡迪 隋心 陈世光 何为 李博飑 译

江苏凤凰科学技术出版社
- 南京 -

图书在版编目（ＣＩＰ）数据

建筑细部 /（美）福特著；胡迪等译 . -- 南京：
江苏凤凰科学技术出版社，2015.10
ISBN 978-7-5537-5433-8

Ⅰ . ①建… Ⅱ . ①福… ②胡… Ⅲ . ①建筑结构－细
部设计 Ⅳ . ① TU22

中国版本图书馆 CIP 数据核字（2015）第 229951 号

江苏省版权著作权合同登记：10-2014-264

建筑学必读经典书籍
建筑细部

| | | |
|---|---|---|
| 著　　　者 | [美]爱德华·R·福特 |
| 译　　　者 | 胡迪　　隋心　　陈世光　　何为　　李博飂 |
| 项 目 策 划 | 凤凰空间/段建姣　陈尚婷 |
| 责 任 编 辑 | 刘屹立 |
| 特 约 编 辑 | 徐丽贤 |

| | |
|---|---|
| 出 版 发 行 | 江苏凤凰科学技术出版社 |
| 出版社地址 | 南京市湖南路1号A楼，邮编：210009 |
| 出版社网址 | http://www.pspress.cn |
| 总 经 销 | 天津凤凰空间文化传媒有限公司 |
| 总经销网址 | http://www.ifengspace.cn |
| 印　　　刷 | 北京博海升彩色印刷有限公司 |

| | |
|---|---|
| 开　　　本 | 965 mm×1 270 mm　1 / 32 |
| 印　　　张 | 10.5 |
| 字　　　数 | 302 400 |
| 版　　　次 | 2015年10月第1版 |
| 印　　　次 | 2020年10月第2次印刷 |

| | |
|---|---|
| 标 准 书 号 | 978－7－5537－5433－8 |
| 定　　　价 | 68.00元 |

图书如有印装质量问题，可随时向销售部调换（电话：022-87893668）。

建筑细部

献　给　Jane

# 目录

# 前 言

　　当我在写以下的文字时，或者也可以说是在我刚刚起笔的时候，我正住在剑桥大学唐宁学院附近的一处公寓里。公寓位于三楼，放眼便可俯瞰学院的整片绿地——那是如此熟悉的景色，和我自己的学校——弗吉尼亚大学的主草坪非常相仿。这草坪动工于唐宁学院 1800 年成立的 19 年后，这两处景观拥有很多共同点：都突出了中央绿地；绿地两侧都运用侧翼建筑来限定，并且草地的尽头都建有巨大的中央主楼作为对景。当然，它们也有显著的差异。威廉·威尔金斯（William Wilkins）的唐宁学院在形式上体现了希腊复兴风格特征，并以凯顿（Ketton）石材为饰面材料；而托马斯·杰斐逊（Thomas Jefferson）的弗吉尼亚大学更多受到帕拉迪奥风格的影响，并以砖和木材为饰面材料。弗吉尼亚大学的中央主楼作为图书馆使用；而它那属于后杰斐逊风格的小礼拜堂则作为后期的添加物建于 1890 年，十分蹩脚地立于主楼的一侧。和弗吉尼亚大学相反，唐宁学院的礼拜堂坐落在中轴线上，而图书馆则立于一旁（它建于 1993 年，也是一座后来添加的建筑）。与唐宁学院一致的是，弗吉尼亚大学持续扩张着它的历史核心区，刚刚在主草坪附近建成了一座用于存放特殊藏品的新图书馆。于是这两处教育机构都面临着一个共同的课题——如何围绕现有历史建筑群来进行新的建设。它们不仅在建造年代方面同当今时代有着 180 年的差距，更是在建造技术、概念方面存在鸿沟。两个机构都给出了相同的答案：他们的主要策略都是使新建筑在风格上效仿周边的历史建筑，不论采用的是联邦风格还是希腊复兴风格。

　　在我回到弗吉尼亚不久，我同其他一些同事联名向弗吉尼亚大学管理部门以及公共社区写了一封公开信，表示反对当前学校将自身禁锢于历史主义牢笼的现状，我们认为杰斐逊所留的建筑遗产并非某种特定的具体符号，而是一系列更为广义的建筑法则。在信中，我们委婉地要求这种外在而肤浅的复兴主义至少应该被重新审视。首先，这封信的形成过程揭示了一些有关作者们奇怪的事实。我们对于现状的不满是一致的，然而各自所持的理由却是多样的，有时，甚至是相互矛盾的。有些人认为校园缺少真正的新建筑，对校园虚假的历史主义不满。有些人担忧建筑的多样化问题，为以欧洲为中心并同历史关联且广泛存在的古典主义风格烦恼。有些人认为建筑设计应该给予周边景观更多的关怀。有些人为历史建筑保护的态度而担心，对于校园拆除真正的历史建筑而新建那些虚假的仿古建筑的政策而不满。还有很多人说：这根本无关风格，而通过更好的场地规划，更多样化，或者仅仅通过更优秀的建筑就可以解决问题。

由于我的教学生涯的大部分时间都在讨论构造问题，或许很多人认为我之所以对弗吉尼亚大学新建筑持否定态度是因为它们没有成功地弥合十九世纪后期风格的外表和隐藏其后的当代技术之间的鸿沟。实体砖墙变成了表层的饰面；拱，原本是解决结构问题的必要形式，现在变成了由钢结构支撑；原本的小块玻璃，现在尺寸变大。虽然整体的形象还在，却充斥了错误的门楣、墙角砖、窗格，以及钢结构的窗过梁、预制的古典柱式。在视觉上，没有什么东西比这些不健全状态下的建筑更令人不悦了：在钢结构框架中填充混凝土砌块，其上再附 4 英寸（1 英寸 =0.0254 米）厚殖民时代建筑风格的表层外衣。弗吉尼亚大学的新图书馆就是以这样的方式建造的，还有其他大部分历史主义建筑亦如此。

但是这种表里不一的构造并非复兴风格建筑无法回避的唯一选择。在唐宁学院的新图书馆中，就很少有这种建造方式和预想建筑形象之间的对立关系。墙体是实体的：4 英寸厚的凯顿石材固定于 8 英寸厚砖砌体结构层，其内附有 3 英寸保温砌块层（图 1）。它们都是有结构功能的，而且除屋顶之外，并没有隐藏的钢结构体系。

这是否可以作为弗吉尼亚大学新图书馆所揭示之问题的解决方案呢？从某种角度说，是可以的。但是我认为仅仅实现构造上的实体化还不够。唐宁学院图书馆，不论其本身建造得如何优秀，它并没有展现出跳出影射

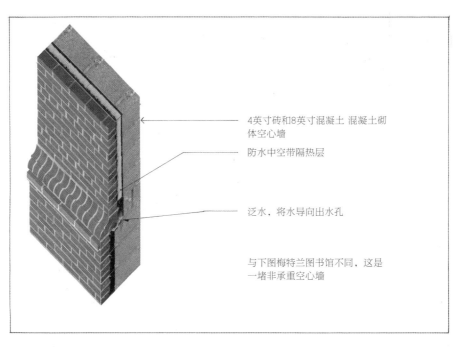

4英寸砖和8英寸混凝土 混凝土砌体空心墙

防水中空带隔热层

泛水，将水导向出水孔

与下图梅特兰图书馆不同，这是一堵非承重空心墙

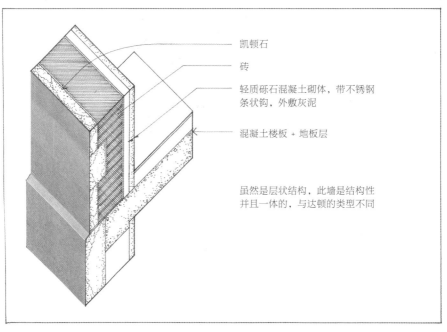

凯顿石

砖

轻质砾石混凝土砌体，带不锈钢条状钩，外敷灰泥

混凝土楼板 + 地板层

虽然是层状结构，此墙是结构性并且一体的，与达顿的类型不同

## 图1

**顶图**

墙体细部，达顿商学院，弗吉尼亚大学，罗伯特·斯特恩（Robert A.M. Stern），夏洛茨维尔，弗吉尼亚州，1996

**底图**

墙体细部，梅特兰·罗宾逊图书馆，唐宁学院，昆兰·特里（Quinlan Terry），英国剑桥，1993

历史建筑的雄心。它仅仅是一件附属品，仅仅是依赖于历史影射而存在的建筑，不论其影射的作品是如何古老或者构造上如何厚重，它们只能是肤浅的、无诚意的、短暂的。从最广泛的字面含义来说，好的建筑有着更深层次的结构。

总之，我认为唐宁学院和弗吉尼亚大学新图书馆存在的问题不在于它们将一个时代的建造技术在另一个时代作为表面装饰来使用，不在于它们都运用了具象的符号，不在于它们对当代技术的漠视，不在于它们本身是古典主义建筑，不在于它们唤起了人们对那个压迫时代的记忆，不在于它们体现了欧洲中心主义，也不在于它们的形式源自少数人（这些人即使存在，也不多）推崇的那种对绝对标准化美学的信仰……尽管所有这些问题都存在。问题在于它们的细部。并非我不赞同它们的细部表达，问题也不在于它们是装饰性的，而是在伟大的建筑中，细部，作为建筑构造解决方式的表达，应该作为传达建筑信息的手段而存在。

没有什么比大草坪更具说明性的例子了。作者们一致认为中央草坪的意义并不在于它的表像，而是它所体现出的原则，也就是说，在表像之下存在着的更深层次的结构赋予了草坪深刻的意义。可以理解为什么许多阅读过这封信的人反对这种观点，是因为他们认为如果所有的建筑语汇，例如柱头、柱础、造型和装饰等组成中央大草坪建筑群的各个部分的这些语汇，都不存在，那么结果将会背离杰斐逊风格，失去整体性。他们争辩，如果剥除大草坪的装饰元素，会使其失去所有的特征，并会极大改变它所传达的意义。同时，他们认为，仅仅依靠比例、构成、几何形式并不够，如果人们移除这些装饰，那么就必须引入其他的元素来代替，不一定是复古风格的元素，甚至不一定是某种具体的符号，而是那种可以替代完成旧装饰所扮演的角色、超越它们的历史影射的元素。我同意，保留某些细部是必须的，但是找到一种真正的细部意味着设计师要超越他所熟悉的范围，找到那种路易斯·康所说的"开始之源点"。我还没有幼稚到去反驳"很多古典装饰也起源于构造"这个观点，虽然很多人坚信于此，而且一些装饰元素的确如此。但这种情况下它们首先是作为细部，肩负着许多功能而不是装饰，仅仅用来追忆历史，而这种对历史的追忆，对于让人们从更高层次理解建筑及其意义是有害而无益的。

细部是理解一座建筑的基础，而非附属品。这并不是说细部包含着整座建筑的概念；这本书其实是要论证与之相反的观点，对整座建筑的理解不能脱离对细部的理解，而且细部的角色并不仅仅是要创造自然的影射与联系。深刻的细部远远超出构造本身，但是它们源自于构造。建筑，在我看来，是建造的艺术，如果它要传达出某种深刻的意义，就会通过构造来表达。构造并非仅仅意味着建造，也不仅仅是对实际需求的满足，而是通过我们的诠释、我们的理解被视作为科技的展现，被视为会引起我们的直觉反应的事物，也被视为我们所知的历史的一部分。我坚信建筑会表达出很多信息，但无法仅仅通过影射来做到这一点，或者说无法仅仅通过影射就能实现很好的表达。

如果建筑想表达某种空间概念，它会通过尺度来表达。如果它要表达某种精神，它会通过重量来表现。如果它想表达社会理念，它会通过节点来表达。如果它想表达某种超出它自身，与它自身相区别，甚至相矛盾的的事物，它的表达将会始于自身的构造。

以下机构允许我研究他们的资料并且提供相关的复制品和意见：
图纸档案馆，阿尔瓦·阿尔托基金会；
雪城大学特殊珍藏研究中心；
剑桥大学建筑系教工图书馆；
图纸珍藏馆，切尔滕纳姆美术馆与博物馆；
勒·柯布西耶基金会；
甘柏住宅的格林兄弟图书馆，加州帕萨迪纳；
费·琼斯作品资料，特殊珍藏馆，阿肯色大学；
路易斯·康作品集，建筑档案馆，宾夕法尼亚大学以及宾夕法尼亚历史与博物馆委员会；
肯贝尔艺术博物馆；
档案馆，梅特兰·罗宾逊图书馆，唐宁学院，剑桥大学；
伯纳德·梅贝克珍藏，环境设计档案馆，加利佛尼亚大学，伯克利；
图书馆，荷兰建筑设计院；
维也纳市精神病医院，维也纳；
邮政储金局档案馆，维也纳；

英国皇家建筑学院图书馆；
瑞典建筑博物馆，斯德哥尔摩。

我要感谢弗吉尼亚大学的经济赞助，感谢唐宁学院授予的托马斯·杰斐逊访问学者基金，感谢大卫·瑟巴罗 (David Leatherbarrow) 帮助阅读资料手稿，感谢洛伦佐·巴蒂斯泰利 (Lorenzo Battistelli)、里克·科克伦 (Ric Cochrane)、玛莉莎·佩罗 (Maressa Perreault)、威廉·维施迈尔 (William Wischmeyer) 在图像处理方面的帮助，感谢铃木麻贵惠 (Makie Suzuki) 在图像处理和翻译方面的帮助，以及其他人员包括那些允许我进行访问、拍照、研究他们的住所和工作环境的组织机构。最后要感谢我的家人，感谢他们给我的支持和耐心。

*Epigraph.* Peter Collins, *Concrete* (New York: Horizon, 1959), 162.

1  *Cavalier Daily* 116, no. 12 (September 7, 2005): B6, http://www.arch.virginia.edu/lunch/print/
trespass/open.html.

**对页左侧**

柱头（从上到下）
牛津博物馆，英国牛津，迪恩和伍德沃德，1860
招商局国家银行，明尼苏达州，维诺娜，珀塞尔，弗里克，艾尔姆斯利，1913
巴黎公共工程博物馆，法国巴黎，奥古斯特·佩雷，1939
艾格斯厅，雪城大学，纽约，雪城，波林·塞文斯基·杰克逊，1993

**对页右侧**

爱奥尼柱头（从上到下）
餐厅，唐宁学院，英国剑桥，威廉·威尔金斯，1821
二号展厅，维吉尼亚大学，夏洛茨威尔，维吉尼亚，托马斯·杰斐逊，1822

第一章

# 什么是细部？

一本书的出版需要妥协，主要是与自我的妥协。而这正是我在 1985 年到 1996 年间写成两卷本的《现代建筑细部》（*The Details of Modern Architecture*）时的情况 [1]。第一个妥协就是书名，它本是个暂定的标题，但我从来没有时间去改进它。坦率地讲，它既枯燥又不准确，因为这两卷书的内容都远不止细部设计。为了弥补这个问题，我写了第二卷，但从没说什么是细部设计，从未给出细部设计、扩初设计或者就是单纯的设计之间的界定。在这两卷总共 798 页的书中，你无论如何也找不到对"细部"的定义。上世纪八十年代，在我教授的构造课中，我曾说细部设计是关于一致性的，是关于把建筑设计中较大的理念贯彻到较小的元素中。而就在不久前，我的这个说法被一位同事在一堂概论讲座中援引。坦白地讲，我当时的反应是："我以前在想什么呢？"我做的这个论断在当时就不精确，其形式也有问题；并且，以我目前对这个问题的思考，它完全错误。

那么，精确而言，何为建筑细部？细部设计是否仅是小尺度的建筑设计，而它需要更多的技术知识仅仅是由于其处在设计过程的末尾？是否存在一种"细部设计"的活动，是否区别于建筑设计？它是否只是传统建筑中的概念，只不过是"装饰"的代号？细部是否是可从建筑整体中被孤立出来的东西？细部是否如彼得·库克（Peter Cook）、扎哈·哈迪德（Zaha Hadid）及格雷·林恩（Grey Lynn）所声称的是"恋物情结"[2]？

这些关于细部以及合适的细部的定义都是更大的一些问题中的一部分。建筑整体与建筑局部间的正确关系是什么？在美学上或经济上，局部与整体之间的一致性是否有意义？尺度的重要性何在？也就是说，如果决定两个建筑元素的因素（结构、性能、功能）都一样，那么是怎么根据尺寸的不同而改变，或者说根本性的改变？而最重要的是，房屋功能层面的理解是否对一栋房屋的建筑理解至关重要，还是说，那种理解在作为艺术的建筑中是不相关或没有意义的？

除了最后一个，其他都不是建筑理论历史中常常被探讨的问题。"细部设计（Detailing）"并不是一个在前现代主义的建筑写作中经常见到的词，而诸如"边饰（trim）"、"饰条（molding）"和"装饰（ornament）"则更为精确也更有用。毫无疑问，细部设计从其技术层面来说是现今这个时代的宏观产物，它出自于现代建筑的复杂性。但最近纷至沓来的建筑理论只偶尔触及细部设计的问题。现代主义的细部类型众多，相对于在文字中的描述，在建筑中找到的更多。但即使是在这样的局限中，也有关于"细部是什么，什么是好的细部"的可辨别的不同思想流派。

但如果当代的建筑理论还没有回答这些问题的话，那我也没有答案。在这儿，通过补赎的方式，有这么几个解答。我将会从五个关于细部的定义或类型的概述开始，紧接着是每个定义所提出的问题。这五个概述是：作为抽象化的细部、作为母题的细部、作为构造表达的细部、作为节点的细部、自主或颠覆性的细部。

定义1
# 现代主义中无细部

## 作为抽象化的细部

未来系统（Future System）为罗德板球场（Lord's Cricket Ground）设计的媒体中心（1999）是个无缝的铝蛋（图1）。这是个造船技术的产物，它没有可见的节点。玻璃的分隔仅被直棂所标示。玻璃与铝壳之间没有可见的框架连接。其表面的唯一隔断为沿着其横向中心的一条极小的排雨沟。它的设计师简·卡普利茨基（Jan Kaplicky）是这么说它的：

图1

媒体中心，罗德板球场，未来系统，
英国伦敦，1999

什么是细部？

> 所以，它实际上没有明显的细部 …… 主要的细部非同寻常地不可见，而这正是我希望人们能注意到的细部，因为它是如此的简洁以至于没人相信它的存在——因为它并不上漆，且永不显现 …… 从第一天开始，这种置于喧闹的环境中之物件的光滑效果就是重要的。[3]

对于许多现代主义者来说，本书可有可无；细部是不可能的，没必要的或不受欢迎的。林恩、哈迪德和雷姆·库哈斯 (Rem Koolhass) 都表达了类似的看法。本·凡·伯克尔 (Ben van Berkel) 和卡罗琳·博思 (Caroline Bos) 在 2000 年写道："关于细部作为更大的整体之一部分，作为建筑中被强调的元素的想法已经过时了 …… 有关细部的第一个顾虑就是忽略它。这样的情况下所牵涉的，并不是对细部之诠释的着重强调，而是对它的排除。"[4]

这并不是最近才有的发展。在 1964 年的文章中，马塞尔·布罗伊尔 (Marcel Breuer) 就表达了，他并不确定"细部设计"这个问题与现代主义有什么关系：

> 过去那个时代的建筑倾向于调校细部；柱头本身就是一件雕塑——有点像独立于建筑的艺术品或装饰品。而如今，我们的细部倾向于仅为服务于整体结构而存在，成为了内在于整体中的微粒……因而，细部常常完全融入了更大尺度的建筑形式以至于难以区分。[5]

那个时候的典型的布罗伊尔建筑包含有混凝土及石材的简单体块，它使用在建造系统中，除了窗户的直梃及金属构件之外，极罕有会出现中尺度的元素。理论上，在这样的系统中，细部只能说是装饰，于是它可以被消除。

从这些想法中，我们或许可以得出两个结论：一是，对于布罗伊尔来说，细部是传统建筑中退化了的"器官"——不必要的装饰线脚或装饰，它可以被消除；或者是，对于卡普利茨基来说，为了达到一定的形象上简单化的目的，细部设计需要被消除（或至少受抑制），特别是有关于那些技术上必要的元素。

对于这些建筑师而言，细部并不存在，但细部设计则当然是存在的，他们认为细部设计就是不仅要消除"不必要"的镶边，而且要消除那些作为见证技术问题已经被解决之证据的小尺度元素：墙顶或窗户之边沿的积水是如何排开的、一片玻璃是如何被支撑的、两种材料是如何交接的。传统建筑存在可识别的元素来完成这项任务：压顶板、窗台构造以及被设置的镶边。在"无细部"的实践中，在绝大多数情况下，这些元素存在却并不作为可被识别的部分。

　　紧密联系于"无细部"——即细部并不存在——的一派想法认为，细部设计仅仅是简单的关于一致性的问题，且认为细部不过是大的设计理念在小处的延伸。沃尔特·格罗皮乌斯（Walter Gropius）在德国德绍的包豪斯（Bauhaus）建筑（1926）的板式门把手之设计本是为 15 年前位于德国阿尔斯费尔德的 Fagus 工厂（1911）所用，对于鲜有圆柱形体的包豪斯建筑本身，在形式上它缺乏一对一的形式上的相似性；然而毫无疑问地，它是属于包豪斯建筑的（图 2）。对于格罗皮乌斯来说，至少在二十世纪二十年代，好的工业设计之范例应是简单的几何实体——它们被认为是易于大规模生产的。包豪斯建筑——如工厂一样的学校——理念在很大程度上与其门把手的几何形态相符。它并没有重复建

图 2

门把手，包豪斯建筑，沃尔特·格罗皮乌斯，
德国德绍，1926

筑的几何结构，而是在意识形态上对建筑移情。这是一个在理念上，而不是形式上，实现局部与整体一致性的细部。

"一致性细部设计"一派想法很多情况下与"无细部"的想法无异。在细部设计一致性中或许有小尺度的元素，但它们的设计手法与大尺度建筑的手法是一致的，所考虑的，所解决的是同样的问题，且以同样的方式作强调。不存在细部设计这种独立的设计行为，而只有设计尺度的不同。彼得·萨尔特（Peter Salter）说道：

"建筑的细部设计可在建筑策略中找到，而建筑策略亦可在细部中找到"这种看法说明了，或许更宏观范畴上的事物能够与建筑共鸣。设计策略与细部之间的关系迫使我们为建筑及其架构的设计订立原则。而这些原则作为数据用来丈量细部合适与否，并且同时支撑着设计策略。[6]

这一系列的看法似乎揭示了"什么是细部"这个问题的全部，然而一致性并非没有问题。圣地亚哥·卡拉特拉瓦（Santiago Calatrava）的密尔沃基美术馆扩建项目（2001）受到了极大的吹捧，以至于每天，翅膀一样的遮阳结构的打开都成了表演仪式（图3）。从使用功能的角度来说，这个建筑更像是博物馆的前厅而不像是美术馆。正因为如此，设计中很重要的一部分就是家具设计，如问询台、座椅、礼品店的展示柜等。如果说"一致性"是种优秀品质，那么这些家具都是优秀的家具，因为它们都是建筑的微缩。所有的这些家具均有尺度上极大地缩小了的用于支撑整个建筑顶棚的那种三角形的支柱（图4）。这些是大系统的小尺度模具，或样式。而这恰恰是它们不恰当之处：从结果上来看，它们并不是很好的家具。它们有着这样的作用：把大建筑的设计理性削减成了肤浅的风格。在小尺度上对这些元素的使用，尽管并不是非理性的，也肯定是不必要的，并且它并没有反映它们各自独特的结构或功能需要。

图 3

密尔沃基美术馆扩建，圣地亚哥·卡拉特拉瓦，
威斯康辛州密尔沃基，2001

图 4

礼品店的展示柜，密尔沃基美术馆扩建，
圣地亚哥·卡拉特拉瓦，
威斯康辛州密尔沃基，2001

这种建筑与家具之间形式的严格一致并不是什么新鲜事。或许这是由于"袖珍版"建筑成了哥特建筑中如此普遍的一部分，以至于哥特复兴家具中也是如此的普遍。奥古斯都·威尔比·诺斯摩尔·普金（Augustus Welby Northmore Pugin）是运用这个手法的最早参与者之一，但在若干年后，他也成为批评质疑者。在 1841 年，他写道：

因此，你们现代人用采集自布里顿（Britton）的大教堂的细部来设计沙发及某些桌子，而使那些本需要简单且便捷的普通家具被做得不但非常昂贵，而且非常繁琐。我们能在躺椅上找到微缩的飞拱；所有东西都有斜伸而出的卷叶饰、都有无数的斜榫、尖锐的装饰物及螺旋尖塔式的末端。有人如果能在现代哥特房间里呆上一段时间，而逃出来之前不被这些微缩物刺伤，那他真的是太幸运了。[7]

在细部等于装饰的时代，许多人认为，仅仅为了风格上的一致性，形式的一致是必要的。尽管设计一致性的想法是有逻辑依据的，但是它至少当涉及到家具之时并不是实践中的规则。罗伯特·亚当（Robert Adam），卡尔·弗里德里希·申克尔（Karl Friedrich Schinkel），路德维希·密斯·凡·德·罗（Ludwig Mies van der Rohe），勒·柯布西耶及马塞尔·布罗伊尔等均以相当不同的方式区别对待建筑和家具。对于绝大多数无论是传统的还是现代的家具设计师而言，形式上的一致性是一种缺陷。我们可以争辩道：建筑与家具之间或许有一道精确的界线，且建筑细部与家具无关。但历史的证据讲述着不同的故事：家具与建筑是更大的话题——局部与整体的关系——中的一部分。

在现代主义中，当然也有人倡导细部或可见的细部。彼得·卒姆托（Peter Zumthor）在 1998 年写道：

细部表达的是与物体相关的设计之基本概念所需要的东西，归属还是分离，张力还是轻质性、摩擦力、实体性、易碎性……那些成功的细部并不仅仅是装饰……它们能引发对于整体的理解，而在这个整体中，它们是内在的一部分。[8]

这些赞成细部的论断，用肯尼斯·弗兰姆普敦（Kenneth Frampton）的话说是建筑的"构造式浓缩"。而这是怎么实现的，则有极大的区别。一致性的细部可以是母题、样式、标志或装饰。[9]

## 问题

好的细部设计是否仅仅是简化基本形状并将建筑的明显部分最小化？除了为了使表达其他信息成为可能而抑制构造信息之外，细部设计是否没有别的用处了？

是否所有的好的细部设计都是被动的，因为它们涉及到了抑制一些可见的东西，还是，存在着小尺度的元素，它们是主动的细部——它们是可见的元素，它们在技术上是必要的，且在小尺度上展示着整体的属性？

能否在不产生看起来是不可避免的结果——风格——的情况下仍可以实现细部的一致性？如不能的话，这是不是件坏事？在尺度变化之时，如何合理地保持一致性？

## 定义 2

# 细部是于整体建筑表达中的一个片段

### 作为母题的细部

在英格兰的剑桥，现代建筑并不十分流行。而有一个例外（至少是对许多人来说是个例外），是爱德华·科里南（Edward Cullinan）的圣约翰学院图书馆的扩建（1994），它所在的学院是最古老的学院之一，而它坐落的位置是这个学院最古老的地段之一（图5、图6）。对现代主义并不友善的《蓝指南》（*The Blue Guide*）称它的入口是"艺术地矫揉造作"，专业出版社却很是称赞这个

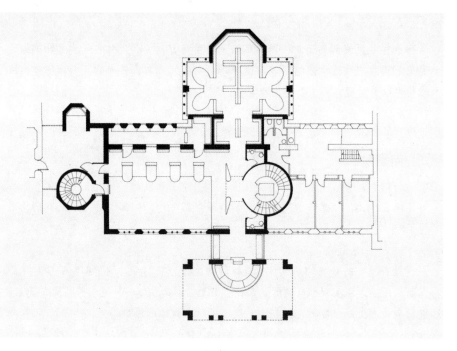

图 5

圣约翰学院图书馆平面，爱德华·科里南，
英国剑桥，1994

图 6

圣约翰学院图书馆扩建，爱德华·科里南，
英国剑桥，1994

建筑，但其细部则除外。而《剑桥建筑指南》（*Cambridge: An Architectural Guide*）的作者则写道："尝试做出风格主义 …… 却感觉把建筑做得过头了"。彼得·德威（Peter Davey）在《建筑评论》（*Architectural Review*）中写道："仰赖于所有那些风格主义做法以及或许是过多的如普金一般强度的细部设计，使这个建筑完整、精巧、高贵。"[10] 如果说，在这个建筑中，细部设计的理论途径并不明确的话，那么其设计手段则是明确的，那就是使用圆形——事实上是尽可能多地使用圆形。整个广场、椅子、楼梯、电梯、灯具、扶手、混凝土柱子、金属柱子、紧固件及紧固件的检修口、灯及其基座、水龙头及其把手、半弧形的阳台及高侧窗、四分之三圆弧的桌子 …… 这些都是由圆形构成的，无论是木质的还是金属的、大的还是小的、实体的还是镂空的。剑桥每个建筑的天窗都是八角形的，除了科里南的建筑——他的是圆的。在这里，细部设计的策略是母题：在所有尺度和所有材料上重复使用同一个几何装置以解决所有问题。

当然，母题式的细部设计远早于现代主义。圣约翰南边的"邻居"，国王学院教堂（King's College Chapel, 1515）或许把这个系统是如何作用的展示得再完美不过了。具三叶草形母题的尖拱遍布国王学院——它形成了窗户，这

图7

柱子及穹顶，国王学院教堂，约翰·瓦斯特尔(John Wastell)，
英国剑桥，1515

是人们可以见到的，也有人们无法见到的形式，如没有构造功能的扇形穹窿的重复性元素（图7）。除了建于1536年的木屏及唱诗班席位，几乎没有哪个表面没有采用这个母题。国王学院是尼古拉斯·佩夫斯纳（Nikolas Pevsner）所谓的英国哥特式装饰期之典范。但是对于威廉·沃林格（Wilhelm Worringer）来说，这些母题恰是哥特之本质。他在1911年写道：

> 哥特人不仅要在无穷宏大面前迷失自我，还要在无限细微面前迷失自我。在建筑整体结构这个"宏观宇宙"中表达的运动之无穷也在建筑的每一个小细部这个"微观宇宙"中被表达 …… 这是个在微观中自我重复的世界，但其意义是相同的 …… 对于整体的表达 …… 尖塔的冠状顶正是微缩的大教堂。[11]

母题式的细部设计或许源自于哥特，但它以多种多样的伪装方式，带着多种多样的哲学基础而弥散于现代主义中。费埃·琼斯（Fay Jones）虔诚地尊崇母题细部，尽管他用的是"生成概念"这个词而不是"母题"这个词。但无论是在哲学上还是在技术上，他都不仅仅把它作为细部的手法，更是设计的手法：

> 生成概念建立了首要的风格；它建立了基础，或核心，或内核。这想法是"种子"，它成长并生成了完整的设计，从大的元素到小的细部，他都在自我展示着 …… 这更像是个自然的过程：有一个种子或核心或内核，然后在设计的进行中让它自我展示，乃至于你认为那是这个想法的有机部分。[12]

这个明显的矛盾——几何形态的一致性被看作是有机建筑的表达——是历史的产物。在所有关于细部设计的学说中，"母题"的"族谱"最长。"母题"的手法使用被实证在多个方面均有体现：如象征有机性，作为文化符号，作为单纯的几何式的策略，或所有这些中最奇怪的，作为对材料自然属性的表达等。

持有最极端的"母题细部"观点的设计师们的想法几乎就是"无细部"的理念之相反面。对于他们来说，没有细部就没有建筑，正如，整体就是局部之和，但并不多于局部之和。持有这个想法的最惹人注意的实践者就是卡洛·斯卡帕(Carlo Scarpa)。而那些持有最极端的"母题细部"观点的理论家们视斯卡帕的作品为楷模。有此想法的学派颠覆了一致性细部的设计手法：他们认为局部生成整体，而不是整体生成局部。斯卡帕以前的学生，建筑师及作家朱赛佩·赞波尼尼(Giuseppe Zambonini)写道：

> 对斯卡帕的已建成作品的一个简要的，或许是肤浅的批评，就是它们显然缺乏构造统一性——至少是那种可以被传达、被解释的构造明显缺失……如果在斯卡帕的作品中有一个关于统一性的思想的话，那么我们不能在可理解的构造的结合体中寻找到这个统一的思想——由于它趋于若即若离。相对而言，我们应该在"过程"中，而或许不是"态度"中追寻它。因而可理解的构造就只是可认知的构造的掩饰……而这也尝试着解释为什么斯卡帕从不执着于"完成"这个概念，也解释了为什么在他的任何一个作品中为什么很难找到一个确定的"完成点"。[13]

显然，母题细部和前面的一致性细部同样受到这个问题的困扰：它们无法回应与尺度、元素之间材料模糊的区别，还是仅是普通的风格。最常被批评的，首当其冲就是斯卡帕以及现代主义的头号母题细部设计师：弗兰克·劳埃德·赖特(Frank Lloyd Wright)。但是，如果我们在赖特及斯卡帕的作品中消除母题，我们还会满足于其剩下的东西吗？

## 问题

母题细部设计与风格是否不同？

建筑是否应为一个统一的、相互关联的体验？还是它可以是碎片化的、不完整的？斯卡帕的建筑是否达到了"可认知而不是形式上的构造"状态？建筑的整体能否生成于局部？在现代主义视野下，有没有可能不仅在建筑中，而且在更宏观的自然或社会秩序中找到并展示某种建筑式的DNA呢？

# 细部为构造的明确表达

## 作为秩序的细部

在过去的二十年间，我们见到了不少大屠杀纪念碑的建设，而它们中的大多数本质上都是抽象的。而其中一个例外，它具有一些具象性，是詹姆斯·英戈·弗里德(Jame Ingo Freed)设计的，位于华盛顿的大屠杀纪念博物馆(1993)。而具象性又是许多人批评它的原因。在主前厅中，两组砖构的子结构相互交叉对应，一组由砖与钢构组成，另一组由砖与混凝土组成。砖与钢构组成的构造是为了能使人想到奥斯维辛中那由钢铁加固的烤箱，然而钢构还有功能上的角色，它辅助支撑开口处周围的砖（图8）。而出于不那么明显的原因，混凝土的构造在表面上让人想起路易斯·康（Louis Kahn）的印度管理学院（1974）。这两组构造都是自为支撑的，它们都不是结构的主体；结构主体是一个隐藏的混凝土框架。尽管这个案例并不是一个构造系统，而是一个建造系统。它扮演着唤起历史，甚至是象征性的角色。这或许看起来有些奇怪，但它是源远流长的传统的一部分。

弗里德是密斯的学生，而密斯是弗里德在建筑中使用的这种结构表达手法的祖师——至少在现代主义是如此。密斯的许多早期芝加哥建筑，例如伊利诺伊理工大学的校友纪念馆（1946），就是混凝土防火层包裹的钢构建筑，然后在外层再包以钢构以展示其所隐藏的部分。而外层的这个相对应的构造尽管不是结构性的，也有着次要的目的，如支撑窗体或加固砖墙。除此以外的其他部分则只能被解释为是象征性的构造，人们也是如此接受的。

芝加哥湖滨路860号到880号的建筑（1951）中，外层被覆以钢构以表现其内层的钢构。临近它的同为密斯设计的湖滨大道公寓(1955)看起来与它相似，但却是混凝土的无梁楼盖架构，其表层覆以铝制幕墙；它的外轮廓与湖滨路建筑那钢构的窗框相似。其结果是这样的一个系统，它开始是作为结构的象征，却很快就丧失了表面与被覆盖的构造之间的关系。把用钢构的幕墙覆盖钢构这种做法称之为"表现"是一回事；然而把铝制幕墙做成钢构的形式并用来覆盖混凝土结构，还称为"表现"，则又是另外一回事了。 描述了构造系统之来

图8

前厅视角，展示钢过梁细部，美国大屠杀纪念馆，
詹姆斯·英戈·弗里德，
华盛顿特区，1993

龙去脉的是覆面的手法，而不是被覆盖于内的构造。在密斯的晚期作品中，表现性的构造鲜有与被其覆盖的真实构造是相符的。此种设计秩序，可以接受的偏差范围则不明确。

密斯的另一位追随者彼得·史密森（Peter Smithson）以他自己的方式尝试整理这些秩序。在1962年的标题为《平行秩序》（*A Parallel of the Orders*）的文章中，他论证道，这是建筑发展的自然进程——一个构造系统变为秩序，然后则变为装饰。对于史密森来说，前两步是可接受的，而第三步则不行：

（多里克）柱式是一种形式——它象征着曾经作为实际之用的构造……威廉·贝尔·丁斯莫尔（William Bell Dinsmoor）用"转译"一词来表达从木材、陶土到石材的转化，但我认为这个词不足以表达从构造到秩序的变化过程……象征是一种解释，一种神奇的、精确的展示。它并没有涉及夸张或虚构。

史密森接着说道，秩序不能与装饰相混淆：

> 当秩序被应用在某个情形下，使其构造之表达不是真实建筑之表达的时候，我们会感觉到某种冒犯。秩序已经偏离了其真正的目的，它已经无意义了。[14]

但是，尽管它们伪装得如"密斯"一般，但这些表达结构的作品在严肃评价下是毁誉参半的。菲利普·约翰逊 (Philip Johnson) 的纽约现代艺术博物馆东翼扩建项目（1964）的六楼有"始创人厅"。尽管对于整个项目的尺度来说，这是个小房间，但《进步建筑》(Progressive Architecture) 杂志却为它拿出了两页纸，但这并不是因为他们觉得这是个好作品。在"密斯阵营"的标题下，他们写道：

> 最直接的效果，就是密斯、哥特以及九十年代中期狂欢节之结合，而产物又有些许土耳其风格……当然，在过去的十年间约翰逊一直在脱掉密斯，但是密斯式风格的残留和再生使最近这个厅，反而成了国际风的最冷酷的笑话。[15]

问题或许是对如此之多的结构性钢材的使用——4 个 18 英寸的工字钢和 6 个 6 英寸深的宽凸缘柱子被设置成具有结构作用的形式，却完全没有作为结构之用。约翰逊相当努力地使得其清楚明白：位于墙体表面的柱子停止在距离地面之上 18 英寸处，且在梁上的装有灯饰的石膏拱顶明确了这个结构并没有支撑任何东西（图 9）。对此，《进步建筑》并不满意，并发现它仅有的补偿性的品质，那就是——它显然是个玩笑。约翰逊对这个批评的回答是，他并没有做出任何密斯没做过的事。《进步建筑》写道，"约翰逊进一步指出，密斯式竖框结构的角色从未改变过，依然没有结构作用的。"[16]

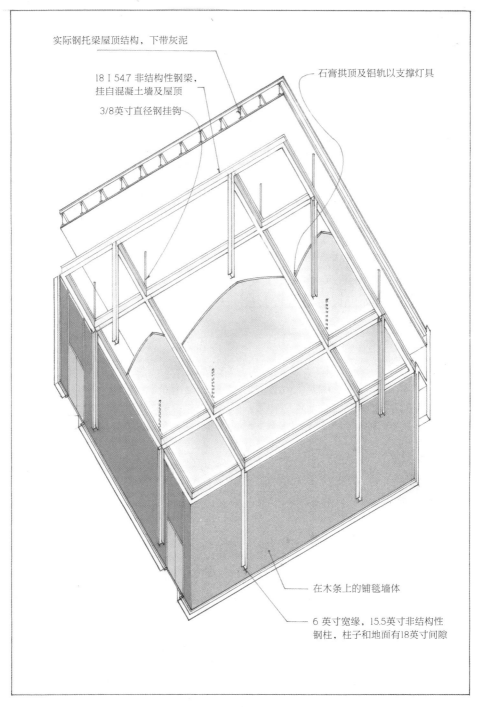

实际钢托梁屋顶结构，下带灰泥

18 I 54.7 非结构性钢梁，
挂自混凝土墙及屋顶

3/8英寸直径钢挂钩

石膏拱顶及铝轨以支撑灯具

在木条上的铺毯墙体

6 英寸宽缘，15.5英寸非结构性
钢柱，柱子和地面有18英寸间隙

**图 9**

始创人厅，现代艺术博物馆东翼扩建项目，菲利普·约翰逊，
纽约州纽约市，1964

显然，对于当时的传统观念而言，约翰逊打破了一个规矩，但这个规矩是什么呢？他创造了没有构造作用的、无表达意义的装饰性构造。因而，人们当作建筑玩笑来接受它。

在所有对细部的定义当中，构造之表达是现代建筑师们感到最不舒服的一环。这一部分是由于对象征主义的整体不安，而更是因为，外在之象征与隐藏之实际之间合适关系的界定是困难的。但是，似乎这种做法在现存的现代建筑中是有必要的，因为在这些现代建筑中，我们常常不能直接表达其构造。

现代主义思想对这个问题并不怎么关心。对于许多人来说，这并不是细部表达得不准确的问题，而是整个过程的必要性缺乏的问题。UN 工作室的本·凡·伯克尔和卡罗琳·博思质疑了细部作为对建筑内在的运作方式、构造等外在宣示的必要性，甚至是其可能性：

> 重新定义（细部）已经成为必须了。它的经典含义——作为整体之局部，作为明确表达的观念——已经过时了。装饰这个想法早就被抛弃了，但很让人震惊的是，"明确表达"这种观念也被放弃了。然而，无法避免的结论是，现代建筑已效力于建立建筑内发生的东西与从外面所能见到的东西之间的所有联系了，有鉴于此，在这个"新建筑"中……还能剩下什么能被明确表达？建筑的构造或它周遭的场所都不能对它所效力的目的做出任何说明。完全不剩什么重要的构造可以明确表达任何别的东西；而当存在这样的建筑，尽管它有极端差异性，突然被传统意义上的"细部"所渗透之时，其结果将是畸形的。[17]

## 问题

细部有没有可能以一种超乎于装饰的方式来表达隐藏的构造呢？

表达与构造相脱离之时会发生什么状况？什么合适，什么不合适，这有没有规则？而关于史密森所说的秩序与装置的不同，又有没有规则？

建筑的外在是否应该表达其构造，亦或甚至表达其内在的本质？

# 细部是对建造的明确表达

## 作为节点的细部

路易斯·康的论坛报大楼（1962）中，梁与柱的连接用的是后张法预应力的方法，这个过程使内部的钢缆残留的末梢暴露在了梁的尽端。它们通常要被用焊炬烧掉，结果就形成了一种"表达的一团糟"。而通常且粗暴的解决办法就是在梁的尽端留一个小方块形的槽，并用水泥砂浆填上；但在论坛报大楼中，康却用大理石块填了这个槽（图10）。

"这个节点" 康写道，"是装饰的开始"。 康的作品中的这些"装饰性"的节点就是为了复制传统建筑的品质：

> 我意识到，柱头必须把涡卷饰托出去以迎接跨度。它必须伸出去，接受它，且这种"接受"必须要比柱子还大。这个意识是伟大的；当今混凝土形式和很早以前的柱子并没有什么不同……这正是对材料之相遇的赞颂。[18]

卒姆托（Zumthor）把这个类型的细部描述为：

> 建筑是人力建造的。它们包括了必须被连接起来的单个的构件。在很大程度上，最终被完成的实体之品质是被节点之品质所决定的。

图 10

梁与柱交接细部，论坛报大楼，路易斯·康，
宾夕法尼亚州格林堡，1962

在雕塑艺术中有一个传统——为了有利于塑造整体的形式，对节点的表达以及单个构件的连接要最小化。例如，理查德·塞拉（Richard Serra）的钢质物件看起来是同质的、整合的，就好像老传统文化中石质或木质雕塑一般。上世纪六十年代以及七十年代的艺术家们的许多装置或物件仰赖的是我们所知道的最简单及最明显的连接以及交接方式。博伊斯（Beuys）、梅尔茨（Merz）等人常常采用空间中的松散的背景环境，用缠绕、折叠、层叠等方式将独立的部件发展成整体的形式。

这些物件被放置在一起，这种直接的、看起来不言而喻的方式很有意思。这些与物件整体表达没关系的小部件并没有对物件的整体印象产生任何割裂作用。我们对整体的观感并没有被不必要的细部扰乱。那里的每一个接触，每一个交接，每一个节点都是为了强调作品"安静地存在"这个概念。[19]

当然在卒姆托的作品或在许多别的建筑师的作品中，只有一小部分的建筑节点是有关系的，因为绝大多数的细部都被隐藏了，或没被明确表达。

而对于许多建筑师们来说，节点不只是细部的本质，而是建筑的本质。因为人对建筑部件以及建筑部件间关系的理解常常能成为表达更大意图的传播媒介。局部与整体的关系成为了更大的概念的比喻，或至少用超于结构理解的方式规则化了我们之于建筑的关系。伦佐·皮亚诺（Renzo Piano）和理查德·罗格斯（Richard Rogers）的蓬皮杜中心（1967）的结构工程师彼得·赖斯（Peter Rice）是这么描述它的设计的：

我们想要传达的精神可以简明扼要地表达为，把节点作为解决办法的本质。巴黎毕竟拥有太多令人惊奇的钢构了，从地铁站的新艺术派入口到诸如里昂车站、埃菲尔铁塔及大皇宫，常常是对交接的表达使这些构筑物人性化并营造出友好的感觉。我们是崇高的传统中的一部分，我们是这么说的（图11）。[20]

<u>图 11</u>

桁架和柱之连接，蓬皮杜中心，伦佐·皮亚诺和理查德·罗格斯，
法国巴黎，1976

赖斯的"节点系统与政治秩序之间有关联性"这种想法由来已久。对于一些二十世纪艺术史学家们而言，对建筑、建筑部件及它们之间关系的理解是建筑意义的关键。尤其对于那些认同建筑部件的组织方式能表达世界观的人来说更是如此。在1958年，与古希腊的秩序相对比，汉斯·彼得·洛朗厄（H.P.L'Orange）是这么描述古罗马帝国君主制时期（公元235-476）宏大的石构建筑的：

个体的构造单元溶解并消失于整体的建筑设计中；它们失去了其坚固的内在组织，失去了鲜明的均衡性，失去了对其独立部件的清晰明确表达……每个单独的被清晰界定了形式及功能的建筑元素都不再被感知，不再被武断的切件或者杂乱无章的、褫夺的纷乱所打扰。视线掠过建筑形式，跟随着大体量运动，只剩下升起的宏伟穹顶和单一划分的墙体之无尽片断。天性抽象，尤在远观，因此具有总结性，为了能与体量和尺度共栖，着眼点要跳过了细部和彰显之处。[21]

这个建筑风格的转变显然是政治和社会秩序的改变所产生的结果：

> 新的"集团风格"艺术与国家及社区的大规模组织架构同时出现。而为什么在这两者各自的背景中，传统个人主义及对不同元素的明确表达均逐渐削减或整个消逝了呢？如果艺术是被国家所管理的话，如此的国家架构与艺术形式的一致性就容易被理解……然而，与此同时，新的艺术形式之语汇的出现也是艺术自身深远的逻辑发展的结果。[22]

尽管上世纪的建造科学有了深远的变化，但对许多现代节点设计实践的最好解释不是技术层面的，而是隐喻层面的。尤其是洛朗厄描述的那种隐喻；而相对技术表达而言，许多现代节点所具备的更多的是描述。

在芝加哥以南的国家街两侧，伊利诺伊理工大学校园内遥相面对的，是库哈斯的麦克考米克论坛学生中心（2003）和那现代主义最著名的细部之一，也是最有名的转角——密斯的校友纪念堂。密斯那立面的最外层由 8 英寸的砖和钢构组成，这个立面止于角柱的中线，使得角柱，或至少是这个角柱的钢构表面是暴露的，但这只出现在这一处(图12)。库哈斯也面对着相似的转角问题——在一个陷入的柱子前端，如何以一个略倾斜的角度连接两个铝制幕墙的竖框。但这个问题是用一种标准的、不优雅的方法解决的：用一块铝制板来完成两个竖框之间的转角（图13）。这种做法在技术上没问题，但在视觉上，它破坏了墙体的通透性并造就了比柱子本身要大得多的实体。

图 12

转角，伊利诺伊理工大学校友纪念堂，
密斯，
伊利诺伊州芝加哥，1946

图 13

转角，伊利诺伊理工大学麦克考米克论坛学生中心，
雷姆·库哈斯，
伊利诺伊州芝加哥，2003

　　但是，没有人会认为密斯的解决方案可以用在库哈斯的情况上。密斯的细部太决断，太四平八稳，太完善了。麦克考米克中心的本质是细部的特定、拼贴的特性，以至于许多组件看起来似乎完全不交接，是碎片化的。这两个建筑交接方式的区别并不能说明库哈斯的建筑与节点毫不相关；他的建筑也是与节点息息相关的，它只是对节点的碎片化处理。但是，在库哈斯的思想中，节点不应当"有关于"任何东西。节点不是一个理念，不过是一种情形罢了：

我总是怀疑"细部实际上是基于把议题转化成问题"这样的理念。对于墙如何与屋顶交接来说，这个理念并不是怀着积极的态度——即精妙的问题来了：墙体要和屋顶交接了，我们如何组织这个交接呢？我们如何明确表达这个交接呢？我们如何在这个议题上大做文章呢？相反地，这个理念根植于消极的意向，根植于这样的假设——只有将这些微妙之处转化成问题，针对性的做法才具有合理性。斯卡帕就是一个极端的例子。这就是为何我认为这样子的细部几乎总是有损于理念的，因为墙怎么和屋顶交接，这从来都不是个理念……康索现代艺术中心的细部设计采用的模式是，它免除了人们在其他方面的注意力，如对地面的理解方式，对抽象化、透明度、透光度、实体性及他们自身的感知。对整体的感知替代了对节点的固定及交接的感知。[23]

无论是碎片化的节点还是被解决的节点，近些年来，被明确表达的节点已经失宠了。从洛杉矶到鹿特丹，人们听到的都是这样的断言：细部已死——至少在可见的形式上如此。根据莫尼卡·庞赛·德·利昂（Monica Ponce de Leon）的说法，我们已经迈进了无误差、无接缝的建造时代了：

鉴于数字制造方法的进化为建筑设计获得更高的准确性提供了可能，因此我们产生了重新审视建造误差这个概念的兴趣。这个意思是，在如今的建筑建造中是否可能做到接近零误差呢？我们如何真正实现精确性，或把握精确性的意向？我们的实践致力于把建筑的设计做得更精确。[24]

正如其他技术的发展一样，人们对无节点建筑之可能性的热情遮蔽了它的必要性或需求性。但在很多情况下依赖技术——尤其是混凝土——对"无节点"的未来之倡导则大大早于数字革命。我们还不清楚是不是技术主义思潮引出了"无节点"建筑；但如果确实如此的话，我们也不清楚这是对真实技术的展示还是将它作为技术的一种象征。

## 问题

有没有必要在技术上明确表达节点？有没有必要在美学上明确表达节点？作为节点这种对细部的定义没有内部的矛盾性吗？如果一个建筑的设计是为了明确表达其局部的话，它还能如何被表达为一个整体？对建筑结构的表达如何能具备超于结构的意义？现代建筑在技术上及美学上的未来是什么？连续性，碎片化，还是二者皆非？

## 定义 5

# 作为有设计自明性的细部

## 细部设计作为一种颠覆性的行为

康在德克萨斯州沃斯堡的肯贝尔艺术博物馆（1972）中最令人着迷的细部设计之一就是它的扶手。它有两种扶手：一种是曲线形的金属扶手，被塑造成有着类似问号一样的有机形状，引导着人们从大堂到达展厅（图 14），它通常是挂在墙上的，但也有独立式的。另一种是橡木扶手，有着有机的形状，结合木质面板而使用，因此可作为一种悬挂在表面的雕塑（图 15）。在形式上，它们均看起来与康的建筑大相径庭——拟人化或有机形态看起来都格格不入。这不是一致性的细部，但有了它们，建筑就变得更美好了。

然而，这种类型的细部比康要老得多。阿尔瓦·阿尔托（Alvar Aalto）的山纳特赛罗（Säynätsalo）市政厅（1952）中的扶手既不是对它所在的建筑的克隆，也不是它的范例（图 16）。建筑中没有什么别的东西在形式上或材质上与这个扶手有任何相似之处。但为什么我们看一眼就能轻易地分辨出这是阿尔托的设计呢？因为我们可以立即辨认出它的形式和理念与阿尔托的其他作品息息相关。但是在建筑的语境中，作为一则细部，它既是自明的，也是颠覆性的；它昭示着另一种设计模式。

图 14

金属扶手，肯贝尔艺术博物馆，路易斯·康，
德克萨斯州沃斯堡，1972

图 15

木质扶手，肯贝尔艺术博物馆，路易斯·康，
德克萨斯州沃斯堡，1972

图 16

门把手，山纳特赛罗市政厅，阿尔瓦·阿尔托，
芬兰山纳特赛罗，1952

什么是细部？

如果说这样的细部没有名字，没有它的理论家，或没有主要的倡导者的话，那它也从不缺乏实践者。对有些建筑师来说，细部无疑是存在的，但他们的细部却均不符合上述的四种情况，都是不曾把局部联系于整体的细部，没有建立视觉统一性的细部。对于这种细部来说，局部和装配可以是自明的。而细部设计构成了设计中的一个独立领域。墨菲西斯（Morphosis）在比弗利山庄的凯特曼地利尼餐厅（1986）的门把手并不是有机的形状，而是一个具有颠覆性的细部（图17）。它的设计师之一汤姆·梅恩（Thom Mayne）是这么描述这种细部的：

　　　我们可以把建筑理解为一系列亲密的接触及某种触觉上的体验。这不是通过知性或视觉概念化，而是通过操控建筑，或在其中穿行的方式，若干年里我们作品由这些个别物件构成：入口与出口不同的门把手；赋予手动操作的窗户或门以人体的尺度和强度，

图17

门把手，凯特曼地利尼斯，墨菲西斯，
贝弗利山庄，加利福尼亚州，1986

与大尺度的建筑片段相互并置……这些片段为我们提供了机会以表达作品之整体无法截获的强度。在一般性的建筑中，我们能引入非同寻常的片段。

这种细部就是自明的细部，不联系于概念，与包罗万象的组成不相关，追随自有的秩序，寻求自有的配置。

## 问题

建筑细部有没有可能是自明的？追随它们自有的逻辑和秩序，而不是包含于它们所在的建筑的？如果"大设计"与"小设计"的系统互相矛盾或相互排他，那么这是好还是坏？不一致能导致不相关吗？自明的细部和错位的，或不合适的细部之间有什么区别？

# 结语

为了建筑的连贯性，甚至为了传达建筑的意义，细部是有必要的。但更寻常（而不是更罕见）地用在除统一性、一致性或抽象性之外的方面。前三个定义——无细部、作为母题的细部、作为秩序的细部——与其说是对细部设计的稍差定义，还不如说是对稍差的细部设计的定义。这并不表示这三种类型不值得分析；有一部分原因是，它们囊括了许多建筑，其建筑师们或许错误地成为了好的细部设计的代表，另一部分原因是，这些建筑师们并没有被完全理解，因为他们的细部没有被完全理解。

而不可见的细部、一致的细部、作为构造或建造之表达的细部则常常是有必要的，并且有时是高度可取的。而最有意义的细部类型是后面的两种——作为节点的细部和自明的细部。好的细部不是那个能生成整体的局部，不是把整体的理念延伸到局部，不是对一系列原则的持续运用，不是建筑整体性的范例，而是这些定义中的最后一个：在最好的情况下，它是自明的行为，并且有时候甚至是颠覆性的。

1   Edward Ford, *The Details of Modern Architecture, Vols. 1 and 2* (Cambridge, Mass.: MIT Press, 1990 and 1996).

2   Robin Middleton, ed., *Architectural Associations: The Idea of the City* (Cambridge, Mass.: MIT Press, 1996), 81; Peter Cook, *Experimental Architecture* (New York: Universe, 1970), 31; Greg Lynn, ed., *Folding in Architecture* (Chicester: Wiley-Academy, 2004), 9.

3   Future Systems, *Unique Building: Lord's Media Centre* (Chichester: Wiley-Academy, 2001), 85.

4   Christian Schittch, "Detail(s): 16 Statements" *Detail* 40, no. 8 (2000), 1437.

5   Marcel Breuer, "Architectural Details," *Architectural Record* 135 (February 1969), 121.

6   Robin Middleton, ed., *Architectural Associations: The Idea of the City* (Cambridge, Mass.: MIT Press, 1996), 200.

7   Augustus Welby Pugin, *The True Principles of Pointed or Christian Architecture* (London: Academy Editions, [1841] 1973), 47–49.

8   Peter Zumthor, *Thinking Architecture* (Baden: Lars Müller, 1998), 16.

9   Kenneth Frampton, *Studies In Tectonic Culture: The Poetics of Construction in Nineteenth and Twentieth Century Architecture* (Cambridge: MIT Press, 1995), 299.

10  Geoffrey Tyack, *The Blue Guide, Cambridge* (London: Black, 1999), 196; H. Webster and P. Howard, *Cambridge: An Architectural Guide* (London: Ellipsis, 2000), 4.76; Peter Davey, "Literary Device: Library, St. Johns College, Cambridge," *The Architectural Review* 194 (April 1994), 34.

11  Wilhelm Worringer, *Form in Gothic* (New York: Schocken, [1911] 1957), 166–67.

12  Fay Jones, *Outside the Pale: The Architecture of Fay Jones* (Fayetteville, Ark.: University of Arkansas Press, 1999), 54, 32.

13  Giuseppe Zambonini, "Process and Theme in the Work of Carlo Scarpa," *Perspecta* 20 (Cambridge, Mass.: MIT, 1983), 26.

14  Peter Smithson, "A Parallel of the Orders," *Architectural Design* 36 (November 1966), 558–59.

15  ___"Camp Mies," *Progressive Architecture* 48 (December 1967), 128–29.

16  Ibid., 129.

17  Ben van Berkel and Caroline Bos, *Mobile Forces* (Berlin: Ernst + Sohn, 1994), 73–74.

18  Richard Wurman, *What Will Be Has Always Been: The Words of Louis I. Kahn* (New York: Rizzoli, 1986), 197.

19  Zumthor, *Thinking Architecture*, 14–16.

20  Peter Rice, *An Engineer Imagines* (London: Artemis, 1994), 26.

21  Hans Peter L'Orange, *Art Form and Civic Life in the Late Roman Empire* (Princeton, N.J.:
        Princeton University Press, 1965), 13, 15.

22  Ibid., 126.

23  Arie Graafland and Jasper de Haan, "A Conversation with Rem Koolhaas" *The Critical
        Landscape* (Rotterdam: Publishers, 1997), 229. 010

24  Dora Epstein Jones, Julianna Morais, and Martha Read, *Zago Architecture and Office dA: Two
        Installations* (Los Angeles: SCI-ARC Press, 2003), 6.

25  Bernard Tschumi and Irene Cheng, *The State of Architecture at the Beginning of the 21st Century*
        (New York: Monacelli Press, 2003), 41.

# 第二章

## 定义 1

# 世上本无细部

构造无配方。
——奥古斯特·佩雷（Auguste Perret）

整体和细部归一。
——勒·柯布西耶

评论家说（我们）项目的细部设计得实在差，我说它根本就没有细部……没有钱，就没有细部，只有概念。
——雷姆·库哈斯

在一个错综复杂的网络系统中，其本身是不存在细部的。
——格雷·林恩

世上本无细部。
——保罗·鲁道夫（Paul Rudolph）

　　1964 年，《建筑实录》邀请了七位美国从业建筑师向杂志贡献他们的"建筑细部"范例，以及一篇短文。现在回想起来，引人注目的不是细部，而是建筑师们就该主题所发表的观点，基本上什么都没有。有几位建筑师连什么是建筑细部设计的粗糙定义都不能给出，而剩下的只会说它是在小尺度上的设计。他们对自己的笨口拙舌倒是没有一点尴尬。菲利普·约翰逊写道：

我们在今天是否可以有意义地来谈细部……二十世纪初的罗比住宅充斥着漂亮可行的"细部"。二十世纪五十年代的古根海姆博物馆却一个"细部"都没有，连楼梯扶手都没有。今天的细部不过是放大了的结构性连接和角落。[1]

保罗·鲁道夫更加直率，干脆说"世上本无细部。"马塞尔·布罗伊尔说，"细部通常和更大的建筑形式完全地融合以至于难分彼此。"[2]对于约翰逊、鲁道夫，以及布罗伊尔，他们将细部设计作为一个独立学科的概念与传统建筑相关联，而"细部设计"听起来非常像"修饰"。细部曾经是修饰品，而修饰品已经是过去式了。

2000 年，《细部》杂志进行了一个类似的调查，其结果略微有成效，但是，就像是 1964 年那次，有些人为细部的缺失做了争辩——不是说它们不存在，而是如果它们存在过，就应该从建筑作品中排除出去。UN 工作室的伯克尔和博思谈过对细部的排除，而虽然他们在自己分析中总结出四种不同的细部，但却给予了第一种，即缺失，以主要性："细部明显已经消失在了一个'黑洞'中。建筑本身拒绝它们的任何可行性。"[3]

而其他人，即使没有提倡消灭细部，至少也要求对它最小化。阿尔瓦罗·西扎（Alvaro Siza）写道："在我的经验里，最好的细部往往是那些不由自主意识构想出来的。讽刺的是，被设计得太好的细部，由于被赋予了太多的重点，往往会削弱一栋房屋整体的外观。这就是为什么发展一个不将细部设置在前景的概念很重要。"[4]

特别是在先锋派中，细部的概念目前不被看重。扎哈·哈迪德说如果它们被设计得好，它们就会消失。雷姆·库哈斯对于细部的评估也是同样的咄咄逼人，他想消灭它们："好多年来，我们一直关注在无细部上。有的时候我们能成功——它不见了，被抽象化了；有的时候我们失败了——它还在那儿。细部应该消失——它们是老建筑。"[5]尽管处于 1964 年和 2000 年之间的建筑师有类似的想法，但对于细部，有两种不同的概念。二十世纪六十年代的建筑师认为细部是多余的元素，是线脚和修饰品，没有了它们是不会有负面技术后果的。

2000 年的建筑师更现实地将细部视为小尺度的中间元素，在技术上可能是必要的，但是其存在需要被隐藏或者最小化以避免曲解房屋更大的信息，或者仅仅是抽象的属性。然而，现代细部设计就是简单的消除行为么？无论是在 1964年或是 2000 年，细部肯定不只是在技术上是过时的修边。虽然传统建筑充斥着没有重要功能的修边和修饰品。前述"细部"中的大多数是在完工建筑中会被注意到的必要元素，除非是建筑师找到一个办法把它们隐藏起来。这就引导到第一个公理的形成。

## 公理 1
# 细部设计包括为了整体理解房屋所做的选择性展现和对部分信息的压制。

以两扇窗户为例：第一扇位于弗兰克·弗尼斯（Frank Furness）在费城设计的罗伯特·刘易斯住宅的一层（1889）（图 1），第二扇是沃尔特·格罗皮乌斯在德绍包豪斯设计的教师之家之一的一扇窗户（1926）（图 2）。两者都解决了一扇窗户最根本的技术问题：即支撑开口之上的砖石重量、通过将雨水提前摆脱开墙面来保护窗户的头、在窗台处排出积聚的雨水。弗尼斯的窗户，通过其拱弧和倾斜的窗台，解决并彰显了这三点问题，而且展示了达到这些目的的可识别部件。包豪斯窗户也解决了这三点问题，但是除了一个极简的窗台，并没有告诉我们是如何达到的。直截了当的功能主义者或许会争辩地说，最彰显的窗户是细部设计得最好的，但是情况并非如此。

一栋试图告诉我们一切的房屋往往什么也说不清。皮亚诺和罗格斯的蓬皮杜中心就是一个明显的例子。关于其构造的各方面极少有在房屋外面保持不彰显的，而作为结果，它告诉我们的极少，不是因为它没说，而是因为太多的元素一起在说。我们看得到主要的结构，次要的后勤、设备系统、流线系统，以及其他很多东西。每一个局部都是分散的，每一个节点都被解释，每一个元素

图1

窗户，路易斯住宅，弗兰克·弗尼斯，
宾夕法尼亚州费城，1889

图2

窗户，包豪斯教师之家，沃尔特·格罗皮乌斯，
德国德绍，1926

都被单独地表达了。典型的窗户竖梃是一个间有空隙的双槽，本质上是一个劈开的"I"剖面。每一个部件都通过分离的方式被彰显出来。玻璃勉强地碰着扣钩，扣钩勉强地碰着竖梃，而竖梃则勉强地碰着结构框架。这种程度的细致是否必要在大体上已经无关，因为这个个体的细部已被作为整体的立面复杂性淹没了。

　　每一栋房屋都将一部分技术问题的解决方式抽象至无形，同时也揭示其他一部分。关于房屋的特定信息种类——其功能、环境表现、结构、构造及节点——不是被压缩进了一个几何的简化就是被夸张了，进而使房屋本身能被理解。为了达到这个目的，有许多信息得被隐藏。完全的压制，当然不比完全的表现更可行。总有一些不可被隐藏的不想要的形状或者组装，希望它们很小。因此如果要说不存在细部就好比是说不存在设计。细部是存在的，但是它们既是关于隐藏的信息，也同样是用来揭示信息的。

这就留给了我们细部的一个简单原型：

写实性——那些解决问题并展示手法的彰显细部。

抽象性——那些解决问题但不展示手法的非彰显细部。

代表性——和房屋构建无关的装饰性细部，仅是一种代表性的方式。

被建筑师们所认为是细部设计的大部分其实是在技术上复杂，但在概念上简单的设计推敲的过程，以使现实遵从设计师的图像——将大的事物变小，将较小的事物变大，将特定的元素消失，而同时又防止其他元素消失。在现代抽象房屋中，压顶板、饰条、窗台、滴水槽，以及无沟通常都被做成最小化或者不可见。其他元素，例如面板或者材料之间的节点，有可能被夸张成远超过他们所需的尺寸，以确保它们在远处便能被识别。当然，现代主义细部的绝大多数仍是抽象性的。作为这种过程可能出现的一种结果的唯一细部类型，它是我们看不见的或者是看见了但是没有意识到的东西，它是我们不认为是被设计过的东西。当然，其进程不是武断的，却是为了有其他理解房屋的可能方式而做的。

现代主义，在其所有的宣言中，非常了不起地，并且，一致地保持了它所选择展示的信息以及它所压制的类型。第一种类型，也是最常见的，我们已经在包豪斯教师之家的窗户中见识过了——从简化的、抽象的整体视觉中凸显出来的小范围饰面压制。格罗皮乌斯和他同时代的现代主义者在墙基、墙体和天花板结合点、门框，以及其他任何开口类型中使用过同样的策略，而且有时是同样的手段。并不是说现代构建不再需要压顶板、踢脚板，以及门和窗的装饰修边。它还是需要的，而且也是有的；它们只是简单地被最小化了或者被隐藏了。

抽象化的光辉岁月是二十世纪二十年代的国际风建筑，在某种程度上是为极简形式服务，为和那种风格相关的极简形象服务，但是抽象化不仅限于国际风现代主义。康探寻过为了达到类似于一个构建的废墟的某种东西而抽象化细部、缩小窗框、压顶板、窗台，尽管这是有选择的；而一个真正的废墟是什么都没有的。这些最简化的行为不是没有负面技术问题。对于康，压顶板尤其是个问题。罗切斯特的一位论派第一教堂（1959）、菲利普斯埃克塞特学院图书馆（1972）和论坛报大楼（1962）都曾在简化设计的压顶板上做了两处更突出视觉效果的更换，针对压顶板的本身技术问题重新做了设计，而不顾视觉上的后果如何。

　　抽象化常常是具有选择性的，为了服务更大的问题而混合写实性和抽象性并存的细部。初看，赖特是细部设计者中最不一贯的。对于一个问题的技术处理有的时候是完全的隐蔽，有的时候则是能想到的最具有教学性和可见性的形式。这常常是在一栋房屋的体量上加以通常是作为模板的纹理，而通常又是在房屋的水平模块上。因此房屋的玻璃系统，比如在威斯康辛州麦迪逊市的一位论派会议中心（1951）是有竖梃标示紧凑排列的水平模块（图3），它和平面有着同样的坡度，以和房屋的几何母体一致。作为对比，纵向竖梃是不存在的；纵向的节点被对接到或镶进石头中的凹槽（图4）。与此相似的是典型的木制美国风墙体，比如在帕罗奥图汉娜住宅中用到的那样。水平节点是内陷并被榫接的，用来标示水平模块；纵向的节点则被斜接，从而使他们消失。赖特使用的抽象性细部使用是有限的，并且是为了充斥于其作品中他所称为"自然纹理"而设计的。

　　虽然频繁地倡议无细部，UN工作室在荷兰阿姆斯福特（Amersfoort）的REMU电力副站提供了非彰显和过度彰显细部最显著的例子（图5）。

图 3

一位论派会议中心，弗兰克·劳埃德·赖特，
威斯康辛州麦迪逊，1951

图 4

窗口竖挺，一位论派会议中心，弗兰克·劳埃德·赖特，
威斯康辛州麦迪逊，1951

图 5

REMU 电子副站, UN 工作室,
荷兰, 阿姆斯福特, 1993

这是一个没有窗户且几乎没有尺度感的房屋，外立面覆以石板和铝板，而细部的消失对于其建筑至关重要。因此压顶板被抽象成不可见：

> 没有被标注、加强、释义，这个细部的整体是关于排除的最好演绎；在阿姆斯福特的 REMU 电力副站就是沿着屋顶将边缘外设这样一个细部。这是一个由缺失和对于多余的彰显有意识的遗弃组成的细部……房屋本身，仅仅是用于覆盖这个运输和储存电力的地方，在使用和外观上都是顾名思义地反物质的。头重的边缘会将房屋抛锚在地面，形成不合时宜的物质实体。[6]

然而房屋中其他的节点都被极大地过度设计和过大设计了。不同材料面板之间必要的节点都通过放置一块未经处理的木条来形成一个夸张的强调（图6）。建筑师写到，"这个细部在其中包含了项目的整个结构……它甚至暗示了一种都市环境，反应了一种和房屋周遭的逆流感。"[7]他们将此称作"一种消失而无的细部"，因为木头被允许风化，并表达了一种较为不醒目的形象和面层材料对比，但是事实上，它恰恰相反，它是一种被大大地夸张了的节点，类似于一种装饰修边的复兴。

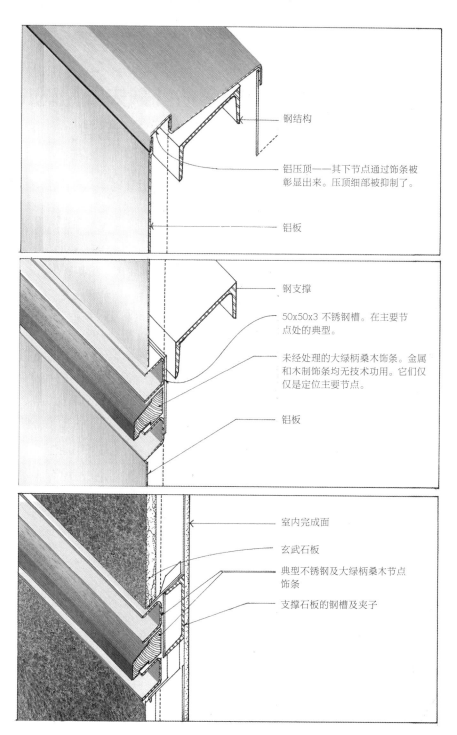

钢结构

铝压顶——其下节点通过饰条被
彰显出来。压顶细部被抑制了。

铝板

钢支撑

50x50x3 不锈钢槽。在主要节
点处的典型。

未经处理的大绿柄桑木饰条。金属
和木制饰条均无技术功用。它们仅
仅是定位主要节点。

铝板

室内完成面

玄武石板

典型不锈钢及大绿柄桑木节点
饰条

支撑石板的钢槽及夹子

图 6

墙体细部，REMU 电子副站，UN 工作室，
荷兰阿姆斯福特，1993

## 公理 2

# 一个肯定的细部的含括或缺失既是构成上的也是意识形态上的概念结果。

虽然让人使用一个抽象细部的动机很清楚，至少在视觉上是这样的，但是除却为了方便而不得已为之，对于使用写实细部的动机则不是这么明显。有一些是纯粹美学上的；有一些是充斥着意识形态上的，在这一点上可能没有比节点的彰显更为如此的了。让·普鲁韦（Jean Prouvé）在法国克里希（Clichy）的人民之家（1939）设计的钢板有一个浅弧面，它被弹簧支撑着以防止表面变形，而板端以 90° 弧线折回并被压进一条沥青灌注的板条以防水。这使得板面和节点比在表面平整的情况下都更引人注目，结果，它们不惜一切代价统领了这栋房屋。普鲁韦的典型节点宣扬的是建筑的批量生产。他视重复和标准化为其精髓，而元素间的节点则总是被强调。[8] 那些以技术和非审美之眼光看待现代节点状况的人都支持节点。和普鲁韦一样，康拉德·瓦克斯曼（Konrad Wachsmann）视过度彰显的节点为构建的一种意识形态的表达：

> 节点不是"必要的邪恶"。相对地，它不需要像是难堪的东西一般，被密封条或者其他东西掩盖。它以造型要素区别于其他……这些节点不但显示接触的区域，而且一丝不苟地界定它们所围合的任何物件……在物件、功能和分离的完美关系中，节点表达了一种崭新的视觉姿态。[9]

如果克里希市场的节点是作为编制的一种严格的制造纪律而成为了大批量生产之精髓，那么诺曼·福斯特（Norman Foster）在英国诺威奇（Norwich）的塞恩斯伯里视觉艺术中心（Sainsbury Centre for Visual Arts，1978）的节点则是作为服务于消费的机制而成为了大批量生产的精髓。该房屋原本有着肋状的铝板贴面。建筑师用了五种不同的类型的铝板，它们在一定程度上可相互替代的，从而使透明和不透明的区域可随着大而灵活的库体功能演化而被调整。面板被挂在一系列三角管钢框架上，而其间由氯丁橡胶垫片做成的节点也起到

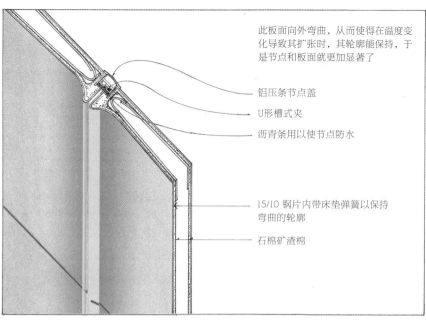

此板面向外弯曲，从而使得在温度变化导致其扩张时，其轮廓能保持，于是节点和板面就更加显著了

铝压条节点盖

U形槽式夹

沥青条用以使节点防水

15/10 钢片内带床垫弹簧以保持弯曲的轮廓

石棉矿渣棉

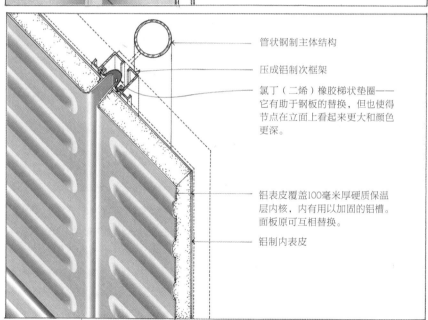

管状钢制主体结构

压成铝制次框架

氯丁（二烯）橡胶梯状垫圈——它有助于钢板的替换，但也使得节点在立面上看起来更大和颜色更深。

铝表皮覆盖100毫米厚硬质保温层内核，内有用以加固的铝槽。面板原可互相替换。

铝制内表皮

图7

金属板细部

**顶图**
人民之家，让·普鲁韦，
法国克里希， 1939
**底图**
东英吉利大学（University of East Anglia）塞恩斯伯里视
觉艺术中心，诺曼·福斯特，
英国诺威奇，1977

世上本无细部
59

收集并排出雨水的作用。这两点都使该节点更加显著，因为它们比捻缝的节点要更宽更深，而垫片也是黑色的（图7）。[10]

这个建筑垫片，或者说是"干"节点，是它的关键。这是一个至少和格罗皮乌斯一样老的概念。为了使一栋房屋能够被大批量地生产，它必须简洁并被快速地装配起来，像一辆汽车一样。胶水、玻璃油灰和捻缝泥都太湿并且要花太长时间才能凝固。作为一个更大目标的过度彰显的标志，这个节点的显著之处大概让建筑师很满意。一个真正大批量生产的建筑也得考虑备用性和互换性，而这个塞恩斯伯里垫片是一个更大的想法的宣言：一个建筑不单单是部件，而是可互换的部件。塞恩斯伯里的干节点和可互换面板也得益于二十世纪六十年代的建筑电讯派（Archigram）和其对于节点的哲学——"插入和夹上。"彼得·库克，这个运动中更为丰产的成员之一，对于建筑电讯派关于胶囊建筑的概念这样写道：

> 我们对将自己的作品视为消费品很有兴趣。胶囊住宅就和商店里买来的物品一样，其部件将被交易、更换，将被几近无限地叠加。其"场所"属性在其部件的定义中是转瞬即逝的。[11]

塞恩斯伯里的节点比克里希的更为显著，这倒不是因为在1978年以前较为不显著的节点在技术上是不可行的。理查德·迈耶（Richard Meier）为亚特兰大高级博物馆（High Museum, 1983）设计的白墙是由搪瓷面铝板建成的。一片厚约1/16英寸的铝板边缘被扳回去形成一个约2英寸深的盘口。然后，两个板面之间的节点空间被捻缝平齐。板面是平的，虽然表面的不规则没有被去掉，但它们却被最小化了。其结果是一个略不规则但平整的抽象表面，在其中，相较于整体形成的纹路，每一块个体板面就显得不那么突出。在这三种墙体类型中，这些节点是最不引人注意的，而尽管是技术进步使之成为可能，但弱化的建筑意识形态的需要使它更为可取。

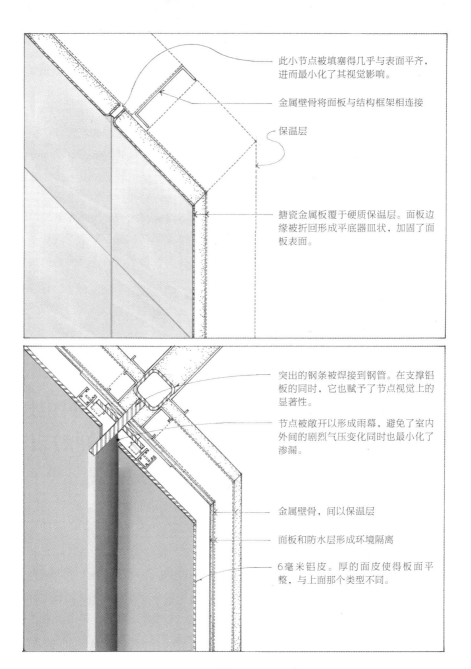

此小节点被填塞得几乎与表面平齐，进而最小化了其视觉影响。

金属壁骨将面板与结构框架相连接

保温层

搪瓷金属板覆于硬质保温层。面板边缘被折回形成平底器皿状，加固了面板表面。

突出的钢条被焊接到钢管。在支撑铝板的同时，它也赋予了节点视觉上的显著性。

节点被敞开以形成雨幕，避免了室内外间的剧烈气压变化同时也最小化了渗漏。

金属壁骨，间以保温层

面板和防水层形成环境隔离

6毫米铝皮。厚的面皮使得板面平整，与上面那个类型不同。

图 8

金属板细部

**顶图**
高级博物馆，理查德·迈耶，
佐治亚州亚特兰大，1983

**底图**
高级博物馆加建部分，伦佐·皮亚诺，
佐治亚州亚特兰大，2005

2005 年，伦佐·皮亚诺完成了高级博物馆的加建部份。他采用厚平铝板进行贴面，虽然是同样的材料和同样的颜色，但它没有了原迈耶馆的表面不规则。皮亚诺的节点最显著的地方是包含了一块垂直板，并在两则留了相当的空间（图 8）。这在视觉上延缓了到屋顶每个天窗的过渡，但是，就如他经常做的，皮亚诺为了创造他所称的一种部件的"层次等级"，故意过度彰显了这些部件，使房屋在视觉上解释了其创造的过程。

这四种节点都为了达到不同功能而使用了不同的技术。每一个都展现了比其前任在技术上的一种进步，但是每一个又最终由意识形态的考量而决定——对于皮亚诺是展现层级等级，对于普鲁韦是一种大批量生产的意识形态，对于迈耶是抽象化，而对于福斯特则是可互换性。

公理 3

# 细部中形式的一致性既是不可能的也是不需要的。它将不可避免地导致肤浅化和样式化。

无细部的另一派以"细部无关紧要，而不是绝迹"的概念为思想。建筑中肯定有细部，但是它既不使修饰物成为必须，也不使不彰显的房屋成为必须。细部设计仅是小尺度的设计，一种更大的理念进入到较小元素的延伸，而细部的好坏取决于他们是向总体品质贡献还是减损。西奥·克罗斯比（Theo Crosby）在 1962 年写道："细部设计始于最初的构想，而且必须有目的地从那儿走下去。"艾略特·诺伊斯（Eliot Noyes）在 1996 年写道："光是细部本身……构成不了建筑。这些细部必须就与建筑的总体概念和特征的关系来表达它们的局部，而且它们也应是建筑师用来强调自我主要概念——加固它、回应它、加强或者使它戏剧化的方法。"迈因哈德·冯·格康（Meinhard von Gerkan）在近期写道："每一个细部都得是整体的一个完整部件。"[12] 这个答案在某种程度上和世上无细部的想法没有区别。细部设计因而没有了特别的概念相关性，并且在技术层面之外不再需要额外技术。

有个事实进一步地说明了"一致的细部是无细部的一个近亲"这种观念，那些提倡其中一个的人也往往提倡另外一个。将某些特定细部形容为"恋物情结"的四年后，哈迪德说道：

> "细部确实是一个关键的部分。但是对于我，细部设计不再源于中欧那还是建立在威尼斯传统之上的关于细部的概念。我对一种现代样式的细部设计更感兴趣，它更多的是关于细部本身，而不是你如何将大理石、泥灰、石材和黄铜之类的材料连接起来。相对于物料细部设计，它更多的是一个'细部作为结构的一个完整部件，对于特定目的最佳化'的问题。如此的细部对我很重要。"[13]

最明显的一致细部类型是形式的一致性。在布罗伊尔在《建筑实录》发表对于细部的观点的三年前，他在明尼苏达州大学村（Collegeville）完成了圣约翰大修道院教堂（1961）。教堂内最可能被称为是其细部的是那些教会家具：圣坛、讲道坛、座椅等（图9）。用布罗伊尔的话说，这些不是"放大了的结构联系物"，而是混凝土或是石材的微缩版本。所有的家具都由同样的材料做成，并被给予了与主体结构——石材或是混凝土——同样的表层处理。如同整体结构一样，一切都有锥形的轮廓。在后者的例子中，它表达了结构力在起作用。在家具的例子中，整合家具与建筑大多是风格。这样的策略是可以被理解的，也可以说做得非常成功；这些家具看起来属于此地，但是仍然有一个挑剔的问题：布罗伊尔是现代主义最伟大的家具设计师之一，他是瓦西里（Wassily）椅和塞斯卡（Cesca）椅的创造者，在这里，我们极少能见到他们这些技能，甚至不见那些技术。如果他选择了另一种策略，不是将样式的统一性绝对化，而是让教会家具的设计自行发展，而不受限于房屋的结构和材料，那会是怎么样呢？这样的手法可以说明了，对于一种在形式上或许较不一致，但在概念上更为丰富的设计来说，一致性有可能成为一种不必要的阻碍。

图9

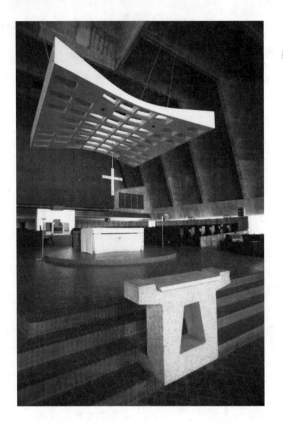

圣坛，圣约翰大修道院教堂，马塞尔·布罗伊尔，
明尼苏达州大学村，1961

　　圣地亚哥·卡拉特拉瓦是另一个有时会在他的一些作品中表现出他对于形式的一致性狂热的建筑师。他在对其设计的瑞士苏黎世施塔德尔霍芬（Stadelhofen）火车站（1984）的描述中写道：

　　我非常喜欢一个单一概念的纯粹性，仅仅因为一个单一说明的纯粹表达可以是一个非常强大的事物……因此，比如说，在施塔德尔霍芬，除了对于支撑着的头的参照，也有关于手的概念——张开的手。这个参照被贯穿于整个项目中，成为了车站大多数结构部件造型的一种主调：主扶壁支撑、一个小天蓬、花架。镜像的手构成了地下的横截面。在很多地方，都有可以和这种同样的几何形式联系起来的姿态。[14]

但是,在他设计的多伦多艾伦兰伯特(Allen Lambert)风雨商业街廊(1992)的例子中,这是一个问题多于优点的系统。他的细部、灯光、轨道支撑,以及其他较小的元素,都是大系统的小尺度模型,或者说是范例,而这正是它们错误的地方,其结果就是它们不是很好的家具。它们带有一种将较大房屋的理性设计缩减至肤浅样式化的效果。在小尺度使用这些元素——虽然不是非理性,但肯定是不必要的——也肯定不是对于它们自己的个体结构或功能需求的回应。

鉴定这种思潮的根源并不难,它伴随着我们已有时日。小维吉尔·爱克斯内尔(Virgil Exner Jr.),一个汽车设计师,也是克莱斯勒(Chrysler)汽车首席设计师之一的儿子,回忆通用汽车(General Motors)在二十世纪二十年代末期至三十年代早期出现的设计哲学:

[汽车设计]当时涉足空气动力学,并就躯壳方面通过流动的,包裹的设计涉足光滑的形状……当时的想法是要一种设计的连贯性,能使每一个细部、每一件修饰品看起来都是和基本躯干以及彼此之间协调设计过的,不论这个细部是一个保险杠(它在当时是被认为是一种细部的)还是一个引擎冷却器的修饰,或是一个车门把手,或是任何一种铸体。换言之,我们想要一种设计元素的连贯性。比如说,即使是车头灯也是大的细部,但是它们被造型、修饰设计成与整体躯干相匹配,就如同尾灯一样。它们看起来甚至是以同样的方式组装到车上的,一方是另一方的小型版本,是以另一方的特定形状——一个子弹的形状或者是一个扁平薄的形状——同样被雕塑出来,看起来像是可以属于其姐妹尾灯。前后保险杠被设计成相协调……后备箱把手则被设计得与车门把手相匹配。[15]

这种僵硬的样式化一致性结果是有问题的,因为在否定元素间的功能差异中,它断定了从功能到形式之间是没有关系的。最明显的解决方案是寻找一种源于一个潜在概念而不是一种肤浅形式所相似的一致性细部。

# 概念的一致可能导致形式的不一致，但这通常是有益的。

勒·柯布西耶的萨伏伊别墅（1931）的室内把手的手柄与房屋自身（不含任何球体）内任何东西都没有产生一种一对一的形式对应，然而它毫无疑问地属于那儿（图10）。和格罗皮乌斯一样，勒·柯布西耶信奉工业化是在几何形体中被宣言的，但是也相信那些基本的实心体——圆柱、圆球、圆锥、正方体——对人类根本直觉有吸引力，他将此称为主要直觉——因此有了把手的球体和圆柱体。这不是形式的一致，而是概念的一致。

概念上的一致性或许比形式的一致性少一些问题，但值得注意的是，有很多典型的现代主义建筑，在建立局部和整体的概念一致性后，却不情愿去完成这个进程。一个震撼人们对于一致性信仰的建筑是皮艾尔·夏罗（Pierre Chareau）在巴黎设计的玻璃之家(Maison de Verre, 1932)。玻璃之家当然是围绕着光线从房屋的每一个可能的表面射入这个概念来组织的。这是通过一系列手段以不同的方式完成的——墙体中的玻璃体块以及特定门上的通透金属。亚麻橱柜是由半透明玻璃做成的，其藤架带有穿孔，这样光线就可以穿过它们以保持卫生，就如它们穿过建筑的墙体一样。尽管有这些特质，建筑的最终成功还是在于它的不一致性：因为它有一个模块，而不是网格；因为其柱子和平面是被单独设计的，而没有朝着标准化的方向；也因为一系列武断的类似机器的台阶和其他散落在平面的元素。

一致性，不一致性，以及后者的优点都被斯蒂文·霍尔（Steven Holl）在西雅图大学设计的圣伊格内修斯教堂（Chapel of St. Ignatius）说明出来了（图11）。霍尔将教堂设想成七"瓶"光，而教堂的一些家具，比如略不规则的吹制玻璃灯具和用于圣事的油瓶，在不模仿房屋形式的条件下彰显了这个主旨（图12）。这是一致性的细部设计——有主题的细部，而不是和载有它们的房屋在形式上的对应。与此同时，房屋中有许多其他细部并不符合这种描述——各式家具、圣坛、座椅、书籍和蜡烛架一起共同定义了一种不同的语汇（图

图 10

门把手，萨伏伊别墅，勒·柯布西耶，
法国普瓦西，1931

图 11

室内，圣伊格内修斯教堂，斯蒂文·霍尔，
华盛顿特区西雅图，1997

世上本无细部

图 12

圣事玻璃器皿，圣伊格内修斯教堂，
斯蒂文·霍尔，
华盛顿特区西雅图，1997

图 13

圣坛，圣伊格内修斯教堂，斯蒂文·霍尔
华盛顿特区西雅图，1997

13）。有一些局部对于整体的关系就如整体对于局部，但不都是如此。这些是自主式细部，一种我们会再遇到的类型。

# 细部设计要求将信息分重要性、分等级地展现出来。

对于其他建筑师来说，无细部的正式极简主义是不理想的，而一个次级的建筑是可以被接受的，甚至是必要的，前提是其角色的次要性应被表明。这通常包括结构和非结构之间的差异彰显，典型的是一个结构框和一堵非结构墙之间的，或者是介于一个框架和一个表皮之间的。建筑的语言和各地的法律在"支撑地面和天花板的结构"与"非承重室内外隔墙"之间有明确界定。结构受制于防火要求而非结构则可能不必。然而这些非结构的元素仍然受制于结构性的力，特别是风力。针对这些差异彰显，特别是在一堵玻璃墙中，形成了现代细部设计中关于等级层次最极端的例子。虽然它们对于信息的表达上不算欺骗，但是同样的问题却以不同的技术手段来解决，进而建立起有等级的局部。

福斯特的塞恩斯伯里中心被钢桁架支撑，并被长达三十米的屋顶所覆盖（图14），由此产生的两个巨大尾端被玻璃填充。理论上，也根据法律，屋顶的框架属于结构性，因为它承担了垂直荷载，而也是从理论上来说，玻璃是非结构性的，因为它只阻挡水平方向的风力。然而，实际上，作用的力并没有那么不同。根据美国标准，屋顶必须能够承担 30psf（磅每平方英尺，1 平方英尺 ≈ 0.09290 平方米）的荷载。但是玻璃几乎没有荷载能力，根据美国标准，它最多能保持一个 20psf 的荷载。虽然玻璃上的荷载只少 1/3，它看起来却像根本没有结构性支撑。这是通过将玻璃的支撑竖梃也用玻璃本身制作来实现的。这是极聪明的设计，在视觉上很吸引人，但是这个构造的终极目标是美学上的清晰性——以展现此墙体在结构上是服从其屋顶的。它的细部设计策略是将屋

图 14

尾墙玻璃，塞恩斯伯里中心，
诺曼·福斯特，
英国诺威奇，1977

图 15

克朗厅，伊利诺伊州伊利州理工大学，
路德维希·密斯·凡·德·罗，
伊利诺伊州芝加哥，1956

顶解读成结构，将玻璃解读成非结构，或者至少是高级的次级结构，从而将玻璃墙和屋顶间荷载的差异表现得比实际夸大很多。承担较少力的元素没有被隐藏，而是通过物料和形状的选择被最小化了。这栋建筑说明了对常见于现代主义的问题的解决方案——此长跨度结构带有巨大、非结构性的玻璃表面，相比于它所要传递的信息——即房屋的一部分是结构性的，另一部分（玻璃墙）是非结构性的——其支撑竖梃显得大得不协调。

相较于宣扬无细部的简单态度，即细部简单地是被表达了或者没有被表达，这些例子说明了针对这个问题的更为现实的态度。有很多套细部是根据一个重要性的等级来被彰显到不同程度的。上述大多数的玻璃系统并没有怎么隐藏或者压制信息，因为它们只是简单地将窗户的支撑系统在视觉上做得服从于屋顶支撑系统。它向我们展示了这个问题是如何被解决的，但是它也向我们展示了那个问题相对于其他问题的关键性。因此一栋建筑也许有一套主要、次要，或者甚至再次要的组件来解决相似的问题，它是以一种示范的形式完成的。因为密斯自己不喜欢模糊性，因此他是细部设计者中最讲究等级的。他在伊利诺伊理工大学设计的克朗厅（Crown Hall, 1956）的柱子、竖梃，以及固定玻璃的格挡都是立面里可被辨析、分离的元素（图15）。因此细部设计不仅仅是一个决定展现或者隐藏什么信息的问题，它是一个关于赋予信息重要性，将自身置于某个等级种的问题。

可以争辩地说，设计的根本问题是如何将一栋建筑的部件分配到这些等级中，以及如何决定每一个部件所被赋予的东西。康写道：

> 如果你制造什么东西，可能在制造中，你得有两个部件，而不是一个。它是某种东西的形式感，这种东西的形式具有不可分割的部件——而这些不可分割的部件就是元素。那和其他是不同的……你看，至于你是否将这个制造得和这个一样，那是设计的问题……

> 元素……必须被分离才能变得伟大，而不是成为均质的。[16]

大多数的高技派建筑师是同意的。虽然他们大量地从非建筑技术诸如飞机和汽车中获取灵感，在很大程度上他们为建筑强加了一种秩序，比汽车或者飞机中所能找到的属性更具等级。理查德·罗杰斯在 1985 年写道：

> 我们将每一栋房屋设计成可以被分解成不同元素和次元素，它们被有等级地组织起来，从而给与清晰可见的秩序。由此一个词汇被创造了，在其中，每一个元素表达着自身的生产、储存和可拆卸性的进程；因此，用路易斯·康的话来说就是，"每一个部件清晰且欢快地在总体中宣布了它的角色。让我来告诉你我所扮演的角色，我是如何被

做成的，以及每一个部件都有什么功能。" [18]


如果说康和密斯都极清晰地展示了等级性细部设计，区别他们的是康完全乐意使用多于一种的等级层次。如同大多数成熟的康的建筑一样，他在加州拉荷亚设计的索尔克中心（Salk Institute, 1965），有着两种分离且谨慎的空间类型——实验室和书房。每一个都有其自身的结构、其自身的机械系统，以及其自身的门窗布局系统。

康对于等级分化的处理手段是功能性的，是基于内部的功能。还有许多其他的类型：基于文脉、尺度，以及构建历史的等级层次。然而，不论单一还是多样，一个等级最大的价值，是如同任何建筑规则的系统一样，它是可以被打破的。


## 公理 6

# 好的细部设计，在建立了等级层次之后，将常常违反它们；在达到了一个前后一致地表达其有选择性的信息系统之后，将以一种不一致的方式来表达。

有些建筑的最大优点是等级的缺失，它们的部件通常尽最大可能集众多功能于一身，以避免重复。比如在普鲁韦设计的铝合金世纪纪念馆（Pavillon du Centenaire de l'Aluminum, 1954，现位于 Villepinte）的柱子"竖梃—气窗—屋顶"的排水组合。同样地，在等级性细部设计中一个常见的问题是其反面，过度设计这些等级，从而产生过度专业化一栋房屋中的组成元素的这一趋势。其结果可以是丰富的，就如勒·柯布西耶或者康的门窗布局中窗户的多样性，但是它也可以导致累赘和不灵活。这些房屋中最重要的是同样呈现组成元素缺失的等级，通常因为它已被另外一个元素吸收进去。诚然，细部设计可以被描述成一个是否以及多大程度表现一栋建筑的一个特定层面的问题，但是这不代表没有被表现的细部就成为了一个纯粹的技术问题，其简单的理由是，没有什么能比在视觉上缺失的建筑细部更为显眼——没有窗框的窗户，没有压顶板的墙体，没有饰条的节点，并且等级层次在它们缺失某些部件的时候常常是最明显的。

现代主义的非彰显无细部中最令人记忆深刻、最有力、最反常，但常常也是最不成功的是那些二十世纪五、六十年代的野兽派（Brutalist）房屋。简单地说，这些建筑师的目标是用纯混凝土或者纯砖块，不加以其他材料来建造一种废墟。较小的元素，如果它们不能被取消，就仍被用作主要材料来制造。其愿景是取消细部的中间层面——框架、装饰修边、灯具，乃至五金件——从而删掉等级中的元素之一。

当然，消除这个手法有其局限性，而隐藏一个元素的另外一种办法就是将其提升到剩余房屋的尺度和体量。这是"放大或者取消"的策略，在此，元素不是消失就是变得过度设计成为建筑的局部，而野兽主义中无细部的结果就常常是过大的细部。勒·柯布西耶后期的混凝土建筑中的玻璃窗，比如位于马塞诸萨州剑桥的卡彭特中心（1964）就是一个熟悉的例子（图16）。可打开的窗户没有玻璃，由木材或者金属制成；固定的玻璃窗没有框架；玻璃被嵌入预制混凝土鳍状物中的凹槽中（图17）。这些鳍状物是墙体的一部分还是极大地过大化后的混凝土窗框呢？细部的中间层面已经不存在，并且等级中的一个元素也随之逝去。

野兽派细部设计的高峰与《建筑实录》向执业者索问关于细部的哲学的不成功尝试极为相似，而这并不是一个偶然。曾经宣称过现代"细部完全与其周围的建筑形式融合"的布罗伊尔是野兽派无细部的美国实践者中最前后一致的。他有一个例子是其设计的圣约翰修道院教堂（Abbey Church of St. John，1961），图书馆中有过大的混凝土排水口。那个极大、过重的排水口更为常见的是野兽派细部作品之一。勒·柯布西耶在雅乌尔别墅（Maisons Jaoul，

图16

卡彭特中心，勒·柯布西耶，
马塞诸萨州剑桥，1964

1956）和朗香教堂（Chapel of Notre Dame deu Haut, 1955）中使用过它；斯特林（Stirling）和高恩（Gowan）在伦敦的汉姆公共区（Ham Common, 1957）使用过它；丹尼·拉斯顿（Denys Lasdun）在剑桥基督学院新场（Christ's College New Court）通过预制的方式建造过它；而布罗伊尔将它带到了美国（图18）。所有的这些天沟都与它们源自的混凝土结构相融合，因为那些混凝土通常是被一种较柔软，曲线性，更为雕塑化的方式处理过。人们甚至可以将它们想成雕塑品，作为木制或者金属天沟的混凝土形式代表。这是野兽派细部的一个常见副产品，它导致一种建筑向雕塑化转变。

一个测试人们对于自然和技术两者的信仰的野兽派细部是布罗伊尔在密歇根州 Muskegon 设计的圣弗兰西斯教堂（Church of St. Francis de Sales, 1966）那往屋顶的楼梯（图19）。它由突出的、非常薄轮廓的混凝土梯级构成，一直上升到 90 英尺高（1 英尺 =0.3048 米）。虽然它们看起来像是现浇墙体的延伸，其实它们是预制的插件。这说明了野兽派细部的另外一个副作用，一种类似于达达主义的处理手段，针对一个通常小、轻质且薄的元素，它源自的材

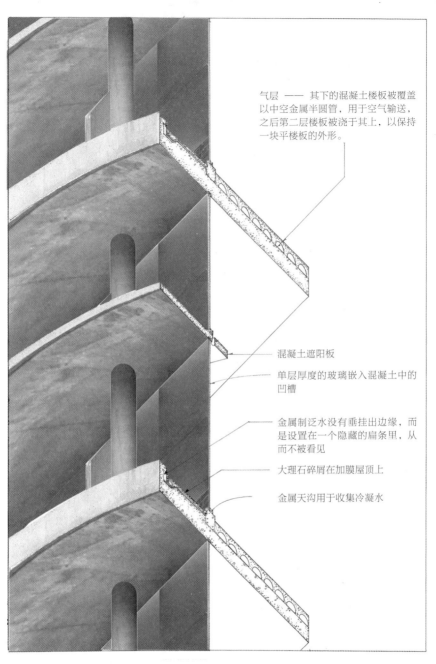

气层 —— 其下的混凝土楼板被覆盖
以中空金属半圆管，用于空气输送，
之后第二层楼板被浇于其上，以保持
一块平楼板的外形。

混凝土遮阳板

单层厚度的玻璃嵌入混凝土中的
凹槽

金属制泛水没有垂挂出边缘，而
是设置在一个隐藏的扁条里，从
而不被看见

大理石碎屑在加膜屋顶上

金属天沟用于收集冷凝水

图 17

墙体剖面，卡彭特中心，勒·柯布西耶，
马萨诸塞州剑桥，1964

世上本无细部

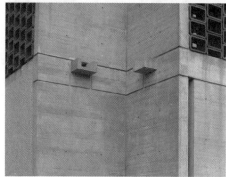

图 19

楼梯，圣弗兰西斯教堂，马塞尔·布罗伊尔，
密歇根州马斯基根，1966

图 18

混凝土排水口

**顶图**
朗香教堂，勒·柯布西耶，
法国朗香，1955
**中图**
基督学院新场，丹尼·拉斯顿，
英国剑桥，1970
**底图**
图书馆，圣约翰修道院教堂，马塞尔·布罗伊尔，
明尼苏达州大学村，1961

建筑细部

料则相反，常常是混凝土制，而那当然就是它所吸引人的地方，倘若人是待在地面上。

这类细部描绘了野兽主义中最好的一些作品的特征，比如勒·柯布西耶在法国菲尔米尼（Firminy）设计的圣彼埃尔教堂（Church of Saint-Pierre）中的细部，这是一个从1961年开工，在2006年由何塞（José Oubrerie）完工的项目（图20）。其庇护所是一个双曲抛物面由顶部的圆形开口过渡到其基部的方形。它基本都由混凝土建成，细部的中间尺度层面看起来大都被省略了。窗框，如果说它们还算存在的话，都被最小化了；没有压顶板，没有窗台，并且极少可见元素可以被称为装饰修边。然而，一个没有家具的教堂不能算得上是一个真正教堂，而且虽然菲尔米尼不是一个能被视为"神圣"的教堂，但是为了遵循历史传统，它含有所有教会需要的装备——圣坛、布道台、主教座、长凳——而建筑师得了为了将这些更细小的元素融合进极简主义的总体中而做出妥协（图21）。解决的方案就是将家具做成建筑，用混凝土来建造它，这样一切都简单地变成为薄混凝土板或者大型简单混凝土棱柱的组装。只有由橡木板制成的教堂长椅和偶尔出现的金属扶手打破了材料的统一性。在大多数野兽派建筑失败的地方，这里的混凝土家具却成功了，它们不与其容器成为一体，但也不独立。它们其实是混凝土制的独立雕塑。

一个同样戏剧化，但是更为不和谐的元素是巨大的混凝土条，环绕着外壳，成双的形式既是天沟，也支撑着向室内最小限度透光的被打扰的裂缝。与之结合的，是同样尺寸过大的垂直天沟，它自高高的屋顶沿着立面而下。它们对于

图20

圣彼埃尔教堂，勒·柯布西耶，
由何塞完工，2006，
法国菲尔米尼

图21

圣坛和布道台，圣彼埃尔教堂，勒·柯布西耶，
由何塞完工，2006，
法国菲尔米尼

世上本无细部

图 22

普拉达店，赫尔佐格和德·梅隆，
日本东京，2003

纯化论者，是一个过分讲究的干涉，然而毫无疑问地，这栋建筑因为有了它们而变得更好，因为它们将形式的抽象着陆于材料和元素需求的现实中。最终，菲尔米尼不是关于细部的不存在或是消亡，而是关于交错的界线——穿越界线进入结构领地的窗框，穿越进入家具领地的混凝土结构。在大程度上，野兽派建筑的成功正是其失败（无力于将万物缩小成简单抽象材料的体量）的产物。这是一类高度依赖于特定层次和特定细部种类（自房屋基本结构中生长出来的孤立、谨慎、单一的元素）的房屋。

在一个没有窗框的混凝土大体块中，缺失的元素可能未必那么显眼。近代的建筑已经将挑战结构框架和非结构幕墙间的等级层次划分作为头等大事，

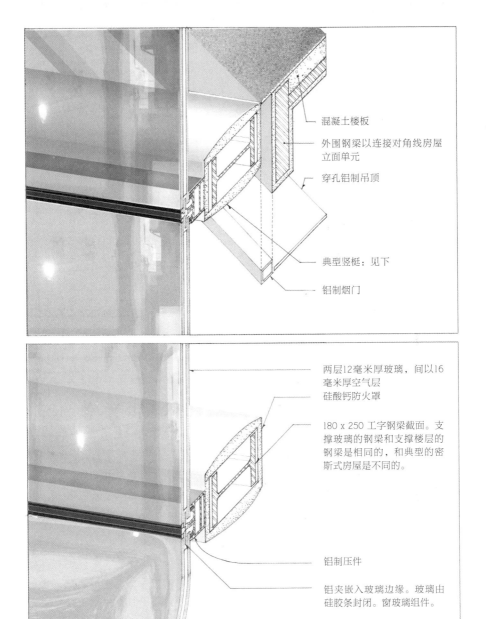

混凝土楼板

外围钢梁以连接对角线房屋立面单元

穿孔铝制吊顶

典型竖梃：见下

铝制烟门

两层12毫米厚玻璃，间以16毫米厚空气层
硅酸钙防火罩

180 x 250 工字钢梁截面。支撑玻璃的钢梁和支撑楼层的钢梁是相同的，和典型的密斯式房屋是不同的。

铝制压件

铝夹嵌入玻璃边缘。玻璃由硅胶条封闭。窗玻璃组件。

图 23

幕墙细部，普拉达店，赫尔佐格和德·梅隆，
日本东京，2003

**顶图**
与楼板相接处的竖梃
**底图**
典型竖梃

图 24

寻求着框架和表皮间多功能的和模糊性组合。赫尔佐格和德·梅隆（Herzog & de Meuron）在东京的普拉达店虽然有七层楼高，但却没有传统类型的柱子（图 22、图 23）。由圆管组成的室外格子框架既支撑着玻璃幕墙也支撑着楼板边缘。内部的支撑由垂直井和水平流线管道提供。这个透明的，非结构的表皮已经成为了结构。"房屋的每一个可见部件（除了玻璃）在同一时间成为了结构、空间和立面。"[19]

库哈斯在西雅图公共图书馆（2004）的结构设计中追求了一种类似的混合系统（图 24）。建筑的尺寸，跨幅长度和荷载尺寸的大差异使设计困难，但是这栋房屋中的透明格子框架也是结构性的，通过对角线支杆使内部体量中更为传统的结构得到了侧向支撑，使外部格子框架与内部框架连接了起来。与普拉达店不同，其斜肋构架的变化更大，建筑师使用了不同的玻璃、支撑材料和轮廓来迎合不同情况中的大差异。这些区别，虽然没有被隐藏，但是常常在视觉

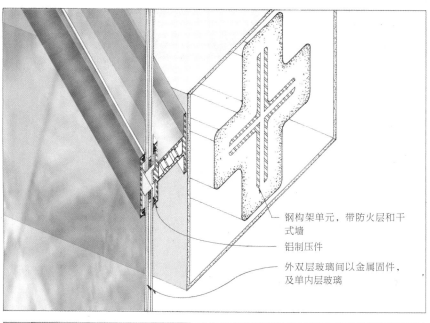

钢构架单元，带防火层和干
式墙

铝制压件

外双层玻璃间以金属固件，
及单内层玻璃

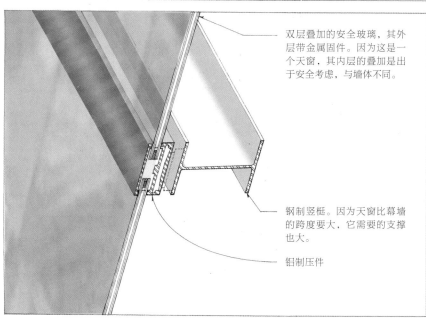

双层叠加的安全玻璃，其外
层带金属固件。因为这是一
个天窗，其内层的叠加是出
于安全考虑，与墙体不同。

钢制竖梃。因为天窗比幕墙
的跨度要大，它需要的支撑
也大。

铝制压件

图 25

幕墙和天窗细部，西雅图公共图书馆，雷姆·库哈斯，
华盛顿州西雅图，2004

**顶图**
幕墙直梃
**底图**
天窗直梃

世上本无细部

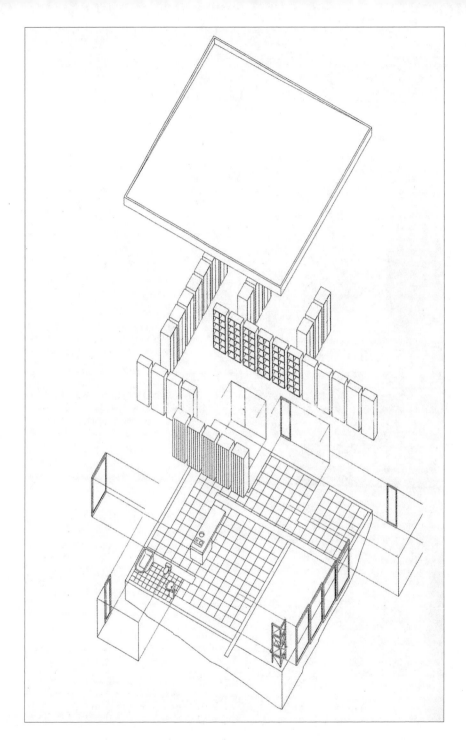

图 26

轴测图，家具住宅1，坂茂，
日本山中湖，1995

上是被最小化了（图25）。

坂茂（Shigeru Ban）设计的住宅中有很多是同一个类似的行动的结果，它们结合了结构框架和非结构隔墙。他的早期住宅是密斯·凡·德·罗为在西班牙的巴塞罗那博览会设计的构筑物（1929）的直接后代，有着明确分离的结构柱、非结构的独立橱柜和隔墙。在他的诗人图书馆（1991）施工过程中的某一刻，坂茂意识到其家具可以在没有柱子的情况下支撑房顶。于是在1995年诞生了他的第一个家具住宅，这个住宅位于日本山中湖（图26）。它在空间上是密斯的缩影，但在结构上则是相反。如果坂茂的建筑是一种对于密斯的矫揉造作地注释，那就暗示着要想理解坂茂的作品，我们就必须理解密斯，不是因为建筑中有密斯式的东西，而是因为建筑中缺失密斯式的另一些东西：柱子。和古典主义相似，现代主义对于某一建筑理解也要求对其前提有一种历史上的理解。[20]

# 反等级层次

在逐步成为高技派建筑的一个主要部分后，等级层次，在近几年却不再受宠。倒不是因为它被证明在技术上有问题，或是它没能完成其被期许的意图，而是因为它在哲学层面上不再受欢迎。目前对于反等级层次房屋的倡导大多是受哲学家吉尔·德勒兹（Gilles Deleuze）影响的直接结果。格雷·林恩写道：

> "错综复杂（Intricacy）"是不同元素连续性的融合，是在更大的一个组织中保留各自状态的片段成分形成的整体。不同于简单的等级层次、再分（subdivision）、区室化（compartmentalization），或者模块化（modularity），虽错综复杂但包含了不可再简化到整体的结构的不同局部。错综复杂一词意在摆脱一种对于建筑细部在极简框架内被视为孤立恋物情结的理解。细部不需要成为建筑设计进入到一个谨慎时刻的简化或是关注。在一个错综复杂的网络内，并没有关于它本身的细部。细部是到处都在。[21]

UN 工作室是这么描述他们所称的"与等级层次设计手法的彻底断裂":

    所有调解技术的共通之处在于它们都遗弃了等级层次式的方式(始于地面层)来建立其建筑躯体。不是物件本身,而是零部件之间的关系被彰显和界定了。

又有:

    杂交建筑构成部件间流畅合并成一个无穷尽的异样整体的发展成为连续差异的组织,导致了无尺度的,受制于演变、扩展、倒置和其他扭曲和操控的结构。免除承担不同的特征,建筑变成了无尽。[22]

即使近期的 UN 工作室的建筑展示了显著的在小尺度上细部的缺失,他们的终极目标不是消灭细部,而是消灭构造性信息,如上所述,使它从构造和结构的解说中脱离出来,在这个数字时代,它无关紧要:

    现代主义的功劳在于使得我们能够将一栋建筑的外皮理解成四五个立面,而不只是正面这个面具(façade-mask)。现在我们可以透过立面看到黑洞里的白墙系统,这就产生了整体效果,而不再被简化成一个单一的含义……

    不再有需要被扒下的面具;表皮不再"代表"其后固定的被推定的功能;它里里外外是怎么样就是怎么样。[23]

在他们设计的乌得勒支大学(University of Utrecht)NMR 楼(2000)中,细部的角色不是结构性、构建性,甚至不是性能上的,而是功用上的(图 27):

该建筑的组织构架在其各个表面。在内部的试验，敏感仪器放射着高斯辐射。辐射云团本质上是不可触摸的空间，地板面、屋顶和墙面都包裹着它。这些薄薄的包装包含了构造，装置和试验室的布线。它们共同构成了一个由不同平面松散编制的装配，从地面翻到墙面再到屋顶……不同寻常的研究技术本身以及它所揭示的由分子组成的结构强烈地影响了试验室的建筑设计……磁体的辐射能量构成了项目实质上的核心，并且改变了房屋的组织构架。[24]

这种轻视构建性表达的结果通常就是一个重样式轻彰显的细部。比如，女儿墙缺少一些标准方案的元素。一堵典型的女儿墙延伸出屋顶线以接收屋顶隔膜翘起的边缘。墙体上方覆盖以顶盖来防止雨水的侵入，顶盖向屋顶倾斜，从而让雨水顺着屋顶排去而不是沿墙面而下。为了做成流线型，NMR楼顶部的墙朝着外墙面的下方弯曲（图28）。它不是真正的非等级层次；它只是风格样式。它可能是一种新的形式，但它不是一种新的语汇。它被包以板面节点并有模板留下的孔，这让人联想到康的作品，而这些在这栋预制房屋中的应用却很难被理解。

当代建筑充斥着从野兽派建筑中借来的形象，并将它们缩减成一套象征符号。对于在此被介绍的建筑师们以及很多他们同时代的建筑师，野兽派细部设计已经成为默认的现当代主义语言。如果当代情形是如此不同，那就很难理解为什么它尚未产生自己的构建形象，而不仅仅是默认选择（而不是设计）近代历史的语汇。

但是如同建筑中其他趋势一样，非等级层次的发展趋势有可能是另一个循环，在其中，对于局部或者非局部，等级层次或者非等级层次的口味起起落落。非等级层次的倡导者格雷·林恩最近写道：

> 建筑有着一个纪律性的历史，也有责任来表达局部与整体的关系和等级层次。最初，我们都是业余爱好者，我们没有表达这点，建筑相应地被设计成没有缝隙的、一体化的、庞大笨重的体块。忽视历史和装配的丰富性对错失演算的真正影响。[25]

图 27

NMR楼，乌得勒支大学，UN工作室，
荷兰乌得勒支，2000

# 结语

　　当代的现代主义者，或者说当代的极简主义者，希望将细部设计消解成一种没有太大影响的概念，总的来说，他们信奉以下三种理念之一：第一个是混乱理论，认为试图控制现代构建中过多细部是徒劳的，我们根本不应尝试；第二个是认为我们不应该为此担心，只要前后一致，一切都不会有问题；第三，即极简主义流派的观点，认为我们应该消除一切彰显的细部，以得到一栋完全由无声细部组成的建筑，因为细部不能彰显任何重要的信息。然而，这三者在实践中都是有问题的，它们各自的分析也过于简单。

　　说无法控制后期现代房屋中产生的大量细部是可以被理解的，但是也没有人可以轻易地申辩，因为现世中存在过多的印刷品，诗歌成为了不可能。这类非细部仅仅是糟糕的细部，并且我们可能因此在细部类型的列表上再加上两个

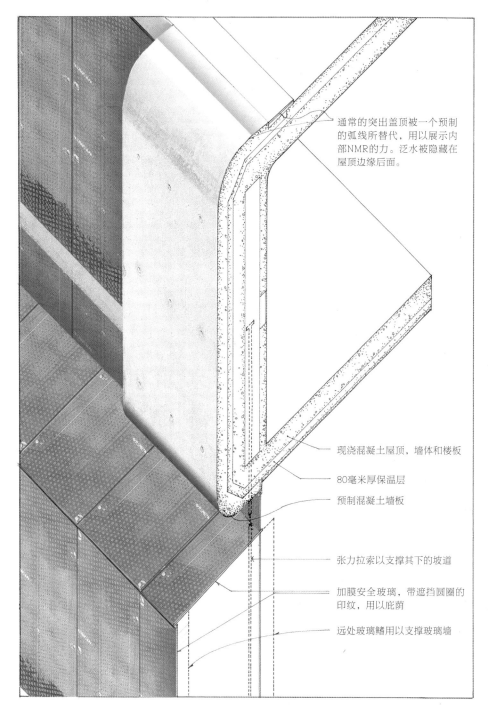

通常的突出盖顶被一个预制的弧线所替代，用以展示内部NMR的力。泛水被隐藏在屋顶边缘后面。

现浇混凝土屋顶、墙体和楼板

80毫米厚保温层

预制混凝土墙板

张力拉索以支撑其下的坡道

加膜安全玻璃，带遮挡圆圈的印纹，用以庇荫

远处玻璃鳍用以支撑玻璃墙

图 28

墙体剖面，NMR楼，乌特勒支大学，UN工作室，
荷兰乌特勒支，2000

世上本无细部

种类——无能的以及无关紧要的。建筑师不可能控制一栋房屋中所有的细部，但是建筑师必须控制其中重要的。

就其本身而言，一致性的细部是一个对于这些问题过于简单的答案。不可避免地，在建筑中特定层面可以被表达。那它们是什么呢——结构、环境、局部、整体、功能还是场地？一个细部在多大程度上是算一个等级层次的一部分？一致性的细部如果没有具等级层次的细部就不能存在；它必须只能在一个与其他所有细部关系合适的层面被表达。我们不可避免地将细部放置于其建筑和历史文脉中。其在一栋建筑中的缺失将因其在另一栋中的存在而显得瞩目。因此，说细部抽象或者写实，非彰显或者彰显是不充分的；而要问它们有多彰显？什么是首要和次要信息？即使这些问题被回答了之后，被前后一致性细部设计了的建筑常常是最有问题的，是最样式化的，是母题式的。因为最有趣的信息却被隐藏了，而建筑师无法针对一个问题的特定属性做出回应。

这些选项中的第三者，即非细部或者负细部，在大多数情况下需要人为调整构造的现状，其目的是为了迎合极简主义、抽象化和简洁形式，并为表达而服务，也在视觉上消除建筑的特定层面。它有可能消除了不必要的元素，但是，更通常地，它是对于必要元素的压制。即使精准数字化制造在未来可成为常态，小尺度元素是否将从构建中消失也是值得怀疑的。即使可能有一个零误差建筑，类似于不同材料间的不同热涨问题仍然会存在。但是这一假设在任何例子中都鲜有发生。更常见的是这些建筑师使用的细部是早期现代主义细部的遗产，它们以抽象化之名"速写"。在任何一个案例中，少细部建筑几乎不是在有意识的前提下产生的。一栋建筑有可能主要但不全部由负细部组成，但是其结果将是使正细部（它们永远不可能被彻底消除）全都变得更加有力。总会有信息的选择性表达。非细部有时仍然是细部；其缺失所传递的信息比其存在所能传递的远远强大。而虽然说彰显的细部可能将建筑与我们对其的抽象认知分离，也有可能使我们将它理解为一个被组装的构建，它由局部组成而不是一个统一、单一而永久的形式；这几乎不是一个普遍不受欢迎的情况。

在以上例子中，最成功的是那些最不完美的。它们没有完全消除细部，它们概念的前后一致性没有被完整地执行，它们不因迎合抽象而完全地消除细部写实。要说建筑师们希望看到它们被消除，这种说法值得怀疑。没人想要一个完美的抽象化；有一些元素必须存在从而提醒我们建筑是一个结构、一个构建、一个庇护所，虽然它有可能相悖于设计所希望投射的影像纹路。

　　但是建筑细部的真正爱好者不会因这整洁的分析而满足，仅是因为他们最喜欢的细部不适用于这个类型。它们不属于这些描述中的任何一个。即使在这些少数例子中，好的细部是模糊的，缺失的，过度设计的，跨过边界和打破规则的。严谨对待这个问题的建筑师所得到的结果通常不是非细部，而是另一种不同的类型——雕塑性的细部、自主的细部，或者最终，它可以被认为是颠覆性的细部。

*Epigraph.* Kate Nesbitt, *Theorizing a New Agenda for Architecture* (New York: Princeton Architectural Press, 1996), 496; Lucien Hervé, *The Architecture of Truth* (New York: Phaedon, 2001), 7; Alejandro Zaera-Polo, "Finding Freedoms: Conversations with Rem Koolhaas," *El Croquis* 53 (1993), 10; Greg Lynn, ed., *Folding in Architecture* (Chichester: Wiley-Academy, 2004), 9; Philip Johnson, "Architectural Details," *Architectural Record* 135 (April 1964), 137.

1    Johnson, "Architectural Details," 137.
2    Marcel Breuer, "Architectural Details," *Architectural Record* 135 (Feb. 1964), 121.
3    Schittch, "Detail(s)," 1437.
4    Ibid., 1438.
5    Middleton, *Architectural Associations: The Idea of the City*, 81; Ed Melet, *The Architectural Detail* (Rotterdam; Nai, 2002), 15.
6    Van Berkel and Bos, *Mobile Forces*, 75.
7    Caroline Bos, "The Waves," *El Croquis* 72 (1995), 99.
8    Christian Sumi, *Immeuble Clarté Genf 1932* (Zürich: ETH, 1989), 57.
9    Konrad Wachsmann, *The Turning Point of Building: Structure and Design* (New York: Reinhold, 1961), 76.
10   The wall failed, but not because of its gaskets. In 1988, ten years after its opening, the entire cladding was replaced, its aluminum panels having deteriorated beyond repair. Ian Lambot, *Norman Foster: Buildings and Projects, Vol. 2* (Hong Kong: Watermark, 1989), 113.
11   Peter Cook et al., *A Guide to Archigram* (London: Academy Editions, 1994), 29.
12   Theo Crosby, "For Students Only: Detail," *Architectural Design* 28 (January 1958), 31.; Eliot Noyes, "Architectural Details," *Architectural Record* 139 (January 1966), 121.; Schittch, "Detail(s)," 1435.
13   "Discussion" *Detail* 1/2 (2006), 9.
14   Cecilia Lewis Kausel and Ann Pendleton-Jullian, eds., *Santiago Calatrava: Conversations with Students, The MIT Lectures* (New York: Princeton Architectural Press, 2002), 93–94.
15   "Automobile in American Life and Society: Automotive Design Oral History Project," interview with Virgil Max Exner Jr., http://www.autolife.umd.umich.edu/Design/Exner_interview.htm.
16   Wurman, *What Will Be Has Always Been*, 78, 86.
17   Charles Jencks, ed., *Theories and Manifestos and Contemporary Architecture* (Chichester: Academy, 1997), 252.
18   Germano Celant, ed., *Prada Aoyama Tokyo: Herzog & de Meuron* (Milan: Fondazione Prada, 2003), 125.
19   Matilda McQuaid, *Shigeru Ban* (London: Phaidon, 2003), 153.; Shigeru Ban, Lecture at the School of Architecture, University of Virginia, April 12, 2005.
20   Lynn, *Folding in Architecture*, 9–10.
21   UN Studio, *Techniques: Move, Vol. 2* (Amsterdam: Architectura & Natura, 1999), 160–61, 84.

22    UN Studio, *Imagination: Move,* vol. 3 (Amsterdam: Architectura & Natura, 1999), 137.

23    Ibid., 106, 109.

24    "Calculus-Based Form: An Interview with Greg Lynn" *Architectural Design 76* (August 2006), 90.

世上本无细部

第三章

定义 2

# 作为母题的细部

　　一小块石刻，一个饰条的轮廓，几行手绘的线条，甚至一段文字中的一个字母，在观察者的眼中，这些往往具备了整个作品的质量，并且可以精确地追溯时间；在这些片段之前，我们有信心洞察最初的整体……整体的感觉就存在于小的局部之中。

　　——迈耶·夏皮罗（Meyer Schapiro）

　　正如个体生命的类型决定了其中每一部分的形式一样，古典建筑整体结构的原理也包含在其中的每个构件之中。

　　——汉斯·彼得·洛朗厄

　　细部是一种概念化的颗粒——一种普遍存在的象征，代表了局部和片段之间的连接和联系……细部设计是一种强烈的对最微小局部的关注——对细部的专注往往可以回溯到对整体方案的重新考虑……对一个种子的想法可以带来整体的成长。

　　——费埃·琼斯

　　自然提供了建筑母题的材料，这些母题中发展出了我们今天所了解的那种建筑形式。

　　——弗兰克·劳埃德·赖特

罗伯特·理查德森(Robert Richardson)在其所写的亨利·戴维·梭罗(Henry David Thoreau)的传记中指出，1837年11月，梭罗在研究冰晶图案和树叶叶脉之间的几何相似性。梭罗在他的日记中写道，"那些（白霜中）幽灵般的叶子和那些绿色的叶子呈现了它们各自的形式，它们是相同法则下的产物。"[1]

在当代的观点看来，比如在科学家或是建筑师的眼中，这似乎是奇怪但肤浅的观点。作为一个对世界的有机特质感兴趣的人，他难道不是应该去研究有机与无机两种材料之间的差异而寻找它们特殊的内在特点，而不是研究它们表面上的相似之处吗？但事实上这种看法在那时是常态，而非例外。自然中存在普遍的几何结构，甚至模式正是美国先验论(American Transcendentalism)和德国浪漫主义(German Romanticism)的基本原则。先验论者拉尔夫·沃尔多·爱默生(Ralph Waldo Emerson)在他的文章"论补偿(Compensation)"中写道："宇宙是由其中每一个颗粒代表的。自然界的每个物体都包含了自然的力量……每个新形式不仅重复着其类型的主要特点，还包括了所有细部中局部类型的局部特征……每一个人都是人类生活一个完整的象征。"[2]

这个想法的来源是约翰·沃尔夫冈·冯·歌德(Johann Wolfgang von Goethe)在巴勒莫植物园(Palermo Botanical Garden)中的顿悟，他意识到树是一片大的叶子；而叶子就是一棵很小的树。爱默生在《代表人物》(*Representative Men*)中写道："因此歌德提出了现代植物学的主要观点，即一片叶子，或是一片叶子的眼睛，是植物学的单位，植物的每一个部分只是为了满足新的条件而变形的叶子，在不同的条件下，一片叶子可以转化成任何器官；而任何器官也可以转化为一片叶子。"[3]

梭罗用了类似的语句描述叶子：

在任何地方，自然的工作就是不断创造新的叶子并且用许多材料重复这个类型。"自然"就是一个巨大的叶子工厂，叶子就是它永恒的密码。它是田野中的草……它飘扬在橡树上，它生长在罐子的霉上——在动物、植物和矿物中——在液体和晶体内——单色的或是斑驳的——新鲜的或是腐烂的，它展现了在宇宙经济中局部有多大。[4]

如果说歌德和美国先验论者们试图去寻找不相干材料之间的几何联系，那这并不是因为他们对我们今天所说的材料性质的不关心。歌德还写道：

> 建筑师学习材料的特性，要么允许自己被它们控制，要么将自己加诸材料上……理性的和谐……只能在这些条件的框架下得以判断。[5]

材料的本质实际存在于它们的几何相似而不是结构差异之中，无论这种观点多么矛盾，它并未经过多长时间即进入了建筑学，并引入了其矛盾的思维。

考虑到赖特先验论者的背景，他最初的建筑设计方法类似于叶／树原理也就不足为奇。一个单一的模式或母题同时控制建筑大的尺度与小的细部。正如爱默生和梭罗，赖特发现了有机和无机自然元素之间的自然联系：

> 木材是一种开花过程，这个过程遵循着与晶体一样的原理，它是真实的，服从于与石头同样的原理，但显然带有有更多的意志，在行动上沿着通往理想而自由的路走得更远……因为相比于给予某种矿物甚至矿物物种本身，更多地留给了任一树种的个体。[6]

赖特对于母题普遍本质的信念的来源是多样的。赖特说他从日本版画学到的不是表面的建筑形式，而是品质的概念，日语中所说的技振（edaburi），"一棵树的枝干造型"，这正是梭罗所寻找的。[7]欧文·琼斯（Owen Jones），另一个对赖特的早期影响者，写道，"一个单独的栗树叶子……包含了可在自然发现的所有法则……在葡萄树或者常春藤叶子的组合中，我们可能会看到盛行于单个叶片之形成中的法则，也同样盛行于叶子的组合之中。"[8]对于赖特来说，建筑的母题与音乐的母题存在明确的类比关系，对此，他特别感兴趣。作家罗杰·弗里德兰（Roger Friedland）和哈罗德·塞尔曼（Harold Zellman）写道，"赖特告诉学徒们，在做设计的时候他在脑中听到了贝多芬。'当你听贝多芬的时候，'他告诉他们，'你正在倾听一位建筑师。你正在目睹他选择了一个主题，一个母题，然后你用它来建造。'"⁹ 但是歌德、梭罗，尤其是爱默生却似乎是最初的源头。早在 1900 年赖特就写道：

例如，如此细微的一根柳条，伴随着命运中所形成的绝对宁静，将会实现如同一棵柳树般的完整表达……必然地，橡子的秘密就是橡树的荣耀。网状纹饰椎体的出现仿如庄严的松树……我们走在凉快的、平静的树荫里，它们对我们说，正如它们很久以前对爱默生说的那样，"为什么如此炎热，渺小的人类？"¹⁰

将这个概念作为"母题"的描述听着像是一个贬义的标签，但它是赖特喜爱的。他在 1908 年描写位于伊利诺伊州斯普林菲尔德（Springfield, Illinois）的达纳住宅（Dana-Thomas House，1902）时写道：

在每种情况下所有正式的设计元素都是基于一个基本想法，产生并在尺度和特点上……它的语法可能是从某种吸引我的简单植物形式中演绎出的整合，于是漆树的线条和形式中的某些特性运用在斯普林菲尔德的劳伦斯住宅（Lawrence [Dana] ）中，但在每种情况下的母题坚持贯穿始终。¹¹

实际上，在达纳之家中有多个母题，例如一个从紫藤中抽象出来的图案，它被具象地、抽象地运用在了主入口的盆栽和窗上；其他还包括了运用在玻璃拱形开口处的蝴蝶和运用在雕带、窗和灯上的漆树（图 1）。

使用取自自然的统一母题和主题对赖特来说一点也不奇怪。查尔斯·雷尼·麦金托什（Charles Rennie Mackintosh）和 M. H. 巴里·斯科特（M.H. Baillie Scott）均运用植物母题创造了装饰图案，它们是现代主义母题细部设

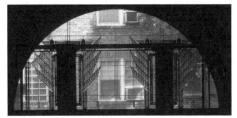

图1

窗，达纳住宅，弗兰克·劳埃德·赖特，
伊利诺伊州斯普林菲尔德，1902

图2

屋檐，达纳住宅，弗兰克·劳埃德·赖特，
伊利诺伊州斯普林菲尔德，1902

计的众多先例之一，但是达纳住宅中母题运用得与众不同，它并不仅是将几何化的植物形式在小尺度上用作装饰，更是将它用于大尺度上来影响平面和立面。例如，赖特作品中不常见的山墙屋顶的上翘曲线，正是反映了这种模式（图2）。赖特写道，"装饰对于建筑正如树木或植物的花朵对于它的枝干一般……枝干的特性从而得以展现和增强。"[12] 这也例证了赖特对细部角色的看法，即局部对整体的从属：

　　我相信没有一件事本身是如此"简单"，却必须作为有机整体中某一被完美实现的局部而达成简单性。只有当一个特性或任何局部成为和谐整体中的和谐元素时，它才达到了简单的状态。[13]

在赖特的作品中，母题与材料的实际联系即使存在也显得脆弱。要说它存在，如伊利诺伊州橡树园（Oak Park, Illinois）的团结教堂（Unity Templ, 1908）就是一个很好的例子（图3）。入口双扇门的把手形成了复杂的形态，它由同质化的方形尺寸的部件构成（图4）。这个方形是团结教堂的母题，从属"所有设计元素在尺度和特点上整合为一"的基本想法，方形构成了建筑的平面、灯、天窗、玻璃工艺的图案以及长廊窗间壁的花纹字母（图5）。赖特写道他将建筑平面设计为方形是为了更经济地使用混凝土框架。但对于在建筑余下的所有空间中使用方体和方形，经济性却不是那么令人信服的解释。然而，很大程度上因为铸造更为复杂形态存在困难，方形和方体对赖特来说就是混凝土本质所固有的（图6、图7）：

橡树园的团结教堂，包括装饰物和其他内容，完全在木盒中。装饰物在体块上的构成使用了各种形状和尺寸的木块，它们与木条结合，在需要时钉固在盒子内侧的适当位置。装饰品因此参与了整体本质的形成，并从属于它。因此，体块和盒子是这间教堂形式上的特征。简单的立方体本身就是很好的混凝土体块。[14]

赖特并未提及，最复杂的装饰是预制而非现浇的，但他的论证却依然有效。

有人可能认为这种细部设计方法在赖特二十世纪三十年代的作品中随着其变得越发抽象而消失，然而，尽管经常被压抑，它却从未完全消失。而后来的母题则呈现出了两种完全不同的类型：一种来自植物形态，另一种则来自几何图案。

一个最明显却最不成功的来自植物的母题是洛杉矶的艾琳·巴恩斯达尔住宅（Aline Barnsdall House）中的蜀葵图案，它主要被用于檐口和装饰修边的设计（图8）。它以最为明显的方式展示了母题，而在高背椅的例子中它也是最不舒适的方式（图9）。植物母题以更为微妙的方式延续着，但后期的母题却更多是几何形态的，是对建筑构造方面的直接描述。二十世纪三十年代到

图 3

团结教堂，弗兰克·劳埃德·赖特，
伊利诺伊州橡树园，1908

图 4

门把手，团结教堂，弗兰克·劳埃德·赖特，
伊利诺伊州橡树园，1908

图 5

灯具，团结教堂，弗兰克·劳埃德·赖特，
伊利诺伊州橡树园，1908

作 为 母 题 的 细 部

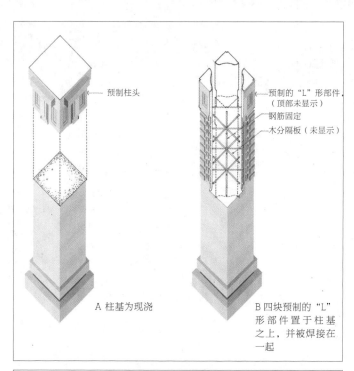

预制柱头 →

→ 预制的"L"形部件
（顶部未显示）

钢筋固定

木分隔板（未显示）

A 柱基为现浇

B 四块预制的"L"
形部件置于柱基
之上，并被焊接在
一起

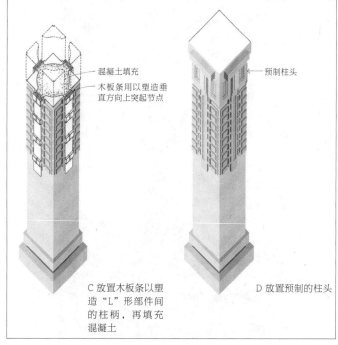

混凝土填充

木板条用以塑造垂
直方向上突起节点

预制柱头 →

C 放置木板条以塑
造"L"形部件间
的柱柄，再填充
混凝土

D 放置预制的柱头

图 6、图 7

预制柱的建造步骤，弗兰克·劳埃德·赖特，
伊利诺伊州橡树园，1908

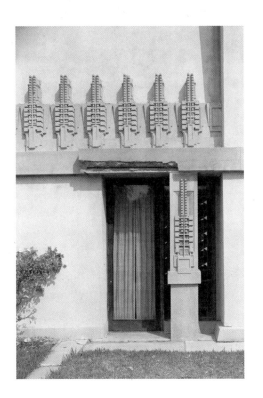

图 8

细部，巴恩斯达尔"霍利霍克"住宅，
弗兰克·劳埃德·赖特，
加利福尼亚洛杉矶，1921

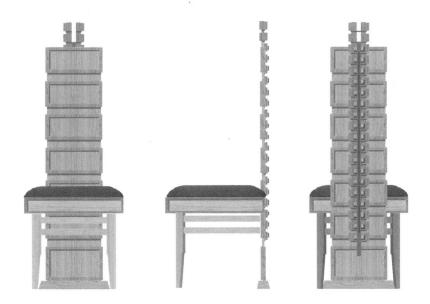

图 9

餐厅椅，巴恩斯达尔"霍利霍克"住宅，弗兰克·劳埃德·赖特，
加利福尼亚洛杉矶，1921

作为母题的细部

图 10

隐蔽的高侧窗，黑根住宅，"黑根之家"，
弗兰克·劳埃德·赖特，
宾夕法尼亚州俄亥俄派尔，1956

图 12

入口标识，西塔里埃森，弗兰克·劳埃德·赖特，
亚利桑那州斯科茨代尔，1937年始建

图 13

埃德加·J·考夫曼住宅，"流水别墅"，
弗兰克·劳埃德·赖特，
宾夕法尼亚州熊跑溪，1935

图 11

西塔里埃森，弗兰克·劳埃德·赖特，
亚利桑那州斯科茨代尔，1937年始建

四十年代的许多美国风（Usonian）住宅中有由隔板形成的高侧窗；隔板上重复地切割出一系列图案。黑根住宅（Hagan House）（"黑根之家"（"Kentuck Knob"），宾夕法尼亚州，1956）中的高侧窗包含了在建筑平面上出现的所有角度。（图10）

在某个例子中，母题具有历史根源，这个案例是亚利桑那州斯科茨代尔（Scottsdale, Arizona）的西塔里埃森（Taliesin West）。它最重要的母题是一种呈现螺旋状的方"J"形（图11）。它是许多日本版画中常用的元素，但它同时也是美洲原住民的符号。第一次看到这片场地时，赖特发现了由两个相连的"J"形构成的石刻。这就形成了西塔里埃森入口标识物的母题，也最终成为了塔里埃森学院信纸抬头上的标志，但它的角色却不仅限于装饰（图12）。这个"J"形也被作为结构而使用，它被用在了墙体的末端，加强了对墙体端部支撑，也用在了绘图室结构上桁架的末端，尽管在这里它并没有特别的结构功能。[15]

赖特的母题通常在最受约束、最少时才最为成功，有人可能认为埃德加·J·考夫曼住宅（Edgar J. Kaufmann House）（"流水别墅"（"Fallingwater"），1935年）中，母题并不存在，事实上，它却具有许多母题（图13）。其中之一是由附近的森林中可能是杜鹃花上的悬垂叶片抽象而来的五边形体，使用在混凝土框架中的轻质固定装置和通往客房的悬臂式弧形走道的钢质结构上。[16]而出现在这里的，由半圆形所构成的"J"形母题，则创造出一些奇特的连接。壁炉上的"J"形吊钩用于悬挂壶罐，它采用了与悬挂式楼梯的钢结构相同的形式（图14、图15）。圆形则是另一个母题，主要体现在通往客房的走道内，由一扇窗均分为室内外的苔藓庭院中，以及壁炉的球形水壶上，而更为常见的则是以四分之一圆的形式出现了内开窗窗台的切入式开口处以及几乎所有金属架子的末端。

流水别墅的形态怎样才能被认为是源自于材料的本质呢？即使它们不是精确地源自于它的材料，它们也应是高度地依赖于材料而存在。在场地内开采的岩石砌成了墙体，在结构使用上，就如同它在自然界中一般，最小化了过梁的存在，平置于它的自然岩床之上。尽管它采用其他的方式，然而，即使不说是一种精确的母题化产物，也是一种叠加式的几何图形的结果。形成墙体的层层

图 14

壁炉上的壶罐悬挂，埃德加·J·考夫曼住宅，"流水别墅"，弗兰克·劳埃德·赖特，
宾夕法尼亚州熊跑溪，1935

图 15

"J"形吊钩的楼梯结构，埃德加·J·考夫曼住宅，
"流水别墅"，弗兰克·劳埃德·赖特，
宾夕法尼亚州熊跑溪，1935

图 16

石层和五边形的灯具，埃德加·J·考夫曼住宅，
"流水别墅"，弗兰克·劳埃德·赖特，
宾夕法尼亚州熊跑溪，1935

建筑细部

石板中，隔三到四层，就有一层略薄的石板，并突出于墙体，标志着建筑横向上的 16 英寸模数，而横向长窗的直棂凸显了这个模数（图 16）。

赖特对于母题的运用在没有或者仅有少量彰显性细部的建筑之中时更为成功。在他位于菲尼克斯（Phoenix）郊外沙漠之中的刺木营地（Ocotillo Camp, 1929 年）中，构造本身就是一处基于自然的母题（图 17）：

> 规划营地的单双型三角形由场地周围的山势本身构成。而这神奇的单双型三角形同时也是场地基底斜坡的剖面。这种三角形在所有木屋的基本形态以及总体规划中都有所体现。我们将位于山墙上怪异的单双型三角形的帆布绘成猩红色。单双型三角形的刺木花（Ocotillo）本身就是猩红色。这种红色的三角形态遍布于整个规划和设计之中，这就是为什么我们将营地称作"刺木"："烛火"的原因。 **17**

图 17

刺木营地，弗兰克·劳埃德·赖特，
亚利桑那州斯科茨代尔，1929

尽管三角形态的母题被广泛使用，它却并没有决定平面的形态。它通常在剖面中出现，但主要用作塑造较小的元素。集合体由木材和帆布建成，那么很少有元素可以称为细部。它缺少小尺度的元素，同样也缺少小尺度的母题，这通常使得设计策略显得肤浅。

　　然而，当赖特开始离开线性几何形态的时候，母题细部的处理被根本改变了。当母题变成六边形和三角形时，它们将面临的危险是，它们有可能失去它们作为母题的可识别特征，仅仅成为几何图形。赖特的汉纳住宅（Hanna House，1936 年）平台上纱门的把手，尽管只是一个简单的拉手，却在其中包含了整个住宅的几何图形（图 18、图 19）。与漆树作为达纳之家的母题相似，六边形则是汉纳住宅的母题，影响着设计的每一个方面。平面是一个六边形，或者以赖特的说法——蜂窝形，而住宅的转角处，无论平面或是剖面，大或是小，砖砌或是木制，从未使用 90° 的角，而是以 30°、60° 或是 120° 代替，而这三种角度均出现在了这个简单的拉手上，出现在了它的轮廓，以及顶部和底部的倾斜上（图 20、图 21）。墙体是垂直的，但饰带和镶边却采用了 15° 的倾斜。

图 18

细部，汉纳住宅，弗兰克·劳埃德·赖特，
加利福尼亚帕罗奥图，1936

图 19

门把手，汉纳住宅，弗兰克·劳埃德·赖特，
加利福尼亚帕罗奥图，1936

建筑细部

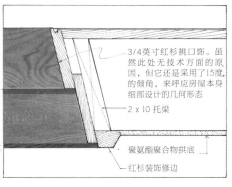

3/4英寸红杉挑口饰。虽然此处无技术方面的原因，但它还是采用了15度的倾角，来呼应房屋本身细部设计的几何形态

2 x 10 托梁

聚氨酯聚合物拱底

红杉装饰修边

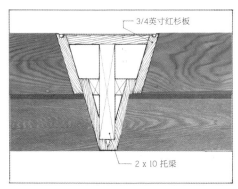

3/4英寸红杉板

2 x 10 托梁

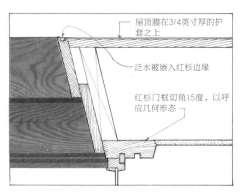

屋顶膜在3/4英寸厚的护套之上

泛水被嵌入红杉边缘

红杉门框切角15度，以呼应几何形态

**图 20**

屋顶细部，汉纳住宅，弗兰克·劳埃德·赖特，
加利福尼亚帕罗奥图，1936

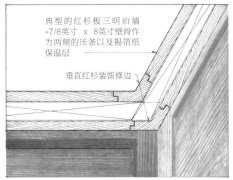

典型的红杉板三明治墙+7/8英寸 x 8英寸壁骨作为两侧的压条以及锡箔纸保温层

垂直红杉装饰修边

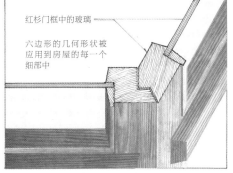

红杉门框中的玻璃

六边形的几何形状被应用到房屋的每一个细部中

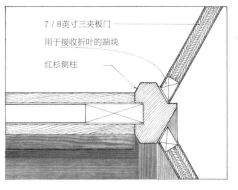

7 / 8英寸三夹板门

用于接收折叶的端块

红杉侧柱

**图 21**

屋转角细部，汉纳住宅，弗兰克·劳埃德·赖特，
加利福尼亚帕罗奥图，1936

作为母题的细部

汉纳住宅中对六边形的使用与团结教堂中对方形的使用不完全一致。后者中，方形一直是一个可识别的形态。而汉纳住宅中，在很多地方人们看见的仅仅是 30° 或 60° 的几何形体，却并不能看见六边形。它已经不再作为一个母题或是形态而存在了，已经变成了一个简单的控制性的几何形体；而结果是它沦为了简单的风格化。

母题，在赖特三十年代至四十年代的作品中受到了压抑，而在五十年代的作品中却复仇般地归来，其中最重要的双圆形，它成为了每一项设计任务无论是装饰上还是功能上的普遍解决方案。如果我们能够如赖特一样理解细部，就很难同意菲利普·约翰逊关于纽约的古根海姆博物馆（1959）没有细部的看法。双圆形的母题成为了楼层平面、坡道底部的喷泉、窗棂构造、水磨石的铺面，甚至是卡车月台大门的范式。在加利佛尼亚马林郡的管理大楼（Marin County Administration Building, 1957）中，圆形，无论单圆形或是双圆形，都是不可分离的部分，从总平面到窗棂构造，它存在于建筑中的每一方面。

关于赖特的作品曾经有一种普遍的认识，它的母题要素，例如它的装饰，是存在于它的抽象、它的空间以及它的构造品质的纯净性是十九世纪残留的瑕疵，而尤其是在他晚期的作品中，母题要素替代了其他的一切，甚至损害了建筑本身。但是，对表达他的思考如此重要的母题，如果被删除，赖特的建筑还能存在吗？我认为，在很多情况下，答案或许是能，但母题要素也并非没有它们的成功之处。以上文中的建筑为例，人们可能会将赖特的母题要素分为两种策略。在团结教堂和旧金山的 V.C. 莫里斯礼品商店（V. C. Morris Gift Shop, 1948）中，母题要素主要是方形和圆形，它们分别决定了平面、剖面，乃至最小的细部。而在西塔里埃森和流水别墅，母题要素则是"J"形和圆形，虽然也曾出现，却并不起决定性作用。如果它们确是某种要素，也是那与它们无关的构造中的主题，建筑因它们更为理想。然而，如果母题是例外而非法则，如果它不再普遍，那么它在效果中的所得，终将因违背了它的角色的理论基础而在系统中丧失。

由于赖特的影响，母题策略在二十世纪末的兴起不那么令人惊讶。费埃·琼斯在师从赖特之前，是另一位母题细部的擅长者布鲁斯·葛夫（Bruce Goff）的学生。他是赖特职业生涯晚期最好的设计继承者，如果说他走得更远，那么

他带着的是大量的赖特的影子。但他惯用"生成性理念",而非母题:

有机建筑具有一个中心的生成性理念;那就是在绝大多数有机体中,每一个部分和每一个片断之间都相互联系。每一要素都应该有益于其他要素而存在,那应该是自成体系的形态和范式。你应该能感受到部分以及整体之间的联系。

生成性理念创造了最基本的特征,本质、核心、基础;如同一枚正在生长并生成了全部设计的种子——从大尺度的元素,乃至最微小的设计细部,无不展现了它自身的存在感。[18]

图 22

V.C. 莫里斯礼品商店,弗兰克·劳埃德·赖特,
加利福尼亚州旧金山,1948

图 23

荆棘冠教堂,费埃·琼斯,
阿肯色州尤里卡泉,1980

作为母题的细部

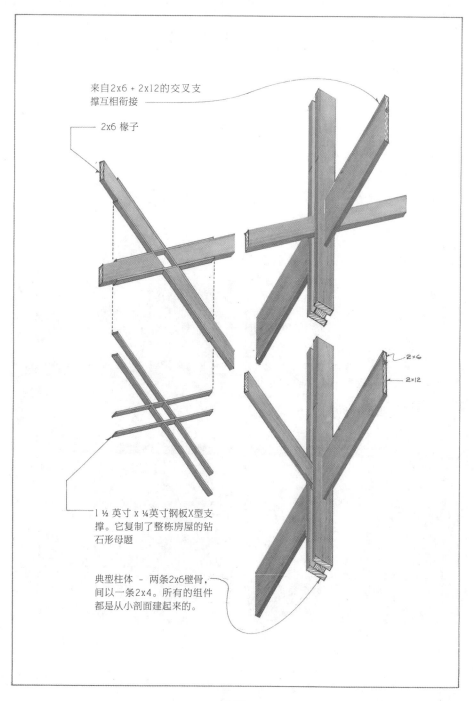

来自2x6 + 2x12的交叉支撑互相衔接

2x6 椽子

2×6

2×12

1½英寸 x ¼英寸钢板X型支撑。它复制了整栋房屋的钻石形母题

典型柱体 – 两条2x6壁骨，间以一条2x4。所有的组件都是从小剖面建起来的。

### 图 24

部分结构框架，荆棘冠教堂，费埃·琼斯，
阿肯色州尤里卡泉，1980

1 ½英寸 x 1 ½英寸松木竖梃

3/8英寸x1 ½英寸松木玻璃挡

2英寸x1 ½英寸松木，
带1 / 4英寸厚锯痕

1 / 4英寸玻璃

图 25

部分结构框架及修饰，荆棘冠教堂，费埃·琼斯，
阿肯色州尤里卡泉，1980

作为母题的细部

111

图 26

座椅，荆棘冠教堂，费埃·琼斯，
阿肯色州尤里卡泉，1980

图 27

门把手，荆棘冠教堂，费埃·琼斯，
阿肯色州尤里卡泉，1980

　　琼斯的网状模拟在阿肯色州尤里卡泉（Eureka Springs）的荆棘冠教堂（Thorncrown Chapel, 1980）（图 23）中发挥到了极致。为了最小化对林区场地的影响，任何构件都不超过两个成年人能够搬运的大小，于是形成了 "2X4" 和 "2X6" 的基本部件单元，但这些单元组合在一起，就形成了几乎所有主要柱子和桁架构件（图 24、图 25）。

　　如果说荆棘冠教堂是琼斯最出色的作品，无论从哪个方面来说，必然由于它的经济性，而这也是母题显得次要的原因之一，尽管它在这个方面很丰富。荆棘冠教堂门把手上统一的菱形范式几乎完全重现了室内木质桁架上的设计，而菱形同样出现在祭坛后的窗棂构造以及高背椅上（图 26、图 27）。更为重要的是它如同桁架与弦架交点上的钢质菱形接口一般，是建筑中的主要节点。

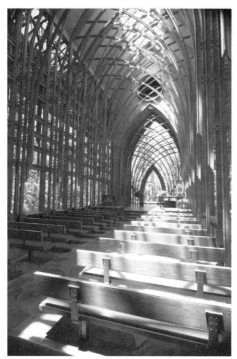

图 28

米尔德丽德·B·库珀纪念教堂，费埃·琼斯，
阿肯色州贝拉维斯特，1987

图 29

把手，米尔德丽德·B·库珀纪念教堂，费埃·琼斯
阿肯色州贝拉维斯特，1987

菱形范式同样也是赖特位于芝加哥的弗雷德里克·罗比住宅（Frederick Robie House）中的主要母题，这并非巧合，琼斯的母题的来源，相比于自然，往往更多是源自于赖特的作品。琼斯写道：

正如弗兰克·劳埃德·赖特曾经清楚而直接地宣称："局部之于整体正如整体之于局部"。

当装饰附件孤立的时候，这些细部看着可能微不足道。只有当它们作为某种建筑主题的伴奏组合在一起时，才成就了它们的重大意义。它们是可视的音符，充实了建筑的表达。它们总是以有机部分的形式出现在兼容并蓄的连续体中。[19]

作为母题的细部

除了结构的极简，荆棘冠教堂是一个高度依赖于母题的建筑，看起来仿佛以形态为主而非以材料为主的建筑，和赖特一样，琼斯将它看作：

材料的本质对于有机建筑是最基本的原则……材料的使用应该能表达出它们的优点和最好的品质，使每一种材料，无论是木材、石材或是钢材，都表达出它们最基本的质地。[20]

在荆棘冠教堂之后，琼斯的作品中母题的密度有时超过了赖特的作品。琼斯位于阿肯色州贝拉维斯特（Bella Vista, Arkansas）的米尔德丽德·B·库珀纪念教堂（Mildred B. Cooper Memorial Chapel, 1987）明显使用了源自于哥特式的母题细部。哥特式尖拱形出现在钢质的屋顶拱、木门、铝质的门把手，以及槽钢和木质板条的切口等几乎所有的元素，由于拱形是一种功能明显与石材相关的形态，它在木质和钢质为主的建筑的使用，进一步确认了它的装饰特点（图28、图29）。所以在库珀教堂，琼斯没有进行表现，而只是简单地顺应了结构、建造和舒适性的要求，牺牲了其他所有的几何形体来表达。虽然琼斯的一些作品体现出了母题细部的成就，库珀教堂却没有。那是母题细部显得最为肤浅的时刻。

有机理想和有机母题都在近期的建筑之中有所复兴。在赫尔佐格和德梅隆的利口乐仓储大楼（Ricola Storage Building, 1992）中，玻璃立面采用了半透明的聚碳酸酯面板并印有植物母题的照片，有点类似赖特的织物单元的玻璃版本。维尔·阿雷兹（Wiel Arets）的乌德勒支大学图书馆（Utrecht University Library, 2005）在每一个外表面重复了同样的柳树图案、丝网印刷在玻璃表面、使用在预制面板表面，也通过橡胶衬垫浇铸进了现浇混凝土表面。在2004年爱丁堡（Edinburgh）的新苏格兰议会大楼（New Scottish Parliament Building）的获奖设计陈述时，恩里克·米拉列斯（Enric Miralles）解释了建筑中带天窗的房间的叶片形态范式。叶片在修饰建筑中，以在混凝土墙中开口的方式，成为了装饰性的母题。然而，在本书中，在赖特最出色的作品中，母题作为一种标签，而非决定性的主题，才是最为成功的。

# 作为文化符号的母题细部

　　1942年，奥尔多·凡·艾克（Aldo van Eyck），一位二十四岁的荷兰建筑师在苏黎世一家旧书店浏览时，发现了一册老旧的超现实主义杂志《牛头怪》（*Le Minotaure*），里面有一篇关于马里（Mali）多贡（Dogon）人的文章。而这篇文章就成为了他一生对于非西方文化、特别是多贡文化痴迷的开始。在多贡文化中，凡·艾克最看重的是多贡社会结构与居住结构的紧密联系，但其实还有其他方面。在凡·艾克看来，整个多贡的物质文化都基于单一的母题：方形中的圆形。这个同样的母题被使用在了篮子、谷仓，以及仪式的面具上。它代表了多贡人眼中宇宙和个人的模式（图30）。凡·艾克写道：

　　　　多贡的篮子容量没有限制，那是由于使用了圆形的边和方形的底，它既是篮子和谷仓，同时也是太阳、天空和宇宙……为了在宇宙中寻找家园，人们倾向于为它赋予自己的图案和自己的尺度。照这样所建造出的围墙通常不够，因为在它之外一直有着无限的空间——不可思议的、难以捉摸的、无法预测的外部空间……因此他们的城市、村庄、住宅——甚至是他们的篮子——通过符号形态和复杂仪式的方式，希望在它们度量的限制内，容纳超出它们而存在的或是无法度量的物体；希望能够以符号的方式代表它们。那些人造物品——无论大小，无论篮子或城市，都带着宇宙的印记，或是带着权力抑或神力等代表着宇宙秩序的印记。

图30

多贡谷仓，
马里，尤迪欧，大约1600年

又写道：

> 多贡的篮子所代表的同样存在于多贡的住宅和村庄之中。他们的符号以相同的方式扩展，因为它们同时代表了人类、城市和宇宙。[21]

"家庭的图案"与"世界的图案"相同，这在许多文化中普遍存在。艺术史学家安德列亚斯·福尔瓦森（Andreas Volwahsen）和亨利·斯特林（Henri Stierlin）论述了雅仕度·普鲁夏·曼陀罗（Vastu Purusha Mandala）在吠陀时期（Vedic Period）的印度建筑中的角色：方形以不同的方式被划分成了许多小的方形，这是一种普遍的宇宙符号："所有的存在都在这神奇的方形中得到了体现。那是大地的图案，是由圆形幻化而来的方形；而与此同时，那又是原始的存在——普鲁夏所献祭的躯体。人类与大地在这种图案中紧密相连。"那个时期一系列的设计手册详细描述了曼陀罗与它的变体是如何被用来决定城市、庙宇和住宅的规划、墙体的厚度，以及出入口的比例。[22] 从尼亚加拉瀑布（Niagara Falls）到哈德逊河（Hudson River），易洛魁人（Iroquois）将他们的整个国家理解为一个巨大的长住宅；塞内卡（Senecas）和莫霍克（Mohawks）分别镇守着西侧与东侧的大门。美洲土著文化是凡·艾克所痴迷的另一种伟大的原始文化，特别是那些美洲西南的文化——阿纳萨齐（Anasazi）文化、霍皮（Hopi）文化与祖尼（Zuni）文化。这些部落的物质文化曾经与多贡文化类似，在不同的尺度使用单一的宇宙符号来决定人造物品的设计。根据美洲土著学者雷娜·斯温蔡尔（Rena Swentzell）的研究，特瓦人（Tewa）将他们的世界设想成是一个半球形的篮子，即天空，它覆盖于另一个有着锯齿状边缘的半球形上，即世界。但是，锯齿状的边缘可以代表山川环绕着村庄，代表建筑环绕着广场，或是代表围墙环绕着基瓦（kiva）——一种圆柱形的地下会议空间；碗则可代表村庄、广场和基瓦。[23]

除了时间和地点上存在的主要不同，多贡与阿纳萨齐的物质文化有着显著的形式上的相似之处。两个文化都建造了由重复而几乎完全相似的单元而非几何的整体或是成型的空间来构成聚落，通常形成积聚的形态。每一个单元都具有形式上的自治。两个文化都使用了圆形形态来标示公共的场所和重要的精神意义，其中最为突出的就是基瓦。

对于凡·艾克来说，这些符号以及它们在整个物质文化中的分布成为了一种建筑设计策略的范例，并最终导向了另一种形态的母题细部——作为文化符号的母题。与他的十人小组（Team X）成员们类似，凡·艾克更大的目标是城市的再识别。而与他们中大多数不同的是，他并不仅仅从表面使用了符号，也用这种方式寻求目标的实现。在1962年，为了呼吁在建筑和城市设计中使用"可识别手段"，他写道：

> 没有这些"可识别手段"，一幢住宅将无法成为住宅，一条街道将无法成为街道，一个村庄将无法成为村庄，而一个城市也将无法成为城市……我不确定我们已经充分认识识到了这样的事实，而正是那些我们将它们称作图案的可识别手段，不但建立了视觉上的联系，也形成了人与人之间的社会关系。[24]

凡·艾克是歌德的另一位读者，他使用了叶片和树木的类比来支持可识别手段的观点：

> 树木即是叶片，叶片即是树木——住宅就是城市，城市就是住宅——一棵树木是一棵树木，但它也是一片巨大的树叶——一片树叶是一片树叶，但他也是一棵微小的树木——一个城市，只有当它也是一幢巨大的住宅时，才是一个城市——一幢住宅，只有当它也是一个微小的城市时，才是一幢住宅。[25]

凡·艾克将原始材料转化为可识别手段的现代对应物，这并不复杂，而是非常直白。他最著名的建筑，阿姆斯特丹孤儿院（Amsterdam Orphanage, 1960），在所有的物体上都使用了多贡的母题，即圆形和方形（图31）。凡·艾

图 31

阿姆斯特丹孤儿院，奥尔多·凡·艾克，
荷兰阿姆斯特丹，1960

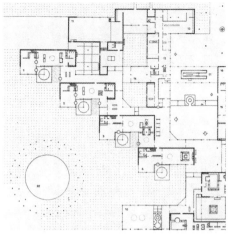

图 32

平面图局部，阿姆斯特丹孤儿院，奥尔多·凡·艾克，
荷兰阿姆斯特丹，1960

克将他的设计过程和母题视作犹如音乐创作一般，尤其类似巴赫（Bach）的赋格曲式。他的助手回忆，"在孤儿院的底层平面，你可以看见母题，正如在赋格曲式中一样，它们以对位的方式相互交织（图32）。" **26**

尽管凡·艾克的母题与赖特的不同，没有从材料的本质中寻找依据，但是其中一些，与它们所体现的文化一样，仍然具有材料的意义，比如孤儿院一个预制的穹顶搭配一个方形基座的基本单元。但是也有不计其数的母题却缺乏材料的意义。聚会的场所，无论大或小，始终如一使用了方形中套圆形的构成形式。更多的问题则存在于将圆形、球形，或是圆柱注入建筑中的每一个细部——长椅、灯具、高凳，或是喷泉。厨房在一处方形的房间之中，它有一个圆柱形的通风区，还有是一个被圆柱形的高凳所围绕的圆桌。随着母题在结构上的逐渐减少，它们的使用也变得越来越肤浅。

凡·艾克认为他有能力在一幢建筑中创造出符号所代表的整个文化，但他可能太过狂妄了；多贡人的精神符号在二十世纪的阿姆斯特丹不过是肤浅意义。在凡·艾克后续的作品中，圆形失去了它可能曾经拥有的文化或是精神的意义。在他的休伯特斯住宅（Hubertus House）——一幢在阿姆斯特丹中部为一位单身母亲所营建的住宅中，母题失去了它大部分的空间特色，成为了干扰窗、墙或是楼梯的简单的几何变化。而在今天孤儿院建筑周围有同样由凡·艾克设计的办公建筑母题仅仅是玻璃幕墙上不规则的修饰而已，甚至几乎无法辨认出它是圆形。

作为文化符号的母题细部在凡·艾克之后依然具有生命力，特别是在十人小组其他成员或是赫曼·赫茨伯格（Herman Hertzberger）的作品之中。而与此相似的，在现代主义风格中对文化符号的使用也依然盛行。无论这种"快餐"文化策略的滥用是多么值得怀疑，我们仍应感到庆幸：它并没有复兴成细部设计的批发式策略。

# 作为片断的母题细部

1951 年，斯卡帕被邀请在佛罗伦萨设计一个赖特作品展。尽管展览涉及赖特整个职业生涯的作品，但焦点却是二十世纪五十年代的自然光半圆形住宅。这些住宅标志着赖特作品中母题元素的再次兴起，尤其是双圆形以及由它们的交点所限定出的形状。这个母题主导了赖特的晚期作品，却几乎没有发挥它的优点。对于在二十世纪八十年代的许多人来说，斯卡帕定义了"建筑师即细部设计师"这个概念，在赖特去世后，他是母题细部设计最身先士卒的实践者。如果说他在理论上并未从赖特身上借鉴多少，在形式上的依赖则相当巨大，许多母题甚至直接源于赖特，其中最为常见的就是双圆形。与赖特相似，斯卡帕的母题也采用了不同材料构成，出现在不同尺度上，执行着不同的功能。而除了这个特点，抑或是由于这个特点，肯尼斯·弗兰普顿认为，斯卡帕确是典型的细节创作者：

> 他的作品或许可以被看作是二十世纪建筑发展的分水岭……在他几乎所有作品中，节点都被处理成了一种建筑上的浓缩；它节点的局部体现了整体——无论这个节点链接是一处铰接、轴承，或甚至是诸如楼梯、桥等更为大型的连接部件。[27]

图 33

威尼斯双年展入口亭，卡洛·斯卡帕，
意大利威尼斯，1952

在这些受赖特启发的建筑中，最直白的是威尼斯双年展（Venice Biennale）入口亭（1952）（图33、图34）。它非常近似地效仿了赖特在马里兰州贝赛斯达（Bethesda, Maryland）的卢埃林·赖特住宅（Llewellyn Wright House, 1953）的平面——一个由相交的双圆形所限定出的形状，但是并没有证据表明这种形状对斯卡帕有什么更大的意义。在这里占据主导地位的母题是圆形、由相交的双圆形所限定出的眼形、以及由三条120°辐射轴对其的划分。眼形构成了亭的平面、混凝土基座、上面的玻璃墙，还有两端渐收的金属屋顶的轮廓。圆形构成了桌子下面的空间、桌旁的高脚凳、旋转门，以及柱子外侧木头面板。120°确定了搁架和两面玻璃墙的位置，也同时形成了屋顶支撑的图案——三个彼此交角为120°的塔门柱。它们以外部托架的形式坐落在屋顶的外面而不是下面；两端渐收的中截面则由钢制的翅片加固。斯卡帕的柱子是建筑主题的再现，它们也是与彼此完全相同的，即使建筑的其他部分十分复杂。

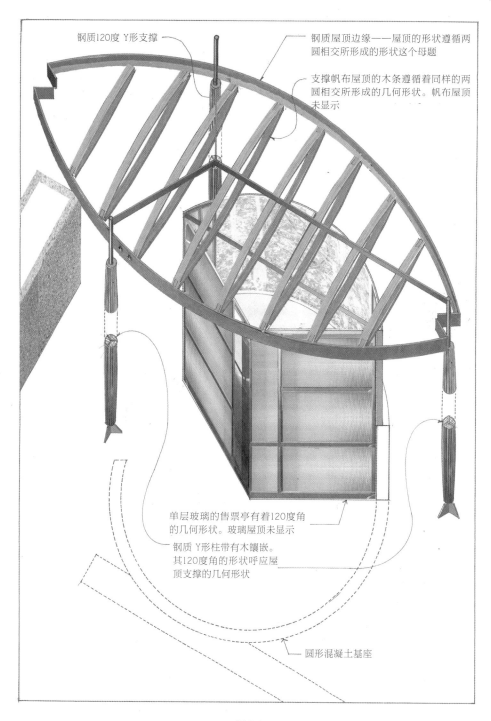

钢质120度 Y形支撑

钢质屋顶边缘——屋顶的形状遵循两圆相交所形成的形状这个母题

支撑帆布屋顶的木条遵循着同样的两圆相交所形成的几何形状。帆布屋顶未显示

单层玻璃的售票亭有着120度角的几何形状。玻璃屋顶未显示

钢质 Y形柱带有木镶嵌。其120度角的形状呼应屋顶支撑的几何形状

圆形混凝土基座

图 34

墙剖面，威尼斯双年展入口亭，卡洛·斯卡帕
意大利威尼斯，1952

作为母题的细部

所有这些要素都有着非常不同的功能，虽然几何图案在任何一个单独的例子中都不是没有逻辑的，但是它消除了将各个要素彼此此区分和接合的可能性。即使斯卡帕认为任何母题和材料之间有相互关联性，他也从来没有在他公认稀少的写作中提到过这一点，但是从他的建筑留下的证据来看，他的感受却是相反的，即母题超越了材料并且独立于材料而存在。

斯卡帕的另一个有名的母题是 "V" 形图案，它并没有在门亭上反映出来，但是大量地展现在了他其他的作品中。在维罗纳银行（Bank of Verona）的檐口和腰线上，他使用了 "V" 形母题；在威尼斯大学建筑学院（Venice University Institute of Architecture）入口大门上，"V" 形母题与传统装饰线条之片段并置使用。这些都确认了，对斯卡帕来说，"V" 形母题是传统装饰线条和传统样式的现代版。就像赖特早期作品，例如拉金大厦（Larkin Building，1904）上的传统饰条一样，它们没有曲线或柔化的轮廓线，而且它们在视觉上同样刺眼，在评论界也同样不受欢迎。

这两个母题，双圆形和 "V" 形图案，存在于斯卡帕的每一个后期作品中。按照建筑历史学家玛利亚·科里帕（Maria Crippa）的说法，双圆形 "起源于中国，代表着男性与女性的结合，以及对立两极的协调。" 弗兰普顿列出了三种其他的可能性——神秘的表意符号双圆光轮（vesica piscis），代表了 "太阳的普遍论和月亮的经验论之对立" 的阴阳符号，以及一包香烟上的标签。[28]

斯卡帕的母题特征中最令人费解的一点是其对尺度的漠不关心；任何形状都可以在任何尺寸上使用。位于意大利维琴察（Vicenza）的博尔格公寓（Borgo Condominium，1975）的梁柱连接，作为单独的要素来说是一个非常优雅的细部，但是它却是另一个母题——背对背的 "L" 形（图 35）。倒置过来，它又以一个分裂的十字架的形式出现在了意大利维罗纳（Verona）的老城堡（Castelvecchio）室内复原项目（1967）的大型雕塑支座上，同时以小了很多的尺寸作为一个梁托出现在外立面上，接着还作为混凝土移动门的支座出现在了意大利阿尔蒂沃莱的圣维托（San Vito d'Altivole）的布里昂家族墓园（Brion Cemetery，1970）。

在论文《讲故事的细部》（*The Tell-the-Tale Detail*）中，理论家马可·弗

图 35

梁柱连接，博尔格公寓，卡洛·斯卡帕，
意大利维琴察，1975

拉斯卡里（Marco Frascari）将细部定义为节点，并且特别挑选了斯卡帕的作品来作为它最好的诠释。

　　这已经成为了被广泛引用的文章，但这里有一个问题。对于许多人来说，斯卡帕的作品仅仅是细部的聚集体，甚至更糟糕地被认为，是母题的聚集体。假如它还有整体的话，它的整体少于局部的加合。斯卡帕在威尼斯大学的同事布鲁诺·赛维（Bruno Zevi）在 1984 年谈到，斯卡帕的某些作品是"一场未成型的演讲中的惊人碎片，一次故意的排除。"[29] 为了提出斯卡帕已完成作品中看起来缺失的概念统一性，人们指出了一系列的解释。代表性的辩解是，他的作品，即使物质形式是支离破碎的，其实也是由其他更概念性的要素所统一起来的。建筑历史学家以及评论家弗朗西斯科·达·柯（Francesco Dal Co）谈到布里昂家族墓，"很难把它想象成是一部完整的作品。建筑师持续不断地投入在这个项目上的力气仅仅证实了它的巴洛克叙述方式最终所达成的是不完整的效果。"弗朗西斯科在他的写作中婉转地提到，"即使它是一个整体，斯卡帕的建筑也无法被描述成是已完成的。建筑整体应被看作一种由细部组成的现象，而细部则是由一种'机制'，即构造主旨所统一起来的。"斯卡帕本人很可能也会同意这一点。他曾经说过，"世间不存在'好主意'这种东西。只存在'好表达'。"弗兰普顿认为他的作品是由边缘和临界处的结构所联系起来的，他评论道，"斯卡帕的建筑一贯基于一种建筑步道的概念，在这其中

'亲近'的特质成功地通过一系列碎片展现出来。"它们"通过地形叙述方式的机制"建立起"一种统一的表象"。建筑师以及作家理查德·墨菲（Richard Murphy）认同这一点，他解释道，维罗纳的老城堡博物馆和威尼斯的奎利尼·斯坦帕里亚博物馆（Querini Stampalia Gallery, 1963）的层次以及层叠的交通流线都是对历史分层的原义解读。[30]

但是斯卡帕作品的实际情况是，即使它缺乏概念的结构，它也不欠缺形式的统一；过量典型的斯卡帕母题被压抑在作品的同一性中，例如意大利维罗纳的维罗纳银行(1973)或布里昂家族墓园。我们不能说这些母题的运用不成系统。就像达·柯指出的那样，在布里昂家族墓园，阶梯状母题被使用在所有混凝土和石头平面的尽端。在维罗纳银行，它出现在那些通常会使用经典装饰的位置：檐口和腰线的上方。如果人们把它们理解成多重的"V"形图案母题，经典饰条的替代品，那么他的建筑就和帕拉第奥一样完整。

在这里，系统的欠缺并不是问题所在；问题在于这个系统从根本上来说是装饰的系统，它对材料和功能漠不关心，并且被过量使用。

# 结语

> 必须要说的是，母题的形式要素，虽然对于表达来说非常显著和重要，但是却并不足以形成一种风格。
> ——迈耶·夏皮罗

正如我们所看到的，母题细部的现代案例是存在的，虽然常常以碎片的形式出现。即便如此，以母题方式处理建筑细部的做法仍然有着同样多的批评者和拥护者。对于传统的功能主义者来说，它泄露了不诚恳。这些一模一样的复杂形状怎么能被同时用在地毯上、木板条上，还有金属扣件上？它也许能统一整体，但是这么做的同时它消灭了结构、材料和建造施工之间的差异。对于其他人来说，这种重复常常惹人生气，它把设计减弱成图案制造，模糊了那些有意义之材料和功用之间的差别。

　　母题细部最糟糕之处在于，它横跨了设计和造型之间的危险界线。对造型的最好理解来自于那些对其广泛使用负责的行业：汽车设计师，尤其是那些美国设计师，他们明白他们的任务是把车头灯做得近似于杂物箱或者挡泥板的外形，但并不是通过使用小而重复的形式，而是通过使用一种相似的语言，一种并不是专门适用于车头灯、后视镜或者挡泥板的语言。我的本田车的各部件设计非常协调一致。车头灯与杂物箱协调一致，挡泥板与仪表盘协调一致，门把手与保险杠协调一致；所有这些都被塑造成一个无缝的整体，除了车轮以外它没有任何突出可见的部件。这样算是好的设计吗？

　　母题细部设计也许起源于哥特式建筑，但是当它进入现代主义的时候被赖特加上了材料表现的伪装。赖特的伟大之处在于他给现代主义留下了两种材料表现的方法，一种深奥，一种浅显。第一种是基于对材料的经济运用，使用最少量的材料去实现最大的空间和最长的跨度。但是在大多数情况下，材料的特质，对于赖特来说，是母题的问题。这也许显得非常奇怪：一个讲话如此善辩，而且能够将材料特质设计得如此优雅的人会采用这种看起来注定会掩盖所有材料差异的策略，但是这个主题实际上更多的是基于歌德和爱默生意识形态的遗产，而不是建立在对现实的客观分析上。赖特和琼斯都将母题看作理解材料本质的关键。然而，到了最后，它却成了他们保存这种理解的主要阻碍。至少对于赖特来说，对大自然的作品中几何统一性的信仰是不可动摇的，但愿人类的作品也如此。在他的最后一本书《一个遗嘱》（*A Testament*）中，他这样写道：

　　　　这个被我们称为文明的抽象概念——它是怎样被制造出来的，现在它又是怎样被误用或者遗失的？用"抽象概念"这个词，我的意思是取出一个东西的本质——任何东西——它的构成规律，来作为现实的主旨。[31]

　　我们可以成功地论证，爱默生和赖特的观点在小尺度上都是错的，而在大尺度上是对的，生命基因代码的揭秘已经显示了一种几何的自然统一。他们的集合形体几乎都是对的。然而，在拥有更多信息后重新开始追求母题细部，看起来并不可能产生任何深刻的结果。

技术的统一呈现出一种形式的统一，如果完成得出色，甚至可以是一种形态的统一。而它是否体现出了概念的统一却不确定。这就很容易理解，为什么没有人采取这种方法。统一能够通过母题而达成，但可能很肤浅，由于风格化的同一性显得并不真诚，抹去了功能之间的差别。虽然事实上这种方法体现在很多我们所看重的建筑师的大多数作品之中，例如赖特和斯卡帕，但是它真的是我们在他们的建筑中所看重的吗？母题细部在最好的情况下，也不过是一种对立细部，与建筑整体形式上的策略背道而驰的细部。细部使用得越多，它就变得越缺乏力量。而这就是问题所在。如果母题在建筑中仅仅是一种标签，而非主要的控制手段，它就失去了其绝大多数的哲学基础。

无论宇宙是否如爱默生所坚持的那样体现在其中的每一颗微粒中，或者现代文化是否如凡·艾克所相信的那样需要可识别手段将世界全景压缩成单一的几何形态。母题细部并没有对其结果产生多大的影响。认为建筑师拥有创造或决定能力的观点在现代语境下不过是显得狂妄傲慢罢了。现代建筑中的母题已经变成了斯卡帕和库利南所认为的母题：统一风格的机制，而非精神、科学或是文化存在的象征。

*Epigraphs.* Meyer Schapiro, *Theory and Philosophy of Art: Style, Artist and Society* (New York: Braziller, 1994), 59–60; L'Orange, *Art Form and Civic Life*, 10–11; Fay Jones, "Details; Theme and Variation" (Fay Jones Papers, University of Arkansas), date); Frank Lloyd Wright, *In the Cause of Architecture* (New York: McGraw-Hill, 1975), 53.

1    Robert Richardson, *Henry Thoreau: A Life of the Mind* (Berkeley: University of California Press, 1986), 312.

2    Emerson, *Essays and Lectures* (New York: Literary Classics of the United States, 1983), 289.

3    Ibid., 753.

4    Richardson, *Henry Thoreau*, 157.

5    John Gage, ed., *Goethe on Art* (Berkeley: University of California Press, 1980), 196.

6    Frederick Gutheim, ed., *Frank Lloyd Wright on Architecture* (New York: Grosset & Dunlap, 1941), 118.

7    Wright, *In the Cause of Architecture*, 54.

8    Owen Jones, *The Grammar of Ornament* (New York: Portland House, [1856] 1986), 157.

9    Roger Friedland and Harold Zellman, *Frank Lloyd Wright, The Fellowship: The Untold Story of Frank Lloyd Wright and the Taliesin Fellowship* (New York: Harper-Collins, 2006), 226.

10   Gutheim, ed., *Frank Lloyd Wright on Architecture*, 7–8.

11   Wright, *In the Cause of Architecture*, 59.

12   Frank Lloyd Wright, *The Future of Architecture* (New York: Horizon, 1953), 348.

13   Wright, *The Future of Architecture*, 157.

14   Wright, *In the Cause of Architecture*, 146.

15   The references to specific motifs are drawn from Curtis Besinger, *Working With Mr. Wright: What it Was Like* (Cambridge: Cambridge University Press, 1995), 48.

16   Neil Levine, *The Architecture of Frank Lloyd Wright* (Princeton: Princeton University Press, 1996), 246.

17   Frank Lloyd Wright, *An Autobiography*, (New York: Horizon, [1933] 1977), 335.

18   Jones, *Outside the Pale*, 48; Fay Jones Papers, University of Arkansas.

19   Fay Jones Papers, University of Arkansas.

20   Jones, *Outside the Pale*, 78.

21   Aldo van Eyck "Dogon: Miracle of Moderation" *VIA* 1 (1968): 102; Aldo van Eyck, "Basket, House, Village, Universe" *Forum* XVII (July 1967): 9.

22   Andreas Volwahsen and Henri Stierlin, *Architecture of the World: India* (Lausanne: Benedikt Taschen, 1967), 44.

23   Edmund Wilson, *Apologies to the Iroquois* (Syracuse: Syracuse University Press, [1959] 1992), 64; Nicholas Markovich, Wolfgang Preiser and Fred Sturm, *Pueblo Style and Regional Architecture* (New York: Van Nostrand Reinhold, 1990), 23–29.

24   Francis Strauven, *Aldo van Eyck* (Amsterdam, Architectura & Natura Press, 1998), 93.

25   Allison Smithson, ed., *Team10 Primer* (Cambridge: MIT Press, 1968), 99.

26   Strauven, *Aldo van Eyck*, 310.

27   Frampton, *Studies In Tectonic Culture*, 299.

28   Maria Crippa, *Carlo Scarpa: Theory, Design, Projects* (Cambridge: MIT Press, 1986), 61; Frampton, *Studies In Tectonic Culture*, 312.

29   Marco Frascari, "The Tell-the-Tale Detail" *VIA* 7 (1984): 23–37; Francesco Dal Co and Giuseppe Mazzariol, *Scarpa: The Complete Works* (New York: Rizzoli, 1984), 69, 272.

30   Barry Bergdoll and Werner Oechslin, eds., *Fragments: Architecture and the Unfinished* (London: Thames & Hudson, 2006), 367, 365; Richard Murphy, *Carlo Scarpa and the Castelvecchio* (London: Butterworth, 1990), 4.
     Epigraph Schapiro, *Theory and Philosophy of Art: Style, Artist and Society*, 55.

31   Frank Lloyd Wright, *A Testament* (New York: Avon, [1957] 1972), 45.

# 第四章

## 定义 3

# 作为构造
# 表达的细部

我认为，所有的建筑总暗示了某种介于事实和想象之间的包容……建筑从来就不是在表达建筑"是"什么。你看那希腊神庙，虽然它是石头做的，事实上它表达的却是木材的构造。

——奈德尔·德黑兰尼（Nader Tehrani）

或者当你注视着西格拉姆大厦，作为柱子矗立着的工字钢却必须要被混凝土所包裹。你看到的与它呈现出来的总会有差距。

——莫尼卡·庞塞·德莱昂

多立克柱的象征形式曾经只是实际的结构……它并不属于文艺复兴观念中一个纯粹的部分，而是原始观念中的一个诠释性的部分。

——彼得·史密森，关于帕特侬神庙（Parthenon）

1838 年，散文家和历史学家托马斯·卡莱尔（Thomas Carlyle）出版了具突破性的作品——《衣裳哲学》（*Sartor Resartus*，英译 *"The Tailor Retailored"*）。他解释到，这本书写的是衣裳的历史，但"衣裳"是广义的，它包括了其他事物——如建筑。他这么描述："你穿着它，你拥有如此一个温暖可移动的房子，它包裹着你，无论你身在陌生的何处，你都不畏惧任何气候变化，对此，难道你从未庆幸过吗？"对卡莱尔而言，衣裳的概念超越这个对建筑物的比喻。所有的衣裳都是符号，事实上"所有的符号或许都是衣裳；所有凭借灵魂而将自身表现给感官的形式，无论是外在的还是想象之中的，都是衣裳。"[1]卡莱尔对衣裳优点的描述有些模棱两可，他有时争辩到，它们是用来隐瞒事实的，然后说衣物和身体是不可分割的，但最终他又说作为符号的衣物没有隐瞒事实，它们是通过"隐瞒"这样的行为来揭示事实的。

符号有隐含也有揭露；因此，通过沉默和发声的共同作用，它具有了双重的含义……因此在被印制出的图案或简单的图章式的标志中，最普遍的真理宣告着崭新的强调而站在我们面前。[2]

卡莱尔后期的作品，例如《过去和现在》（*Past and Present*），或许在建筑意义上更具重要性，但如果作为建筑物的身体是卡莱尔理解衣裳的关键，那么作为身体的建筑物就成为建筑师理解构造的关键了。

《衣裳哲学》出版了十三年之后，水晶宫（The Crystal Palace）在伦敦开放，这使得1851年顺理成章地成为了标志现代建筑开端的年份。1851年至1855年也见证了四本书的出版，它们的观点并不完全都是现代的，但它们都在讨论即将成为现代建筑之核心的问题——什么是好的建筑？它应该是实体的、只有基本形态、无装潢、暴露的构筑物吗？还是允许有分层做法的构造或结构饰面层？如果真是这样，那面层是应该描述其内部的结构还是应该对应别的问题呢？

这几本书中的第一本，约翰·拉斯金的《威尼斯之石》（John Ruskin, *Stones of Venice*）是最受欢迎的。他喜爱分层的构造做法，他的范本是威尼斯哥特式的，描述了圣马可大教堂（St. Mark's Basilica）的"镶嵌做法"，他写道：

起初，对于一个北部的建设者来说，这个"镶嵌"学派显得并不真诚；因为他已经习惯于用毛石砌块来建造了，他已习惯于假定一块砌体的外表面有不同的厚度标准。但是，一旦熟悉了镶嵌的方式，他会发现南方的建设者并无意欺骗他。他会看到每块大理石面板都是通过一个铆钉真诚地与下一块连接，这盔甲般外壳的节点是那么明显且坦诚地匹配着被其包裹之物的轮廓。这就好比，一个无知的人平生第一次看到穿盔甲的人，却以为那人是用钢铁实体做成的；相比于这个无知的人，那北部的建筑者并没有更多的权力来埋怨这种背叛。[3]

简单地说，拉斯金的论断是，对结构性的表达是不必要的，但对结构性的欺骗则是不可接受的。因此覆面层只要不是掩盖本来的覆面结构的话，那是可被允许的。但是，它应恪守沉默；表面镶嵌装饰没有义务去描述表面之内的结构。虽然拉斯金影响程度之大小还有所争议，但建筑师乔治·吉尔伯特·斯科特（George Gilbert Scott）九年之后在位于伦敦的皇家艺术学院（the Royal Academy of Arts in London）则说了本质上与其一致的东西：

在中世纪，要么构造性的构件被暴露，因而可见；要么隐藏它们的装饰件被设计成仅是装饰性的，它们没有自称有任何程度上的构造性。这是个直接的、直率的"常识"，且应是支配性的原则，它在其他风格中也曾如此。[4]

在《威尼斯之石》最后一卷出版的两年之后，这四本书中的第二本面世了。建筑师乔治·埃德蒙·斯特里特（George Edmund Street）在《中世纪的砌块和大理石》（*Brick and Marble in the Middle Ages*）一书中提出相反的意见。与拉斯金一样，斯特里特也拿意大利北部作为例子来解释，但是，相比于威尼斯的建筑，他更喜欢贝加莫（Bergamo）或科摩（Como）的"建构性"建筑——那有着实心墙体和砖材与石材相互交错的建筑。

作为构造表达的细部

威尼斯模式对好的建筑可能具有破坏性，因为它必然会导致对建筑构造的完全隐藏。相反，另一种模式，则以真正的原则推进，并在建筑建造的过程中愉悦地最细致地定义每一行。几乎可以这么说，第一种模式的设计是一种面向"隐藏"的视角，而另一种则面向"诠释"，它面向的是建造的真正模式。

斯特里特同意饰面在特定情况下可被使用，但不能隐藏结构：

在圣马可教堂的其他部位，我们在一定程度上采用了这个系统。除了认为这是大错之外，我想不到别的东西。我不可能在此找到相似于我由衷之所信的东西。这里的拱顶是用砖造的，但却完全用大理石覆盖……这整个系统差极了。[5]

没有什么比斯特里特自己的作品更能说明他的论点了——即饰面层限制了结构性的表达，并最终导致了结构性的欺骗。伦敦皇家法院（The Royal Courts of Justice in London, 1882）显得极大地受到了维罗纳建构性建筑的巨大影响。它尽可能少地使用饰面，但连同它的石材拱顶一道，它确实还包含了相当数量的隐藏着的铁框架，这个特性与同他当代的哥特复兴主义建筑师斯科特和威廉·巴特菲尔德（William Butterfield）的建筑是一样的。

对于拉斯金来说，这并不怎么重要。结构性表达的缺失并不值得关心。他写道："相对于构造本身，建造者们的思想更忙于应对其他更高层级的取向了；他们的思想充斥着神学、哲学；充斥着关乎命运、爱情、死亡的想法……他所有的所求只不过是要建筑能站立不倒罢了。"[6]

与此同时，德国建筑理论界类似针对面层（或将它描述为"Bekleidung"，德语单词，意思为"饰面"或是"服饰"）的争论也在延续。1851 年这四本中的第三本书，理论家卡尔·波地谢尔（Karl Bötticher）的《希腊的构造》（Die Tektonik der Hellenen）的最后一卷出版了。波地谢尔更愿意将建筑比作是外皮和内核的关系，而不是被广为认知的皮肤与骨骼或者衣服与身体的关系。

每个（建筑）成员的克恩形式（Kernform，核心形式）是必要的机械结构，即静态的功能架构；而另一个层面上，其昆斯特形式（Kunstform，艺术形式），则仅仅是在功能上具有描述性的特征。

虽然没有功能性，但昆斯特形式展示了功能。

以表现性的形式出现的这些结构构件展现了从最明显到最有暗示性的内部概念；展现了每个构件自身机械作用的本质，并展现了在整体中与其相互关联的概念。这就是每个构件的装饰性或艺术形式（昆斯特形式）。[7]

第四本书是戈特弗里德·森佩尔（Gottfried Semper）的《结构体系的四大要素》（*Die vier Elemente der Baukunst*）。森佩尔成了波地谢尔的主要批判者之一，他广泛地探讨了饰面的问题，但相比于构造真实性，他对分层建筑的历史渊源更感兴趣。森佩尔的论点是基于这样的假设：建筑源于木构架的房子，随后，它被地毯、表皮和纺织品包裹其中；所以建筑的装饰必须参照这些源头。他写道："墙体不应失去其所代表的作为空间围合的原始意义；当粉刷墙体时，我们要始终记得地毯最早是用来围合空间的。"[8]

十年后的《风格》（*Der Stil*, 书名全称为 *Der Stil in den technischen und tektonischen Künsten oder Praktische Ästhetik*）一书中，森佩尔描述了大多数传递着墙体"意义"的装饰元素——如接缝、条饰和卷边等——在织物上的起源。对这些元素的表达超越了其构造现实："我认为衣着和面具与人类文明源远流长，而这两者所蕴含的乐趣和引导人们成为雕塑家、画家和建筑师等的乐趣是一样的。"森佩尔抨击了波地谢尔"材料主义"的观点。他说："如果形式作为有意义的象征而出现、作为人类的自主创作而出现之时，就有必要破坏材料的现实。真正伟大的艺术大师……把面层的材料也掩盖了。"但是森佩尔并非不关心那些被包裹的结构。"当面层后面的东西不合适或者面层不好时，掩盖也于事无补。在艺术创作中，如果那不可或缺的材料要被完全破坏的话……那材料就必须从一开始就被完全掌控。"[9]

尽管他们有共同之处，但有一个基本的问题可以把森佩尔和拉斯金区别开来：无论是在当代还是在历史上，如果饰面是必要的、可取的，那么它必须要阐述构造吗？波地谢尔与森佩尔争辩的问题同样也是十九世纪理性主义的一个至关重要的问题。经典的柱式是否正如波地谢尔所论辩的那样代表了它所在的建筑的实际构造，还是，它们代表的是被创造之时的建筑语言——一个远远落后历史的技术标本？对森佩尔来说，答案是后者。而对墙体而言，这种古老的技术就是纺织之艺术。更普遍的是，这一学派的学者把柱式，尤其是多立克柱式，看作是用石材来表现古代的木结构。这是维特鲁威的解释，19世纪作家安东尼·科特米瑞·德·昆西（Antoine Quatremère de Quincy）和20世纪约瑟夫·里特沃特（Joseph Rykwert）也都同意这个说法。但是波地谢尔的立场有其拥护者：建筑历史学家杜克（Eugène Emmanuel Viollet-le-Duc）和舒瓦西（Auguste Choisy），他们认为基于一定的文化条件及材料条件，多立克柱式是建造神庙这个问题的石材的解决办法。

对于所有这些作者来说，"柱式"暗示了具有超越单纯装饰的合理性。大多数人认为柱式即便不直接来源于构造，也表达了构造。奥托·瓦格纳（Otto Wagner）的立场很有代表性——建筑语言是从建造之需求性发展而来的艺术："每一种建筑形式都从构造中超脱而出，并逐渐形成一种艺术形式。"这仍然是关于"柱式"之发展的普遍性观点，因此森佩尔和波地谢尔，以及拉斯金、斯特里特和卡莱尔都对现代主义有深远的影响。[10]

# 奥托·瓦格纳和 H.P. 贝尔拉格（H.P. Berlage）

举办于1884年的阿姆斯特丹证券交易所（Amsterdam Stock Exchange, 1884）设计竞赛十分有趣，这要归因于两个同为新古典主义的不成功的入围作品——一个是由43岁的瓦格纳设计的，另一个则是由28岁的贝尔拉格设计的。但他们作品的风格却在随后的几年渐相行渐远。贝尔拉格虽输掉了竞赛却获得着手交易所的建造机会，但他的风格急转向了罗马式；而瓦格纳，尽管在风格上未及他，但在精神上，他依旧是个古典主义者。他们在构造上也有意见的分歧。贝尔拉格主张整体一致性的构造；而瓦格纳则探索将饰面作为一种构造的方式。具有讽刺意味的是，他们两个都有一个共同的出发点，那就是森佩尔的著作。

瓦格纳认为森佩尔"没有勇气去实践他的理论……不得不做一个象征性的建筑。"而且，事实上在他的建筑中，作为一个实践型建筑师的森佩尔并没什么兴趣将饰面当作构造系统。[11] 而瓦格纳则寻求把想法发展成实际的构造的方法。与很多现代主义者不同，他认为现代建筑，尤其是石砌的建筑，应是分层的而不是一体的，而且各层均应被单独建造，而不能被同时建造。这违背了传统理论。1540 年，塞巴斯蒂亚诺·塞利奥（Sebastiano Serlio）写道："明智的建筑师会……现场砌筑（完成）墙上的石块，同时把它们和砖块结合在一起。"[12]但瓦格纳的观点也有道理，现代石材已在工地外进行切割、加工、抛光和预装配了，这需要大量的规划、计算和制图工作。结果就是，石材是最后到达建筑工地的物料之一。塞利奥的集成化饰面意味着如果没有石材在场，施工则几乎无法展开。而瓦格纳的饰面分层独立系统则允许在施工过程中有较为宽松的协调空间。

部分暴露的建筑能够简化结构之实际；装饰的建筑只能表达它，但要表达的是什么呢？是隐藏的构造还是建筑自身的构造性质？例如，非结构饰面层的附着意味着什么？对于这个问题，瓦格纳强调的是后者。门楣往往被忽略了或被隐含了，因为它们被饰面所覆盖；但他把用以固定的螺栓暴露出来。斯特里特所认为的不可接受的元素——如被包裹的门楣和拱门——均被瓦格纳毫无禁忌地使用着。他的建筑基座的构造及设计均各有差异，维也纳城外圣利奥波德教堂（Church of St. Leopold, 1907）的基座显示出稳固性，且有功能性；但是他对那同在维也纳的邮政储蓄银行（Postal Savings Bank, 1906）的基座，虽然粗糙的花岗岩与构筑与其上的光滑大理石产生了对比，但这个基座是象征性的。它应用了饰面板，其细部设计展现出了分层构造（图 1）。

尽管瓦格纳对森佩尔有所批判，但他还是采取了很多森佩尔象征性的建造手法，同时瓦格纳的很多细部只能被理解为对于老的构造系统的历史参照，而不是对隐蔽了的工程施工的解释。瓦格纳决意不再使用不必要的柱式，但他的

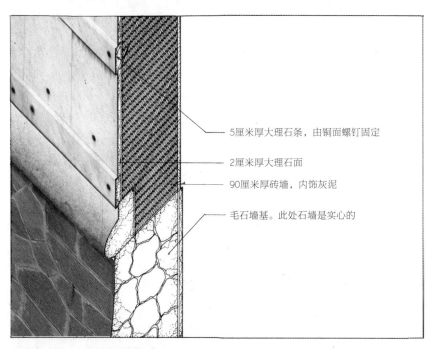

5厘米厚大理石条，由铜面螺钉固定

2厘米厚大理石面

90厘米厚砖墙，内饰灰泥

毛石墙基。此处石墙是实心的

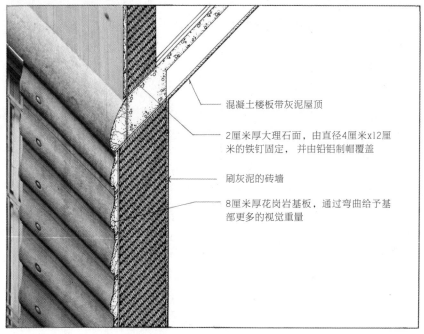

混凝土楼板带灰泥屋顶

2厘米厚大理石面，由直径4厘米x12厘米的铁钉固定，并由铅铝制帽覆盖

刷灰泥的砖墙

8厘米厚花岗岩基板，通过弯曲给予基部更多的视觉重量

### 图1

**顶图**

墙基，圣利奥彼德教堂，奥托·瓦格纳，
奥地利维也纳，1907

**底图**

墙基，邮政储蓄银行，奥托·瓦格纳，
奥地利维也纳，1904

一些饰面还是暗示了柱式，例如维也纳的邮政储蓄银行或在维也纳的瓦格纳住宅（Villa Wagner, 1913）。窗户的放置产生出了窄条，这些窄条的比例如柱子一般。有些情况下，通过引入瓷砖或者铝扣槽来暗示柱头、柱础，有时也暗示了（柱身上的）凹槽。他的有粉刷的建筑立面，例如同位于维也纳的诺伊斯蒂加萨公寓（Neustiftgasse Apartments, 1912），则采用了缝状的角线和扁平化的粗面石工。与瓦格纳所宣称的相反，或许森佩尔已经决意不做象征性的构造了。但瓦格纳的做法并非源于对象征性构造的否定。这是饰面在任何时代都有的一个普遍现象：历史参照之引入并没有直接与被包裹的实际构造息息相关。

贝尔拉格的传记作者彼得辛格林伯格（Pieter Singelenberg）写道森佩尔是贝尔拉格正统教育的起点到终点的标志，但是到了 1905 年，贝尔拉格认为饰面构造应当被抛弃。他写道：

> 我们建筑师必须首先学习骨架，正如画家和雕塑家为人体赋予准确的形状。对于每一个自然物体的面层，我们可以说，对那完美展示构造之内在骨架的准确反映就可以被称为建筑作品。但在这里，有逻辑的构造属于主导元素；饰面层并不是如同完全不合身的西装一样，完全无视构造的松散的覆盖物，而是完全扎根于建筑内部；且最终，它是装饰性构造的一个形式。这是为何我们要重新追溯回机体的原因……因此，就目前而言，我们有必要研究骨架——简单却强而有力的"干"的结构——这是为了再次回到完整的机体，但却消除衣物的干扰。[13]

贝尔拉格的阿姆斯特丹证券交易所（Amsterdam Stock Exchange, 1903）由扎实的砖块和暴露的钢材建成，除此之外，几乎无他。油漆、灰泥和别的修饰均被免去了。但他的作品并不像它看起来的那么纯粹（图 2）。会议室的天花板是用钢梁建造的，在 1909 年则增加了木材饰面。它尽管具有整体性，但仍展现了对森佩尔《风格》一书的一些呼应。贝尔拉格的传记作者彼得和伊恩·博·怀特（Iain Boyd Whyte）指出室内砖墙的踏步檐口来源于没有卷边的纺织品的边缘，而角部的细节则让人想到森佩尔对缝隙的讨论。

贝尔拉格对裸露结构建筑的拥护是短暂的，至少在铁料方面如此。在竞赛结束不到两年的时间里，贝尔拉格对交易所是否应该被以同样的方式建造提出了质疑。消防法规的改变很快禁止了以暴露方式使用钢材，并且他对于钢材的态度也彻底改变了。仍是 1905 年，他写道：

建筑中的钢材应远离视线并被包裹，我们或应认为这是一条规则；因此作为一种构造材料，这意味着它只能作为核心并且在风格上不能再直接具有重要性。这种发展确实令人遗憾，但与之抗争却无异于以卵击石。[14]

贝尔拉格的解决方案是放弃钢材转投混凝土，他再一次通过与身体的比喻来解释这个系统：

如果你把新材料（混凝土）和动物的躯体作比较，那么，你就能看到两者之间很多相似之处，因为它们都有一个核心：一个是钢材，另一个是骨架。你还能比较肉体之外壳和混凝土之外壳。

正如人体一样，外部形态是骨骼的间接反映……所以混凝土外壳应以同样的方式对应结构，并且同样地，出于美学上的考虑，外壳也应当能够在某些点上与结构有所偏离。[15]

随后，贝尔拉格的大尺度作品使用了裸露的混凝土和砌体来建造。但有一次他尝试使用了装饰的钢结构，即位于伦敦的荷兰屋（Holland House，1916）。这种对他典型手法的背离可能是由于地域性的不同，但它也可能影响自贝尔拉格对美国的迷恋。1905 年他曾谴责美国办公楼的装饰钢框架，但当看到路易·沙利文（Louis Sullivan）1912 年的作品之后贝尔拉格认为装饰钢在

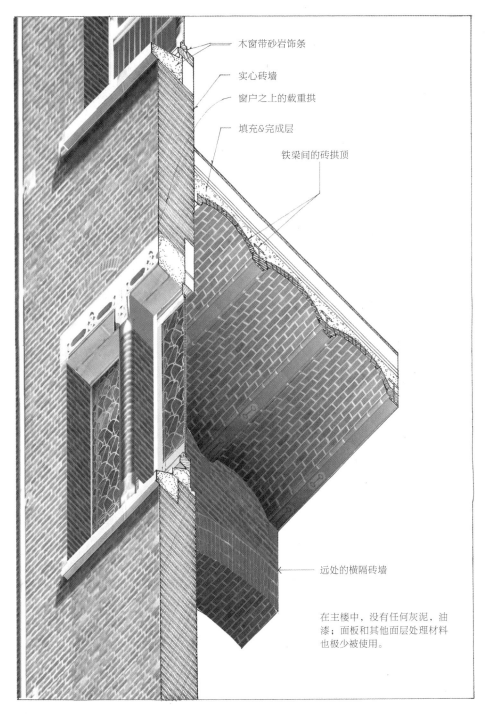

木窗带砂岩饰条

实心砖墙

窗户之上的载重拱

填充&完成层

铁梁间的砖拱顶

远处的横隔砖墙

在主楼中，没有任何灰泥，油漆，面板和其他面层处理材料也极少被使用。

图 2

墙剖透视，阿姆斯特丹证券交易所，H.P.贝尔拉格，
阿姆斯特丹，1903

作为构造表达的细部

暴露结构乃至于表现结构的时候是能被使用的："在'经典'的摩天大楼中，我们并不知道有钢核心或者钢骨架，即使它们是建筑结构的关键。与此相反，沙利文开始让结构显露出来，即石材覆面跟随着钢框架。"[16]

贝尔拉格在美国的另一个"发现"是弗兰克·劳埃德·赖特，具体地说，是赖特在布法罗（亦称"水牛城"）的拉金大厦（Larkin Building, 1904）。与沙利文的办公楼相比，拉金大厦采用了更为混合的构造，它由饰面层和结构独立的钢框架构成。拉金大厦将承重墙与钢筋混凝土的内框架相融合，成为了更为集约的构造。与其他芝加哥学派建筑师相似，出于防火的要求，赖特接受了，钢框架的办公楼需要有饰面。建筑师约翰·路特（John Root）在1890年的文章批判了建造在美国的早期裸露钢构的大楼，称它们有火灾的隐患，还说现代办公楼的柱子应当要么由钢材或钢筋加固的砌体来建造，做行程复合的一体化结构；要么使用包裹有硬陶土的自承钢，形成一种独立的结构。沙利文的办公楼属于后者；而拉金大厦则属于前者，但两者都没有暴露任何结构性的钢材或钢筋。[17]

路特也是森佩尔的读者，而包括建筑史学家巴里（Barry Bergdoll）在内的许多人也探究了森佩尔在芝加哥的影响，但就把饰面与衣服类比和对赖特的关注而言，还存在着一个影响，赖特曾经在十四岁时读过卡莱尔的《衣裳哲学》。要理解他1920年之前的建筑构造，一个关键的途径是将建筑当作衣服来比喻。正如卡莱尔的那包裹着衣裳的身体，他是通过隐藏的方式披露建筑的。[18]

我们或许也可以这么说：在瓦格纳逝世的1918年，他、贝尔拉格和赖特均已抵达了同一个至关重要的历史位置。贝尔拉格向饰面建筑的转化从未完结；而赖特将要成为结构暴露的倡导者，但直到多年之后，他才逐渐沿着与贝尔拉格相反的轨迹发展。尽管如此，很多人也将会跟随贝尔拉格，从拥护构造暴露转变到接受饰面。并且防火问题也只不过是构造暴露将要遇到一系列问题中的第一个罢了。

# 伯纳德·梅贝克（Bernard Maybeck）

　　总部设在旧金山的《建筑新闻》杂志社只出了三期就停刊了，因此我们没法知道未来期刊中具体将要刊载什么主题。而由伯纳德·梅贝克翻译的森佩尔的《风格》可能名列其中。没有任何证据能表明他是否做了翻译工作、他选择翻译哪些部分或森佩尔对梅贝克的作品有什么影响。为他立传的作者们已经发现，他作品中的彩色装饰和石壁炉之上那帐篷式木屋顶可能与森佩尔有关联，但是我们并不能确定梅贝克是如何诠释森佩尔关于饰面（无论是饰面的隐喻还是真实的饰面）的想法。梅贝克的第一位客户，随后也是他的第一位传记作者——查尔斯·基勒（Charles Keeler）描述了梅贝克对于无面层、裸露骨架、无饰面结构的酷爱。基勒于1904年写道：

> "如果要用木材，那么它看起来就应该是个木制房子。他憎恶假象。木制房子就应衬托出木制表面的所有特征和优点：直线性、木材的交接，外露的椽子，木质表面应可见并保留其自然的状态。" 19

　　梅贝克1904年以前的作品证实了这点。基勒之宅（Keeler House，1895）中，构造的每一部分都是暴露的。加州大学伯克利分校的教工俱乐部（The University of California Faculty Club at Berkeley, 1902）则略为复杂，它只展示了其结构的一部分。伯克利山坡俱乐部（The Berkeley Hillside Club，1904）则在绝大部分上采用了无面层的风格，尽管底层的柱子上用红木板包裹（图3）。旧金山的里昂·L·鲁斯别墅（The Leon L. Roos House, 1909）则是另一回事了（图4）。虽然室内几乎全采用了木材，且它的截面与细部具有与梅贝克早期建筑类似的（开山墙和双层柱子），但没有一根裸露的木条是有结构作用的（图5）。这表明，至少在梅贝克的职业生涯中段，在装饰和裸露之间，在象征和本义之间，在透视和真实之间，他可以完全自由地来回切换。

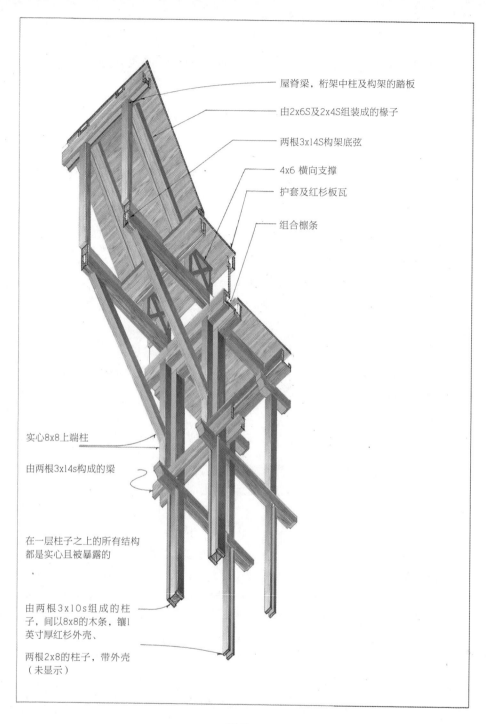

屋脊梁，桁架中柱及构架的踏板

由2x6S及2x4S组装成的椽子

两根3x14S构架底弦

4x6 横向支撑

护套及红杉板瓦

组合檩条

实心8x8上端柱

由两根3x14s构成的梁

在一层柱子之上的所有结构
都是实心且被暴露的

由两根3xl0s组成的柱
子，间以8x8的木条，镶1
英寸厚红杉外壳、

两根2x8的柱子，带外壳
（未显示）

图3

墙剖透视，伯克利山坡俱乐部，伯纳德·梅贝克，
加利福利亚州伯克利，1904

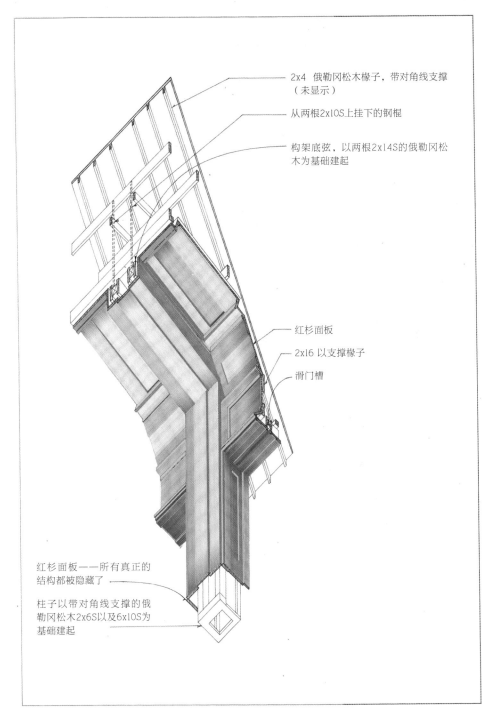

2x4 俄勒冈松木椽子，带对角线支撑
（未显示）

从两根2x10S上挂下的钢棍

构架底弦，以两根2x14S的俄勒冈松
木为基础建起

红杉面板

2x16 以支撑椽子

滑门槽

红杉面板——所有真正的
结构都被隐藏了

柱子以带对角线支撑的俄
勒冈松木2x6S以及6x10S为
基础建起

图 4

墙剖透视，鲁斯别墅，伯纳德·梅贝克，
加利福利亚州旧金山，1909

作 为 构 造 表 达 的 细 部

**143**

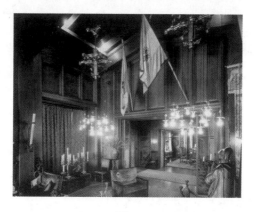

图 5

室内，鲁斯别墅，伯纳德·梅贝克，
加利福利亚州旧金山，1909

　　一种解释是基于使用功用的考虑。鲁斯别墅比它那粗野的前辈更加精致，因此需要更加精确的非结构性的装饰线脚。另一种解释是实用主义的，由于难以获得适当尺寸大型木材，且难以维持这些木材干燥之后的精确形态，无法避免产生翘曲和开裂。然而，在结构表达的问题上，梅贝克具有的唯一的特质是，他对森佩尔式的饰面想法或许感兴趣，这种结构混合风格在十九世纪末及二十世纪初被建筑师们普遍采用在建造木质房子上。查尔斯·沃伊奇（Charles Voysey），格林兄弟（Greene & Greene）建筑事务所和其他很多人都能自由地游走于装饰化和整体化之间，甚至游走于虚假和真实的结构之间。显然，对一种风格或另一种风格的那种教条主义式的坚持，是二十世纪晚期出现的现象。[20]

　　梅贝克对饰面有着明显的矛盾态度，对此的第二种解释是，这是他特立独行的结果，或者更具体地说，很多历史学家从他的作品中看到了双重属性。建筑历史学家以斯帖·麦考伊（Esther McCoy）于1960年写道："他对结构是有诚实的态度的，这一点很少有人能够理解，这是由于，在对装饰性的兴趣方面，他有着明显的心理挣扎。他并不满足于遵循'结构本身就是理想形式'这个现代理念。"威廉姆斯·乔迪（Williams Jordy）认为梅贝克的建筑可以被分隔成他父亲木雕商店的手工艺传统和他在巴黎高等美术学院（Ecole des Beaux-Arts）接受教育的学院传统。根据乔迪的说法，后者因工程性而具有特质："身着历史的戎装，并与其流露出的现代主义之喜悦相得益彰。"

然而，第三个解释是梅贝克娴熟于"包裹并具象征性"或"暴露并具平实性"这两者中的任意一种结构性表达的形式，这让人有意联想到森佩尔的想法是否在这个层面上对梅贝克（Maybeck）的作品产生了影响。


# 奥古斯特·佩雷（Auguste Perret）

建筑框架发展背后的历史真相是并没有那么多"墙对应框架"，而更多的是"框架被叠加于墙上"的历史，这些框架有些是真实的，有些是象征性的，还有一些是模棱两可的。在这一点上，古典主义甚至比哥特式更为确凿。这是奥古斯特·佩雷的评价，他写道：


> 罗马人是怎样为斗兽场那巨量的砌体赋予建筑形式呢？他们嵌入了柱子来围绕着它，而那柱子没有支撑……为什么这些柱子和壁柱在意大利文艺复兴的建筑立面上也有呢？这是对框架的另一种礼赞……我们无论是否谈论到远古时期或所谓的古典时期，没有一个建筑不是对结构框架的效仿。[21]


尽管他一分为二地看待框架与墙，但对于成熟的佩雷来说，那些模棱两可的结构叙述、那些局部裸露的框架，或者除了如巴黎公共工程博物馆（Musée des Travaux publics，1939）所展示出来的构造表达之外的任何非平实的骨架类型等都已经无法引起他的兴趣了（图6、图7）。


> 如果构造没有被调整到适合于裸露，那么这个建筑师的工作就是不称职的。
>
> 谁隐藏了无论室内或室外的柱子或者承重部分，就是剥夺自己建筑中最高贵、最

图 6

巴黎公共工程博物馆，
奥古斯特·佩雷，1939

合法的元素和最精美的装饰特质。

建筑歌颂支撑之创造的艺术。

如果说谁隐藏一个柱子、支柱或任何承重部分只是犯错的话，那建造一个假柱子的人就是在犯罪。[22]

虽然佩雷的内心是一个古典主义者，但他也是杜克的忠实读者，并且他对于框架的观点，受到了后者对罗马式和哥特式建筑之分析的影响。佩雷随后将这个影响传给了他的一个员工——勒·柯布西耶。

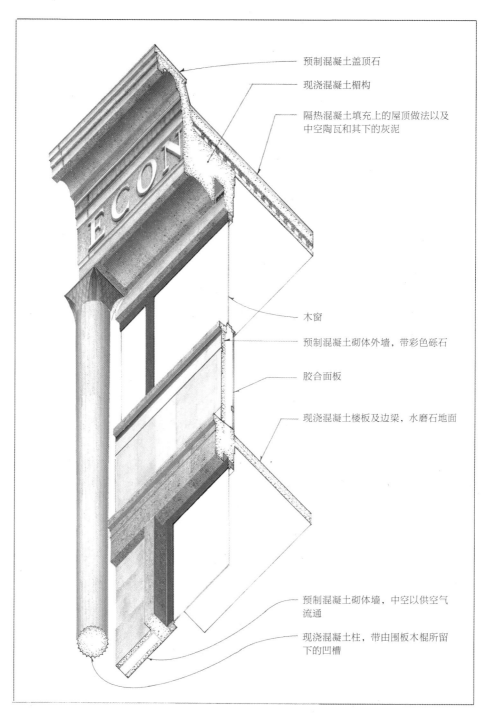

图 7

墙剖透视，巴黎公共工程博物馆，奥古斯特·佩雷，
奥古斯特·佩雷，法国巴黎，1939

预制混凝土盖顶石

现浇混凝土楣构

隔热混凝土填充上的屋顶做法以及
中空陶瓦和其下的灰泥

木窗

预制混凝土砌体外墙，带彩色砾石

胶合面板

现浇混凝土楼板及边梁，水磨石地面

预制混凝土砌体墙，中空以供空气
流通

现浇混凝土柱，带由围板木棍所留
下的凹槽

作为构造表达的细部

# 路德维希·密斯·凡·德·罗（Ludwig Mies van der Rohe）与勒·柯布西耶

密斯首次看见贝尔拉格的阿姆斯特丹证券交易所是在 1912 年，后来他写道："贝尔拉格……不接受任何假的事物，他还曾说过不明晰的构造就不应该建造……我由此遇见了明确建造的想法，它成了我会接受的基本原则之一。"[23] 他虽声明了这样的信仰，但在密斯的作品中却鲜有例如贝尔拉格交易所那样有暴露结构的类型。十六年之后，密斯出任 1927 年斯图加特魏森霍夫住宅博览会（Weissenhofsiedlung Exhibitionin in Stuttgart）的总规划师，也是其中最大一个建筑的建筑师。鉴于密斯对结构暴露的赞赏，你或许会期望在他的建筑上看到这些，但事实上建筑中几乎没有暴露的结构；钢柱、钢梁和钢檩条都被藏在楼板和墙体中。诚然，结构表达的可能性可被功用——一座公寓建筑——所限制，但密斯次年的巴塞罗那博览会德国馆（the Garman Pavilion at the Barcelona Exhibition, 1929）则没有这样功用上的限制。结构表达仍然是有限的八根金属包着的柱子。公寓的钢框架通过开窗来暗示；巴塞罗那馆的表达则是抽象并简化的。只有在两座建筑中隐藏钢梁和檩条的平天花在叙述它们之所覆盖时是不准确的。这些结构是抽象和隐喻的，并不是复杂和暴露的。

密斯的立场在那个时代并不唯一，反而很典型。柯布西耶在魏森霍夫的两座建筑中有不暴露的钢梁和超过一半的柱子被藏在了墙中（图 8、图 9、图

图 8

魏森霍夫住宅博览会，勒·柯布西耶，
德国斯图加特，1927

10）。和密斯一样，他使用了开洞和开窗去暗示框架，而不是显露它。这并不出奇，因为他在四年前的文章中写道："展现建筑对于急于证明自己能力的工艺美术学生都是很好的。上帝清晰地展现了我们的手腕和脚踝，但远远不止这些……在展示构造之外，建筑还有另一层含义和其他目的要追求。"[24]

对这种态度的渴望同样来源于技术上的必要性。原生结构从来就不是国际风格现代主义的一个原则；其典型的结构是包裹、抽象、简化。有时过于简化。可以说，魏森霍夫的那种以柱网支撑平屋顶的构造已经成为一种"现代柱式"，无论它在多大程度上过于简化。正如密斯的案例那样，这种构造以前曾经且现在正被使用在几乎不能对应结构真实性的情况下。

然而，贝尔拉格及佩雷的态度同勒·柯布西耶及密斯的态度之间的对比是惊人的。密斯尽管钦佩贝尔拉格交易所的那种单纯骨架的构造，但他在去美国之前却从未尝试复制这种类型的建筑。尽管他是佩雷的学徒并与杜克相互钦佩，勒·柯布西耶在他职业生涯的早期就选择了与两者都对立的批判态度。

密斯在美国的建筑中出现了更多对结构的展示，但它们面临着跟贝尔拉格同样的问题——主要是防火。密斯的解决方案在概念上更接近于瓦格纳——采用代表性的框架。在那个时期，那些看起来裸露钢结构的建筑，实际上常常用外层钢框架来覆盖真实的结构。只有一些小体量单层建筑的框架是裸露的，如克朗楼和范斯沃斯住宅（Farnsworth House，1951）。出于防火方面的原因，密斯大多数在伊利诺理工大学（IIT）和在湖滨路860-880号建筑的钢框架是被混凝土包裹住的。它们外表皮的钢架网络把窗框、承重砖及仅作为装饰作用的框架等结合在一起，以描述被隐藏在其内的构造。但这些描述的方式通常是不完全准确的。伊利诺理工大学（IIT）校友纪念馆（Alumni Memorial Hall）那间距为24英尺的"8英寸 x 8英寸"的工字钢柱子被混凝土所包裹，与它们交接的是间距为12英尺的"5英寸 x 8英寸"的工字钢（图11）。

密斯的论点，或他的辩解，是饰面描述了被隐藏的结构。在现实中，森佩尔对于饰面之历史性的论点是出于可操作性，也伴随着时间推移，饰面和其所覆盖的结构之间开始产生了极大的分歧。在此后的建筑中，暗示宽缘钢的铝制品并不能说明它们所包裹的混凝土楼板和柱子，对公寓建筑来说更是如此；它

作为构造表达的细部

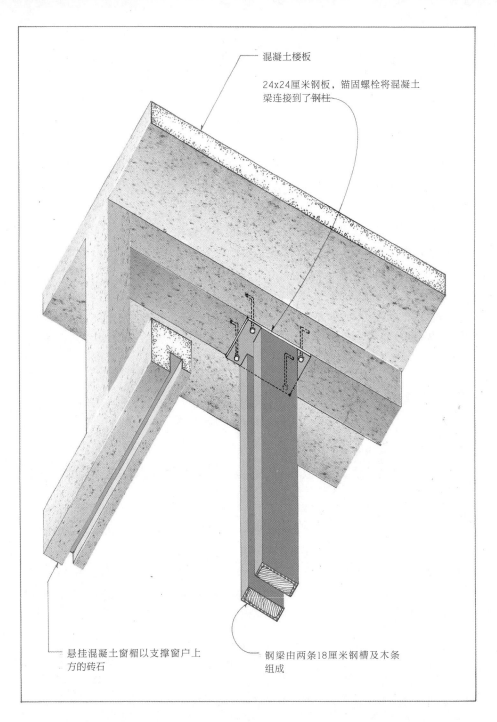

混凝土楼板

24x24厘米钢板，锚固螺栓将混凝土梁连接到了钢柱

悬挂混凝土窗楣以支撑窗户上方的砖石

钢梁由两条18厘米钢槽及木条组成

图 9

展示构造的墙剖透视，魏森霍夫住宅博览会，勒·柯布西耶，
德国斯图加特，1927

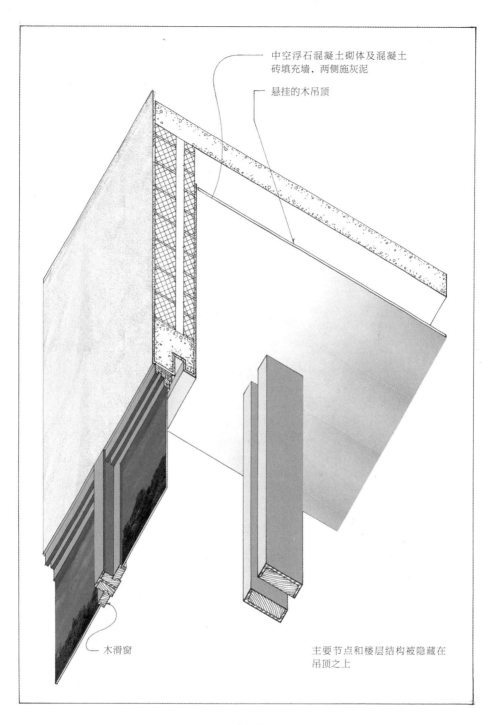

中空浮石混凝土砌体及混凝土
砖填充墙，两侧施灰泥

悬挂的木吊顶

木滑窗

主要节点和楼层结构被隐藏在
吊顶之上

图 10

仅展示构造及面层的墙剖透视，展示构造的墙剖透视，魏森霍夫住宅博览会，勒·柯布西耶，
德国斯图加特，1927

作为构造表达的细部

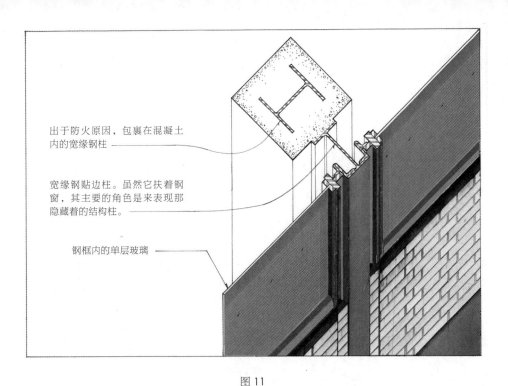

出于防火原因，包裹在混凝土内的宽缘钢柱

宽缘钢贴边柱。虽然它扶着钢窗，其主要的角色是来表现那隐藏着的结构柱。

钢框内的单层玻璃

图 11

墙体细部，校友纪念堂，伊利诺理工，密斯，
芝加哥伊利诺，1946

们描述了例如湖滨路建筑等早期建筑的钢结构。正如构成多立克柱式的那仿木构的装饰一样，它们的合法性如出一辙。密斯随后的发展类似贝尔拉格，从拥护结构暴露发展到接纳分层构造。然而奇怪的是，当构造平实性这个问题似乎已经告一段落之时，它却又报复性地回归了。

# 路易斯·康和史密森夫妇

很少有建筑比东安格利亚(East Anglia)的亨斯坦顿学校(Hunstanton

School, 1954）更多地受到密斯那伊利诺理工建筑的影响。它由艾莉森·史密森（Alison Smithson）和彼得·史密森（史密森夫妇）设计，然而在历史上，它并不是一个结束，而是一个开端。亨斯坦顿比经典的密斯建筑包含了更多暴露的结构，这主要是因为建筑法规允许框架的裸露。而这个建筑也依然有着与伊利诺理工建筑相同的饰面框架交接方式。

史密森夫妇以一种非密斯式的方式延续了对饰面框架之可能性的探索。在他们设计的伦敦经济学人大厦（Economist Building in London, 1964）中，预制柱和现浇楼板的结构框架被红色的波特兰石材竖框和拱肩板所覆盖（图12）。为了使饰面表示出被它隐藏的结构内力，同时声明它不具备结构作用的特性，石质竖框随建筑的升高而逐渐减小其进深，这与柱子上荷载的减小相一致，然而，它们自身并没有承受荷载。这个意图被明确地表达了出来：在首层骑楼处，竖框止于略高于铺地的位置，而混凝土立柱的内侧则是暴露的。彼得·史密森称之为"承重构造加面层构造的建筑，与罗马剧场结构框架外部的柱子和檐部的应用相比，这种做法多少是有些相同的。"

一个不算牵强的观点是，史密斯夫妇自认为，他们进行的转化过程类似于多立克柱式的创建，他们将金属的建筑转化为石头建筑，其方式正如多立克柱式中木构到石构的转化。在经济学家大厦落成那年，彼得·史密森写道，多立克柱式的特质是"对曾经真实的构造的隐喻"，并认为，我们可以接受从"构造"到"柱式"的变异，但是我们不能接受从"构造"到"装饰"的变异。[26]

史密森夫妇理论的批判家们却并不信服。在整体上，经济学人大厦赢得了好评，但它的"柱式"则不然。石材饰面的柱子被斥是"矫揉造作"、"纸糊的波特兰石"，甚至是"胸垫"。在很多人的眼里，顶多也不过是用石材复制密斯式钢结构立面的做法——看起来不妥，然而关键的终极问题还是结构材料（混凝土）和饰面材料（石材）特性之间的不和谐。[27]

史密森夫妇既不因结构和饰面的不和谐而纠结，也不因受到的批判而苦恼；在这个系列的后续建筑中，饰面和框架间的差异性加剧了。在1967年圣希尔达学院的花园大厦（Garden Building for St. Hilda's College, 1967）中，饰面采用的是相异于结构基础的另一种材料（木材附加于混凝土上）；它具有与

图 12

经济学人大厦，艾利森·史密森和彼德·史密森，
英国伦敦，1964

主体结构不同的构造系统（框架附加于墙体上），或是采用另一个时代的技术（英格兰都铎王朝）。显然，饰面的语汇和结构的语汇已经分道扬镳。然而，这种饰面并不比密斯在底特律拉斐特公园（Lafayette Park, 1956）用过的更具欺骗性。

　　在经济学人大厦落成的次年，路易斯·康同安妮·廷（Anne Tyng）一起完成了布林莫尔学院的厄尔德曼宿舍（Erdman Hall Dormitories at Bryn Mawr College, 1965）（图15）。正如很多康的建筑一样，它那三个餐厅及公共活动厅是混凝土结构的，而围绕着每个厅的宿舍本身的第二套结构则采用承重砌体墙和混凝土楼板。业主拒绝使用裸露的混凝土作为外立面，所以内立面的混凝土结构是裸露的，而室外的砌块结构包裹着板岩和铸石。相比他后来的建筑，这个完全采用饰面的作品相当独特。

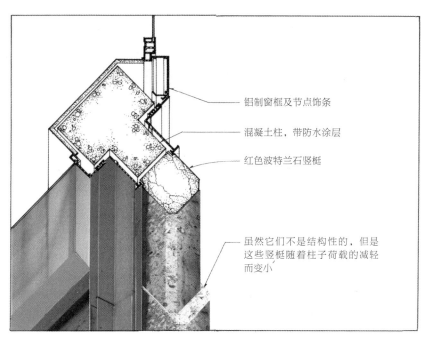

铝制窗框及节点饰条

混凝土柱，带防水涂层

红色波特兰石竖梃

虽然它们不是结构性的，但是
这些竖梃随着柱子荷载的减轻
而变小

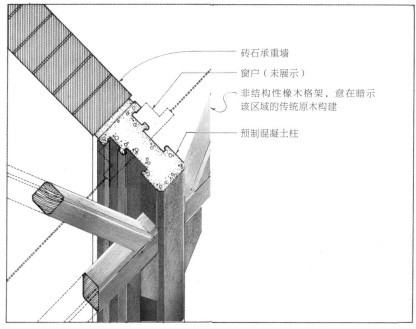

砖石承重墙

窗户（未展示）

非结构性橡木格架，意在暗示
该区域的传统原木构建

预制混凝土柱

图 13

**顶图**

墙体细部，经济学人大厦，艾利森·史密森和彼德·史密森，
英国伦敦，1964

**底图**

墙体细部，花园大厦，圣西尔达学院，彼德·史密森，
英国牛津，1967

作为构造表达的细部

图 14

花园大厦，圣西尔达学院，彼德·史密森，
英国牛津，1967

图 15

厄尔德曼宿舍楼，布林莫尔学院，路易斯·康，
安娜·廷，宾夕法尼亚州布林莫尔，1965

　　这至少是出乎意料的。没有哪个现代主义建筑师比康更致力于裸露结构和砌体及采用不分层的构造。康在 1973 年道："设计习惯导致结构隐蔽性在这种隐含的规制中是没有地位的……建筑的结构感和空间的营造感将会缺失。"他曾说过，石材贴面缺乏"合理性"，但如果说布林莫尔的墙的确是结构性的表达，那么这种表达则一定是通过包层来实现的。[28]

　　这就部分地解释了外立面的怪异。铸石既被用来标志结构的位置，也用来把石头固定在支撑砌块上。竖直方向上的宽铸石盖标记了被他们覆盖的承重墙的厚度；水平方向的铸石条形窄带则标记了其背后的楼板之厚度。标记着窗台的窄带比标记楼板的宽几英寸，这是由于窗台支撑着更大数量的石材。石板是装饰性饰的面板，但铸石不是装饰，因为它建构于支撑砌块的过程中，并成为一个互锁、集成的系统，正如塞利奥所描述的那样。此后，康再也没有重复尝试这种曾被布林莫尔所采用的理念——对结构有描述性的面层。但他对石材饰面的使用则并没有停止。

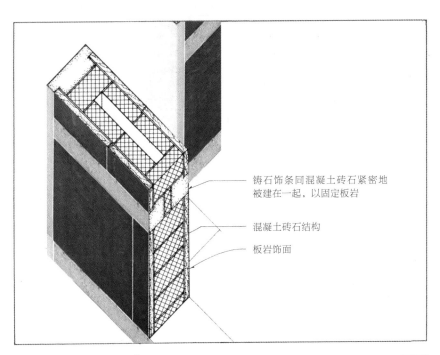

铸石饰条同混凝土砖石紧密地
被建在一起，以固定板岩

混凝土砖石结构

板岩饰面

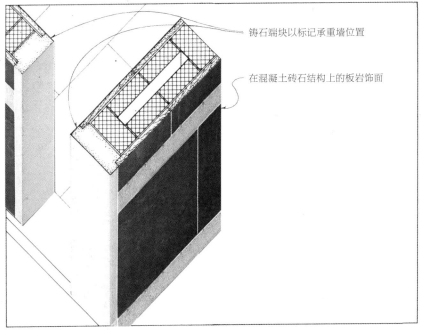

铸石端块以标记承重墙位置

在混凝土砖石结构上的板岩饰面

图 16

石材细部，厄尔德曼宿舍，布林莫尔学院，
路易斯·康，1965

作为构造表达的细部

157

尽管萨克生物研究学院（Salk Institute, 1966）的混凝土墙最终是没有饰面，但康本计划在会议大厦（Meeting House，未建）中以红色砂岩作为饰面。他想避免把有饰面的墙体伪装成一个整体，而细部被设计成平实地展示墙体之分层。肯贝尔艺术博物馆（Kimbell Art Museum, 1972）则部分实现了该系统。它的混凝土柱子和拱顶是裸露的；而它们之间宽跨的非承重砌块墙则用了石灰岩的饰面。

尽管事实上密斯、史密森夫妇和康都使用了构造上象征性的包层，但历史却给他们下了不同的评价。康时代的批评家们评判道，康建造出了建筑之真实性，除了平实的装饰之外，他摒弃了所有别的装饰；密斯时代的评价是，密斯建造的那有隐喻性面层的建筑是在合适范围内的；而在史密森夫妇时代，史密森夫妇建造的有隐喻性面层的建筑却冒犯了他们。但是在这个如此严苛的评价面前，密斯和史密森夫妇之间的差异显得太细微了。即使是康也无法逃避对分层构造的使用或对不必要的，至少是具欺骗性的历史母题的使用。

但更能决定现代主义包层之未来的，将更多的是环境必要性，而不是审美偏好。如果非要给野兽派时代定个结束日期的话，那定在1973年或许是最好不过的了，因为那年开始了为期十年之久的第一次石油危机——其结果是推动了节能发展。如果裸露的建筑在防火需求方面有问题的话，那它们在保温需求方面的问题更大。如伊利诺理工大学建筑中的墙，它们虽然被包裹了，但却无法满足环境性能的当代标准，这不是因为隔热处理的缺乏，而是由于许多存在于室内外之间的热桥。

# 威廉姆斯和钱以佳、帕特考建筑事务所（Patkaus）、哈迪德，以及安藤

现代主义最近的四十年继承了美学与构造现实性之间的冲突。美学上，人们偏爱于实体性、无分层、裸露的单一材料的构造，而在这种构造中，每个组

件均能承担多个职责。而现实即使不是迫切要求，也是强烈鼓励与之相反的分层的构造、有面层的结构和多种各有专门职责的材料。于是留给现代建筑师的只有三个选择：第一，建立一个反映分层的新美学；第二，建造一个看起来是整体的分层建筑；或第三，如果可能的话，完全使用整体、不分层的老办法。

我们生活在一个讲究"文脉"的时代，即便技术也是有文脉的，而对于2002年到2003年的几个建筑的建筑师们来说，其文脉正是康的作品。托德·威廉姆斯（Tod Williams）和钱以佳（Billie Tsien）的拉荷拉神经学研究所（Neuroscience Institute in La Jolla，1995）距离康的萨克生物研究所不到一英里。这是上述第一类的案例，此建筑试图构建分层构造的叙事手法。错开的外层石灰石和不锈钢如同被剥离了一般，于是露出了内层的混凝土，并因此阐明墙体的分层特性（图18）。这种做法很令人钦佩，但它却并不是文字的构造。金属和石材板面并不直接与混凝土接触，它们是用金属龙骨悬挂的。此外，铝装饰条紧贴构造层的边缘，并且，我们只能看到构成墙体的多层构造中的三种。或许，神经学研究所的外立面是叙事性的建构；但就描述被隐藏的是什么而言，它远比很多同时代的其他作品更为准确。它还是对真实构造的说明，而不是对历史的追溯。这并不是因为建筑师漠视历史，建筑师原本的意图是要配合萨克生物研究学院的混凝土，但这被证明是不可行的，并且混凝土是喷砂的。威廉

图17

神经学研究所，威廉姆斯和钱从佳，
加利福尼亚州拉由拉，1995

图18

细部，神经学研究所，威廉姆斯和钱从佳，
加利福尼亚州拉由拉，1995

作为构造表达的细部

图 19

加拿大黏土及玻璃艺术博物馆，帕特考建筑师事务所，
沃特卢，安大略省，1992

姆斯："我们没有预算，我们没有实物模型，并且我们没有时间。"[29]

导致分层构造更可取的另一个因素是工艺这个难题。工艺的现代理念是，只有建筑室外的完成面需要被精确施工，而内部的构造则允许被较不精确地组装。现代墙体被划分成专门的，构造独立的不同层，并分别由不同专业的、独立的分包商来实现。这是长久以来一直存在的一系列问题之一，然而近年来，这个问题加剧了。

我们尝试着用整体式混凝来完成所有的任务，并且以相同的精度使用同一种材料。理论上，这看起来似乎很简单，但实践中，它往往困难重重。诸如绝缘混凝土等的出现也许可以改变这点，但二十世纪八十年代引进的改良防火涂料在促进钢结构裸露方面确毫无作为。有很多人已经努力试图顺应这种建造现象。帕特考建筑师事务所那位于安大略省沃特卢（Waterloo）的加拿大黏土及玻璃艺术博物馆（Canadian Clay and Glass Gallery，1992）暴露了层状砖边缘和混凝土砌块墙，这是对这种现象的有意揭示。然而它当然更大程度上是对构造装配的叙述，而不是简单地揭示现实的构造（图 19、图 20）。

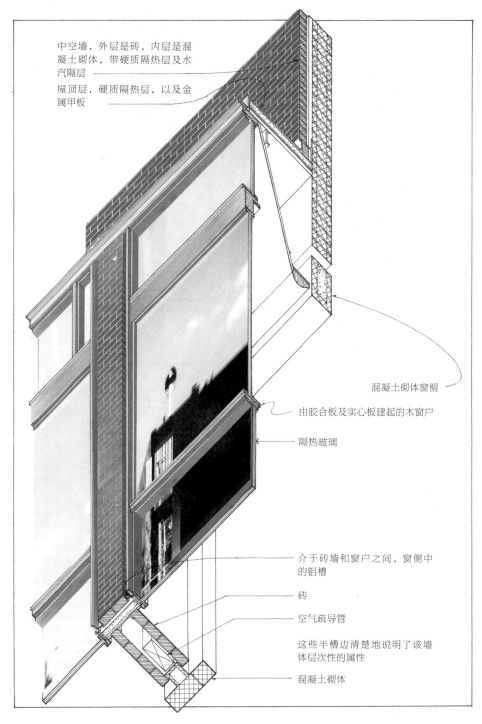

中空墙，外层是砖，内层是混凝土砌体，带硬质隔热层及水汽隔层

屋顶层，硬质隔热层，以及金属甲板

混凝土砌体窗楣

由胶合板及实心板建起的木窗户

隔热玻璃

介于砖墙和窗户之间，窗侧中的铝槽

砖

空气疏导管

这些半槽边清楚地说明了该墙体层次性的属性

混凝土砌体

图 20

墙剖透视，加拿大黏土及玻璃艺术博物馆，帕特考建筑师事务所，
沃特卢，安大略省，1992

作为构造表达的细部

图21

辛辛那提罗森塔尔当代艺术中心，扎哈·哈迪德，
俄亥俄州辛辛那提，2003

第二种方法是将分层的建筑伪装为一个整体，哈迪德的"混凝土"建筑——
辛辛那提罗森塔尔当代艺术中心（Rosenthal Contemporary Arts Center in
Cincinnati, 2003）是很好的例证。哈迪德也是个几乎不用细部的建筑师：

> 我不明白为什么欧洲意识钟情于细部设计这个超固执的观念。然而，从另一个角
> 度来说，如果你想要做一个真正优秀的现代建筑，那么作品必须有很好的细节……我
> 意识到，我不得不发明一种新的制图和绘画语言，重塑某些细部设计的方法，使它看
> 起来就像没有细部一样。[30]

这个态度可以解释当代艺术中心的某些方面的问题。从外表上看来，它是
勒·柯布西耶式"粗制混凝土"（Béton brut）或者素混凝土的尝试。而实际上，

它是由混凝土预制板包裹的钢框架建筑，而暴露在外的钢柱也是包裹在混凝土中的。构造装配在本质上并不是骗人的，但是在这里，却以一种欺骗性的方式被使用。

问题更大的是构造中"暴露的"部分。在首层大厅，透过金属织物顶棚，我们似乎看到了未被掩盖的建筑内在构造方式。我们看到电管道和风道，但没有任何钢梁的痕迹。其含义是，饰面层被剥离，以揭示建筑的真实构造。但哈迪德对元素的展示，是有选择性的。剥离面层之后，我们看到了建筑中所发生的一部分。但没有一处能暗示存在更大的结构这一现实——它是个钢梁，包裹钢架的是制造于场地外的混凝土预制板。

粗看起来，它的细节像是野兽派的，中等尺度上的细部都被尽量消除或最小化了，尤其是窗框，但它们中的大部分都是以一种肤浅的方式进行的。主幕墙的龙骨被隐藏在相邻的混凝土墙槽口中。水平方向上突出的长玻璃盒子看起来像是一个透明且连续的棱镜；然而现实是，竖框被隐藏在玻璃的后面，这样做真正消除的只是外部的盖板。与典型的有厚窗框的商店前窗相比，它并不更透明。它的细部既没有技术优势，也非真正直观。从外面看，它好像是透明的，但从里头看则不然。

这样的实践出现在很多当代建筑中。抑制真实构造的同时却应用了冗余的构造特性，最终实现"现代"的形象。它这种特有的方式比罗伯特·斯特恩（Robert A. M. Stern）那新殖民主义作品更具历史性。这并不是无细部设计，而是有选择性的细部设计。它意图将建筑作为整体的构造样本，并且，它的细部形式具有高度合理性，但也是极具欺骗性的。充其量，这也不过等同于现代的多立克柱式。这是后装饰时期模仿自身的现代主义。这种对传统技术母题形式的模仿，除了历史关联性之外，没有任何有用的意图。

另一个处在康的"阴影"下的建筑是安藤忠雄的沃斯堡现代艺术博物馆（Modern Art Museum of Fort Worth, 2002），它是第三种应对康的构造遗产的方式，试图完全按照康的方式来建造（图22）。它那混凝土表面上遍布着矩形的刻痕及网格式排布的小圆孔——这些元素使它和街对面康的肯贝尔美术馆遥相呼应。在康的建筑中，剥离了模板之后，混凝土表面原封不动，未及处理（理

图22

现代艺术博物馆，安藤忠雄，
德克萨斯州沃斯堡，2002

论上安藤的建设也应如此）。在肯贝尔中，矩形的是胶合板模板的印记，而圆
孔是固定模板的连接件所留下的印记。在安藤的建筑中，每隔一行的连接件圆
孔是装饰性的，而且许多表面在模板去除之后又被处理过，以给人留下的印象
是，拆除模板后，墙面是完美的。与此同时，许多真正的节点被压抑了。支撑
屋顶的"Y"型混凝土本应是现场浇筑的，但因为在直立的模板中混凝土振捣
有难度，故"Y"型腿的上半截是预制的，并且预制腿和现浇柱子之间的节点
被隐藏了的（图23）。因此，假的节点被添加到墙上以呼应历史先例，但真正
框架的节点则被隐藏了——因为它们与预设的形象相矛盾。

当然，当代建筑师的第四个选项是接受包裹的必要性，因此如果要表达
结构的话，我们只能通过包层的描述性特性来表达。这并不是个新理论。在
1920年到1970年间，森佩尔充其量也不过是个现代主义历史中的一个次要角

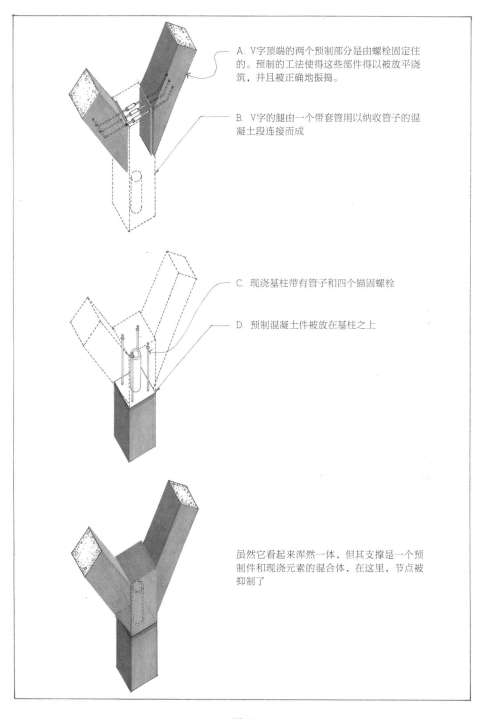

A. V字顶端的两个预制部分是由螺栓固定住的。预制的工法使得这些部件得以被放平浇筑，并且被正确地振捣。

B. V字的腿由一个带套管用以纳收管子的混凝土段连接而成

C. 现浇基柱带有管子和四个锚固螺栓

D. 预制混凝土件被放在基柱之上

虽然它看起来浑然一体，但其支撑是一个预制件和现浇元素的混合体，在这里，节点被抑制了

图 23

模子节点构造顺序，现代艺术博物馆，安藤忠雄，
德克萨斯州沃斯堡，2002

作为构造表达的细部

色，但过去的二十年来，他却受到了相当的重视。对这种重拾的兴趣恰好同步于逐渐增加的把建筑比作"衣服与身体"的兴趣。赫尔佐格和德梅隆（Herzog and de Meuron）在明尼阿波利斯（Minneapolis）的沃克艺术中心（Walker Art Center, 2005）扩建项目中的钢框架，是森佩尔式从"原意"到"织物之隐喻"的快速进化（图24）。建筑师在调研了各种不同类型的金属后，提出了外表面平实地采用半透明的织物。但实物模型表明，它像个巨型的光源吸引着昆虫。因此设计被改为穿孔金属板，并附着重复肌理（图25）。建筑师论断，它类似揉皱的纸；但织物的模拟无处不在。建筑师提出用透明硬纱围绕大会堂。而建筑中遍布被建筑师们称为"佩斯利（paisley）"（原为织有涡旋状花纹的柔软毛织品）的肌理，它们主要被应用在从外部流线到室内房间的过渡处。根据《建筑记录》（*Architecture Record*），这种肌理的绘制源于女式内衣裤。

正如大部分当代的现代主义者一样，赫尔佐格和得梅隆深知他们在现代历史上所处的位置。在描述他们的东京普拉达店（Tokyo Prada Store, 2003）立

图24

沃克艺术中心扩建，赫尔佐格和德梅隆，
朋尼苏达州朋尼阿波利斯，2005

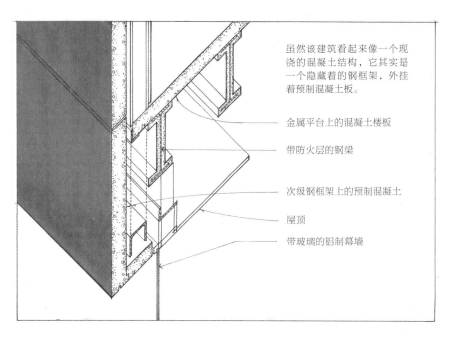

虽然该建筑看起来像一个现浇的混凝土结构，它其实是一个隐藏着的钢框架，外挂着预制混凝土板。

金属平台上的混凝土楼板

带防火层的钢梁

次级钢框架上的预制混凝土

屋顶

带玻璃的铝制幕墙

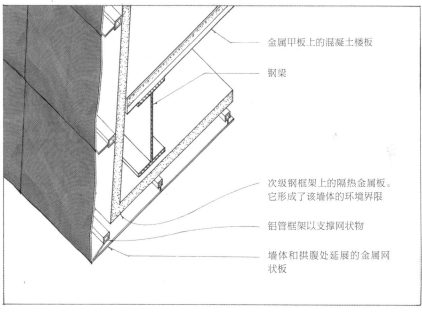

金属甲板上的混凝土楼板

钢梁

次级钢框架上的隔热金属板。它形成了该墙体的环境界限

铝管框架以支撑网状物

墙体和拱腹处延展的金属网状板

图 25

**顶图**
墙细部，辛辛那提当代艺术中心，扎哈·哈迪德，
俄亥俄州辛辛那提，2003

**底图**
墙细部，沃克艺术中心扩建，赫尔佐格和德梅隆，
朋尼苏达州朋尼阿波利斯，2005

面时，他们是这么评论密斯风格的遗产的：

> 钢材的侧轮廓在室外是不可见的，这是因为它们被隐藏在了玻璃后面；玻璃面有各种平面、凹面及凸面。通过薄薄的黑色硅胶嵌缝，玻璃如同凝胶层一样覆盖着钢结构。菱形的钢结构可保持两边同时可见，又不暴露钢结构本身的材质。在有着密斯传统的国际主义风格建筑中，为保有古典主义式的激情，钢材被用来包裹钢构的轮廓。但在我们东京的项目中，这个方法是荒谬的，因为建筑的目标是基于人是不间断地变化着观看角度来感知建筑的；它追求的是削弱世上任何的一成不变或最终的印象。[32]

# 现代主义的神话和现代主义的规制

安藤和哈迪德的清水混凝土建筑中的那矛盾性特质在大量现代主义建筑中都太典型了。在描述现代性时，史密森的模型相当精确——构造体系发展成为了装饰体系。在现代主义中，体系的规制广泛存在，这种约束或是无意识的；与帕拉第奥对所规定的那种精确的比例相比，这些体系同样地严苛。这其中最常见的就是柯布式平板。

勒·柯布西耶对于新建筑的五个要点均毫无例外地与多米诺（Maison Domino, 1915）体系框架之形式息息相关。在这个体系中，六个圆柱撑起了两个平板，它没有横梁，也没有横向的支撑件。多米诺基于的是"lost-tile"系统（"Lost-tile system"，在柯布的Lost-tile楼板的系统中，空心砌块间隔排列，而混凝土则被填充在这些间隔中，译者注），在这个系统的形式中，空心的黏土砌块被引入，并留在了混凝土里，于是为外观赋予了平板的形象。但实际上，它所创造的是个肋板。

以多米诺为例的由柱网支撑平整、无间断的这种楼板的结构和空间形象，在勒·柯布西耶、密斯、安藤和许多其他人的现代主义作品中都很典型。在大多数情况下，它并非通过真正的混凝土平板，而是通过使用天花板来隐藏了梁而实现的。但它把柱子暴露了出来。采用这种构造方法的原因是它创造了自由平面的空间连续感。随着这种形象的流行，它迅速脱离了最初的构造。然而，它却有异常顽强的生命力，它出现在沃尔特·格罗皮乌斯、拉斐尔·索利安诺（Rafael Soriano）、理查德·迈耶、迈克尔·格雷夫斯（Michael Graves）等人的建筑中。这些建筑用圆钢柱和藏在石膏天花板内的木格栅来复刻多米诺的形象。这种方法制造了一些问题，它们在库哈斯为巴黎的法国国家图书馆（1989）竞赛投标作品中显现了出来。在那个建筑中，由大小不等的柱子组成的柱网所支撑的平板楼面薄得难以置信。

库哈斯毫不关心概念性构造和现实构造之间的鸿沟，他继承的柯布式平板之现代形式——连续的，厚度相等的平面——是最常规不过的了。这种形式在他的乌特勒支大学的教学礼堂（Educatorium at the University of Utrecht, 1997）建筑中最为显著。这是个包括了礼堂、餐厅和教室的建筑（图26）。概念上，组成这个建筑的是一条厚度均匀的连续的混凝土板，它构成了餐厅的天花板和上层礼堂的地板、后墙及屋顶。从外观上，我们或许可以假定：这个教学礼堂是个实体；它的构造是单一的；它是个在混凝土和玻璃的构造上没有装饰的精简构筑物；只有弯曲的胶合板及胶合板裸露的边缘是附加的面层。但事实并非如此。无须惊讶的是，薄薄的、连续的混凝土板形成的地板和屋面既不能胜任所有的构造要求，也并不是特别坦诚。它太薄了以至于无法支撑礼堂上方的大跨度，同时礼堂末端的小弧度曲线被证实是无法浇筑的。天花板下伸出的钢桁架把第一个问题解决得很巧妙。而第二个问题的解决，则是相当笨拙地用水泥砂浆抹灰成曲面而模仿混凝土（图27）。在室内抹灰的框架裸露之处显得尤为明显，然而在室外却完全看不出来。在建筑透明的那一面上，这个曲面清晰可见，但它并不是真暴露，因为其边缘被洞石饰面所覆盖。

教学礼堂是这个"规制"的下一步发展中的一个主要事件：将平楼板变形成连续的平面，并整合了墙体、地板、地面及建筑。很少有"规制"能如同连续混凝土板一样瞬间功成名就，并瞬间泛滥地出现在哈迪德、MVRDV以及Diller+Scofido的作品中，并沦为俗套。不间断的混凝土板只是我们创出的

图 26

教学礼堂，乌特勒支大学，雷姆·库哈斯，
荷兰乌特勒支，1997

现代建筑规制中的一个例子。这样的过程是无法避免的，因为处在主宰地位的
是构造形象而不是构造现实，而构造形象随时间不断进化着。而结果用史密森
的话说，就是构造样式先是变成象征性的，然后变成装饰性的了；而在本例中，
这个转变来得相当快。

　　二十世纪八十年代以后，"现代主义的语汇有着构造上的根源"这个想法
即使没被摒弃，也被断定为无关紧要的了。现代建筑被认为是有关于现代的愿
景、现代的困局，而不是关于现代构造或现代技术。然而问题是，我们并没有
摒弃形成于现代主义构造哲学的形式或构造要素。勒·柯布西耶的五点犹存，
我们偶尔还能见到桁架，甚至是明确表达构造的细部。现代构造的语汇还在，
但其哲学却已然消逝了。

# 结论

　　如果尼古拉斯·佩夫斯纳生活在遥远的将来，他可能会把我们这个时代描

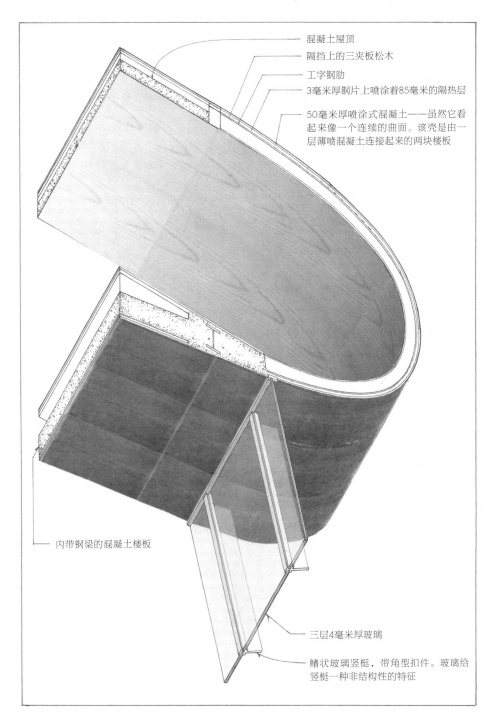

混凝土屋顶

隔挡上的三夹板松木

工字钢肋

3毫米厚钢片上喷涂着85毫米的隔热层

50毫米厚喷涂式混凝土——虽然它看起来像一个连续的曲面。该壳是由一层薄喷混凝土连接起来的两块楼板

内带钢梁的混凝土楼板

三层4毫米厚玻璃

鳍状玻璃竖梃，带角型扣件。玻璃给竖梃一种非结构性的特征

图 27

墙剖透视，教学礼堂，乌特勒支大学，雷姆·库哈斯，
荷兰乌特勒支，1997

作为构造表达的细部

述为现代主义的后装饰阶段，我们模仿着早期现代建筑的构造形象，我们隐藏了实际的构造方法，却并不关心我们最终采用的构造是否妥当。作为现代建筑师，我们发现建筑的工厂化制造不仅没有指日可待，而且还遥遥无期；我们发现，混凝土和钢构提供的新形式并不是功能上的需求；我们发现，现实情况下，预制的标准化构件仍需要大量的定制工艺才能用于建造。同时，我们断定，时代精神不一定与技术息息相关，即便真相关，与其相关的也可能是技术的消极方面。于是，我们欣然摒弃现代构造之现实。但是，现代建筑师无论如何也不会让现代构造的形象远去。由于缺乏任何明确的替代方案，建筑师们太过依恋地保留着现代主义所创造的东西，并为它找个理由。因此留下的无非是一个定义模糊，且瞬息万变的"时代精神"。

我们很难说当代的现代主义并没有自己的一套起源于构造系统的"柱式"或形象，但目前，这与它们的构造起源相去甚远，并且更应归功于现代主义的历史而不是构造实际。常常出现的构造性表达并没有构造上的逻辑性，它是取自早期现代主义的符号。除了被一直使用之外，我们凭什么说它们是"规制"，而不仅仅是装饰呢？回头想想，令人担忧的是，这类似于多立克或爱奥尼柱式在当代的应用。

然而，目前的情况——构造语汇只不过是装饰——在很大程度要归因于对构造兴趣和想象力的匮乏；某种程度上，似乎"规制"的概念是必要的。构造的叙事性也是必要的，也有必要在阐明一些构造信息的同时抑制其他的构造信息。隐藏框架及辅助性构造的原因很多，且难以争辩其必要性。但以构造清晰化及由简单而带来经济性的缘由暴露它们却往往并不那么令人信服。无论如何，那种暴露的，没有东西被隐瞒的，且所有东西都被解释了的建筑，在古代或今天，都不曾出现过。那些看起来完全平实的构造均无法避免地只是部分暴露的构造。虽然这里讨论的很多建筑师提倡平实、不分层、无面层的建筑风格，但最后，经过理论修正或面对现实的需求，他们都建了有表层和分层的建筑。他们辩解道，包层的作用是为了描述被隐藏的构造，但他们难以逃脱历史。没有人可以完全摒弃旧构造的象征性，其中有很多在构造上是不必要的。

史密森的观点是，从平实的构造到规制再到装饰系统，这是个自然的过程。

而尽管规制在其构造表达上是象征性的，但它有着装饰所没有的构造合法性。近年来，以史密森为立场的历史基础受到了艺术史学家们的质疑。芭芭拉·巴勒塔（Barbara Barletta）质疑了多立克柱式在木构上的渊源，马克·威尔逊·琼斯（Mark Wilson Jones）认为诸如（多立克柱式上的）三槽板——传统上代表了梁的末端——等元素，本就是装饰，与构造无关。许多关于哥特理性主义的历史分析也很有争议。虽然史密森的论证或许不是历史事实的全部，但在现代主义中，我们看到了无穷无尽的从平实构造到装饰系统的转化。更确切的问题是，在平实和装饰之间有没有一个中间状态，即规制？它是合理的构造表现吗？并且，在设计中，传统、历史、语汇的角色如果不是现实的实际构造的话，又是什么呢？

很多人认为这没有结果，在当代建筑中构造表达并不是必须的，因此隐藏结构的做法并没有问题。2005年，安托尼·皮肯（Antoine Picon）在莱斯大学的一场演讲中列举了数字时代带来的种种变化，他指出："构造的理性主义可能已死。"[34] 我们不知道这是否正确，即使这是真的，我们也不知道这是不是数字革命的结果。当然，结构框架在很多现当代主义建筑中在概念上是缺失的或只是后加上的。无论如何，无论现当代主义的意图如何，当代的观看者仍更倾向于以构造的方式看待建筑。森佩尔认为，构造信息干扰了对建筑的理解。他的这个看法与大量的传统和现代的建筑相矛盾。构造作为一个概念，即使它不受大多数现代理论家的欢迎，但它的分量犹存，在建筑旁观者眼中，构造正是超越了肤浅关联与象征的，理解建筑的出发点。

如果你相信建筑是构筑的艺术，那你就一定要向我们讲述建筑是怎么被建造出来的。而如果这种讲述只能通过部分暴露或象征性的构造来完成的话，那应如何设计这个建筑呢？如果建筑是构筑的艺术，那部分暴露的构造将比分层的构造更可取；描述构造的包层又比表述历史的包层更可取；而表述构造历史的包层又比表述其他任何东西之历史的包层更可取。因此我们可以说，这里讨论到的建筑如果它参照了被它覆盖的构造，那么它就是成功的，如果它参照了历史上的构造，那么它就是不成功的。然而，在这一点上史密森或许是对的，即规制的不正当性不是由于其在覆面准确性上缺乏一套严格的导则，而更多的是，规制的形成无法避免地导致合理性的丧失。建筑逃离其先例——无论是在规制上、风格上，还是传统上——均是超凡的成就。但我们应当注意，没有哪个建筑师能够完全做到这一点，而且他们都承认，保留历史的参照或许是产生如此超凡成就之可能性的必要前提。

*Epigraph.* Jones , *Zago Architecture and Office dA*, 35; Smithson, "A Parallel of the Orders," 561–62.

1    Thomas Carlyle, *Sartor Resartus* (New York: Dutton, [1838] 1965), 43, 42.
2    Ibid., 165.
3    John Ruskin, *The Stones of Venice* (New York: Hill and Wang, 1960), 151.
4    George Gilbert Scott, "On the Rationale of Gothic Architecture," *The Builder* (March 3, 1860), 131.
5    George Street, *Notes of a Tour of Northern Italy* (New York: Hippocrene, [1855] 1982), 458.
6    Kristine Garrigan, *Ruskin on Architecture* (Madison: Wisconsin, 1973), 77.
7    Werner Oechslin, *Otto Wagner, Adolf Loos, and the Road to Modern Architecture*, trans. Lynnette Widder (New York: Cambridge University Press, 2002), 189, 191.
8    Gottfried Semper, *The Four Elements of Architecture* (New York: Cambridge University Press, 1989), 127.
9    Gottfried Semper, *Style in the Technical and Tectonic Arts, or, Practical Aesthetics*, trans. Harry Francis Mallgrave and Michael Robinson (Los Angeles: Getty Publications, 2004), 439.
10   Otto Wagner, *Modern Architecture* (Los Angeles: Getty Trust Publications, [1902] 1988), 92.
11   Ibid., 93.
12   Sebastiano Serlio, *Sebastiano Serlio on Architecture* (New Haven: Yale University Press, 1996), 372.
13   Ian Whyte, ed., *Hendrik Petrus Berlage: Thoughts on Style 1886–1909* (Los Angeles: Getty Trust Publications, 1996), 136.
14   Ibid., 171.
15   Ibid., 176.
16   Don Gifford, ed., *The Literature of Architecture* (New York: E. Dutton, 1966), 608.
17   Donald Hoffmann, *The Meaning of Architecture: Buildings and Writings by John Wellborn Root* (New York: Horizon, 1967), 138.
18   In A Testament, Wright says he read *Sartor Resartus* at 14; in his *Autobiography*, he says that he read it while attending the University of Wisconsin.
19   Charles Keeler, "Bernard Maybeck: A Gothic Man in the Twentieth Century," http://www.oregoncoast.net/maybeckgothicman.html.

20   Esther McCoy, *Five California Architects* (New York: Reinhold Publishing Corporation, 1960), 11; William Jordy, *American Building and Their Architects: Progressive and Academic Ideals at the Turn of the Twentieth Century* (Garden City, NY: Oxford University Press, 1972), 280.

21   Karla Britton, *Auguste Perret* (London: Phaidon Press, 2001), 245.

22   Ibid., 243.

23   Peter Carter, "Mies van der Rohe: An Appreciation" *Architectural Design* 31 (March 1961), 97.

24   Le Corbusier, *Vers une architecture* (London: Francis Lincoln, [1928] 2007), 102.

25   Alison and Peter Smithson, "The Economist," *Architectural Design* 35 (February 1965), 78.

26   Smithson, "A Parallel of the Orders," 561,

27   Peter Blake, "The Establishment strides again," *Architectural Forum* 122 (May 1965), 18.

28   Wurman, *What Will Be Has Always Been*, 125, 44.

29   Todd Williams and Billie Tsien, "The Neurosciences Institute," *GA document* 50 (April, 1997), 48.

30   Robin Middleton, ed., *Architectural Associations: The Idea of the City*, 81–82.

31   Sarah Amelar, "Herzog & de Meuron: Walker Art Center" *Architectural Record* (July 2005), 93.

32   Celant, *Prada Aoyama Tokyo*, 160.

33   Barbara Barletta, *The Origins of the Greek Architectural Orders* (New York: Cambridge University Press, 2001); Mark Wilson Jones, "Tripods, Triglyphs, and the Origin of the Doric Frieze," American Journal of Archaeology 106 (2002) 353–90, http://www.ajaonline.org/pdfs/106.3/AJA1063.pdf#jones.

34   Antoine Picon, Lecture at Rice University, December 2, 2005.

第五章

定义 4

# 作为节点的细部

　　建筑师必须寻找理性的构造以及边缘和节点的形式……在一个物件的相关点中，细部展现了设计的基本设想所要求的：归属亦或分离，紧张亦或轻松，以及摩擦，实体和脆弱性。

　　——彼得·卒姆托

　　除了其功能性的部分，任何细部的目的都是为了揭示材质的属性和所运用的技术……这不是说我们拒绝审美观或者不为美所感动，审美创造了一种脱俗的感觉，梦幻的宫殿并非出自人类之手，而任何人类的进程或者聚合都无法保留这梦幻宫殿的效果。只不过，我们发现我们所采用的技术种类看起来要求有这种非常具象的沟通。

　　——比尔·霍威尔（Bill Howell）

　　好的节点……应该被当做是一种投资，一种看不见的准则。

　　——中岛乔治（George Nakashima）

　　装饰始于节点。

　　——路易斯·康

马可·弗拉斯卡里曾写道："任何有可能观察到被形容为细部的建筑元素都是种节点。在柱头的情形中，细部可以是'材质上的节点'……或者在门廊的情形中，它们可以是'形式上的节点'。"[1] 这么说是否正确，或者，如果这么说正确，如果这个定义正确，那么像这样的一个定义有多大的作用，都取决于其他问题——一些或大或小的问题。首先：

# 什么是节点，或者应该问，什么是部件?

伊瑞克提翁神殿的东门廊（公元前 406 年）由一个基座、六根柱子和一个楣构组成；这些部件由两种方式连接。组成柱柄的四节石柱被完美地连接在一起，没有装饰的修边，在原建筑上，这些节点可能都不会被发现；这些是不可见的节点。而相反的，柱子到楣构或者柱子到基座的节点却被放大来装饰了，顶部有螺旋饰，底部有座盘饰和凹圆线。这些元素有着同样的雕塑性和建筑性，而其中有一些，还是一种内力的表现。这种节点类型可以被称为是被活化的，而不可见的和被活化的节点结合的结果是，实际部件的数目和可见部件的数目存在差异。

任何一般大小的建筑肯定得被分割成一定数目的部件，从而被理解成一个整体，即使如果这些部件并不总被明确地定义，而这些被感受到的部件的数目将总是小于实际部件的数目，有的时候甚至是小于指数形式的。这个原则在大多数情况下独立于技术上的复杂程度，而表达性节点的作用就是创造这些被感知的部件。在现代建筑中，这只不过是在数量上有所变化。可见部件的数量是实际数量的极小一部分，而表达性节点的数量也是总节点数量的极小一部分。在一定程度上，这就是一个百分比的简单问题。一次一块砖来理解一栋建筑是不可能的。但是这最终是一个意识形态上的，而不是感知上的问题。也可以争辩说，其实还有第三种节点，就好比是雕带和上楣之间的区域。部件被理解为部件，但是针对它们的连接，并没有特别强调；并不存在饰条。这些节点彼此邻近。但仅仅是感知并不能解释第二种节点（表达性的）和第三种节点（邻近的节点）之间的区别。这就引发了第二个问题：为什么部件的表达是必要的？或者：

# 一个部件与另一个部件之间应该是一种什么样的关系才合适？

当康说装饰始于节点，他想的正是爱奥尼柱式的螺旋饰，"一个柱头需要向外支撑其螺旋饰以邀请跨度。它得向外伸展，接收它，而接收的它得比柱子大……这是材料结合的真正庆典。"[2]

"装饰是结构的表达"这个概念早在康之前就存在。艺术史教授阿利娜·佩恩（Alina Payne）曾指出，对于文艺复兴的关键成员，古典装饰有着结构性的源头和暗示，如果说不是结构性的功能的话。对帕拉第奥而言，"柱子基部……直白地表达了被放置其上的重量压垮的个体"而其古典柱式中被雕刻的个体，通常是那些被"压垮"的。对文森佐·斯卡莫齐（Vincenzo Scamozzi）而言，柱子基部的座盘饰和凹圆线以及顶部的柱头是由它们所承受之重量造成的结构变形（图1）。[3]

波地谢尔在其1844年的文中试图条例化这样的想法，即古典希腊装饰可以被理解成是结构作用力的雕塑性解读：

除了结构部件的特殊功能，装饰性的特征也应该表达该部件与每一个可触摸结构性部件，彼此之间相关的有机关系在概念上的整合——结合点，因此，在更大程度上，与总体的整合，就好像它是发展自一个单一的有机形态……如果，不论另一个部件多么邻近，结论会由表达结束概念以及邻近部件（与其本质相符的）施加其上的静力概念的符号来定性……邻近结构性部件的本质从而决定了结合点的符号。[4]

作为节点的细部

图1

爱奥尼柱式柱头及基部，唐宁学院，
威廉·威尔金斯，
英国剑桥，始于1800

当代考古学会不认同这些装饰性元素的结构性起源理论，但是帕拉第奥、斯卡莫齐，以及波地谢尔都是这么理解的，并且考古学的不认同也不会妨碍我们这么理解这些理论。因此，连接的问题就不再仅仅是关于一个节点是隐藏亦或是彰显，而同时也关于它是否是邻近亦或是活化。这就引出了第三个问题，为什么彰显或者活化是必要的？或者说：

# 局部与整体是怎样的关系？

艺术评论家海因里希·沃尔夫林（Heinrich Wölfflin）在二十多年的时间里用两本书，《文艺复兴与巴洛克》（*Renaissance and Baroque*, 1888）以及《艺术史原理》（*Principles of Art History*, 1915），记录了"局部与整体的关系"。他写道，早期文艺复兴或者古典艺术，"通过使局部成为自由的元素而达到其统一"，而"巴洛克艺术为了一个更统一的全面主题，废除了局部的统一独立性。"[5] 沃尔夫林说得很清楚，他不认为这是一个积极的发展：

> 当时巴洛克所带来的新东西不仅仅是统一，而是一个绝对统一的概念，其间作为一个独立价值的局部在整体中被吞噬了。漂亮的元素不再继续保有独立性地被糅合到一个统一体中，相反的，局部向统治的全面主题屈服，而只有与整体合营才能被赋予意义和美。[6]

中世纪建筑史学家保罗·弗兰克尔（Paul Frankl）是几位认识到同样的局部与整体问题的史家之一。在其1914的文中，他就一个局部的建筑与一个全面的建筑做了同样的区分，但是对其结果有不同的观点。每一个模式都是一种世界观的表达：一个局部的建筑是一种社会比喻，是"自由"的表达，而一个全面的建筑是"束缚"的表达。他所谓的后中世纪第一阶段建筑（1420–1550），即早期文艺复兴，由比如建筑师菲利波·布鲁内列斯基（Filippo Brunelleschi）的作品作为典型，其特征是一个局部的建筑，其房屋是力的发生器和中点，它表达了一个"个性自由"以及"有限性世界"的世界观。在这个第一阶段中，局部和谐的重要性由柱式为典型，弗兰克尔将柱式称为"一个由能被轻易分开的成员组成的有机体。"他写道：

> 第一阶段所有构造形式的一个共同特征是它们都看似能够承受所在的力……它们不被动地抵抗一个强大的外力、而相反，成功地、不可被摧毁地屹立着……这一阶段的

构造形式,被视为整体,并且部分被视为是力的发生器(即使是到了最后的轮廓线中)……每一个局部,就像整体一样,保留其个体的完美,其特有的完整性。[7]

第二阶段(1550-1700),整体建筑的阶段,其特征是建筑成为了表达"个性限制"世界观的力的发射者和引导者。更多的近代史学家对比有着类似的看法。考古学家汉斯·彼得·洛朗厄将罗马帝国末期穹顶建筑的巨大统一,比如戴克里先(Diocletian)公共浴室,看做是帝国权威秩序的表现,而希腊或是早期罗马柱式,则因为它们显著的和谐局部共存,被视为民主的宣言。艺术史及考古学教授诺里斯·K·史密斯(Norris K.Smith)认为希腊神庙的每根柱子是一个社会的一种比喻,是社会成员并肩站立,而对建筑史学家约翰·奥尼恩斯(Johm Onians),它们具有更具体、更激进的意义,表现的是一个方阵(一种希腊军事阵形,由一个常规的士兵网格组成)中的成员。[8] 所有人都视局部的建筑安排为一种社会和政治秩序的类似物,这不是一个只限于古典主义的思考模式。

对于局部的建筑的理解也不仅限于政治。对于艺术史学家埃尔温·帕诺夫斯基(Erwin Panofaky),哥特式的教堂是一个秩序系统的比喻,但它是指一个智力上的秩序,而不是精神或政治上的。教堂是中世纪学者论述的"显著的和演绎的说服力"的建成品宣言:

> 个体的元素,在组成一个不可分割的整体的同时,却必须通过明确与彼此保持分离来宣告各自的属性——墙上的杆柄或是立墩的核心,相邻的肋拱,所有自拱弧发出的竖直部分;它们之间必定存在着一种明确的相关性。我们必须能够分辨哪个元素属于哪个。

> 一个深受这些中世纪学者习气熏陶的人会以一个宣言的观点来看待建筑表现的模式,就像他看待文献表达的模式一样。他会理所当然地认为组成教堂的诸多元素的主要目的是保障稳定,就像他会理所当然地认为组成(中世纪学者所作的)综合性论文的诸多元素的主要目的是确保正确性。[9]

显然，罗马帝国和巴洛克时期的建筑有其拥护者，也很明显地，这不是因为他们觉得这类房屋压抑，限制或是恐吓。庞然大物通常不被认为是它们的特征，而有机体才是特征，有的时候被认为是具有不能被轻易区分的局部。这引出了第四个问题，一个集合的局部应该具有多大程度的自主性？或者：

建筑是机械装置还是有机体？它更像表还是树木？

为了寻求争辩一个今天被称为智能设计的观点，神学家威廉·佩利（William Paley）在1802年提出了一个假设性的问题：一个人走在野外的时候找到了一块石头，并且提出了关于石头是怎么落到此处的假设。如果他找到的是一块手表，他又会做出什么样的假设呢？

当我们开始检查这块手表的时候，我们观察到……它的一些局部是被囊括的，并且为了一个目的而组装到一起，比如，它们是如此被组装并调整的，从而能够产生运动，而这个运动是如此被规定的，从而指出了一天中的小时；如果不同部件的形状被不同的塑造了，或是大小变化了，或是以任何其他的形式或秩序被组装了，那么机器中要么产生不了运动，或者产生不了它目前的功用……这个我们认为是必然的推论就是，这块手表肯定是由某人生产出来的。[10]

就像对很多十八世纪的人一样，自然对于佩利就像是表。对于这个观点的一位持异议者是哲学家伊曼努尔·康德，他认为表是一种有缺陷的有机模型。他把自然的物体描述成一个"有组织的存在"，而表则是"一个单纯的机器。"在佩利的书出版前十二年，康德写道：

在手表中，一个部件是推动其他部件的工具，但是该旋转并不是产生其他东西的有效成因；毫无疑问，一个部件的存在是为了其他部件，但是它不因它们的方法而存在。在这个例子中，部件的生产成因不因它们的形式而存在。因此一个手表的齿轮不产生其他的齿轮，而一块手表也不为了这个目的通过利用（组织）外来材料而产生其他的手表；因此它也不能替代自身被剥夺的部件，也不能通过缺失的部件弥补在首次组合中的缺失，也不能在失控的时候自我修补——而这一切的相反面，我们都可能在有组织的自然中有所期待。

有组织属性的更好的例子是树：

> 第一，根据已知自然法则，一棵树能够产生另一棵树……第二，一棵树以个体的形式生成自我。毫无疑问，我们将此类作用称为生长；但是这和根据机械法则得来的任何增加是非常不同……第三，一棵树的每一部分以如此的方式自我生成，从而养护任何一个局部相互地依赖于其余部分。在这种自然的产品中，每一个局部不仅因为其他部件的方法而存在，也被认为是为了其他部件和该整体而存在，这就像是一个（有机的）机械……但是其部件是相互生成彼此的器官。[11]

这个建筑的结论就很明显了。对于康德和其他许多人来说，"自然之美可以被正确地形容为是一种艺术的相似物"，而康德，正如艺术和建筑史学家卡罗琳·范·艾克（Caroline van Eck）所展示的那样[12]，是建筑中有机思潮一派的奠基人之一。康德在其对于自然的描述中，肯定比佩利更接近真理。至于将康德对有机体的描述应用到一栋建筑中是否正确，则未必尽然。因为建筑必须有部件，而大多数同手表一样，是不能自我再生成或相互地修改彼此的。当代建筑，如果不是在概念程度上，那至少是在构造程度上，非常接近于一块手表。然而问题依然有待解决。现代建筑的自然属性是什么——像一块手表一样的机械装置还是像一棵树一样的有机体？

# 现代有机体

贝尔拉格在海牙的市政博物馆（Municipal Museum in The Hague, 1935），像很多砖块、混凝土房屋一样，没有什么重要的节点，而房子的极简装饰也和这些节点无关。贝尔拉格认为，混凝土在技术上使一个没有节点的现代主义成为了可能，如果说节点是装饰的开始的话，那么对于贝尔拉格，装饰的结束就是节点的结束的产品。他在1905年的一次讲座中说道：

> 现在对于什么成为了可能？那就是无缝地构筑表面，无节点地构筑墙体，而这些如果是石墙，即使是在抹了灰泥以后，也达不到的……钢筋混凝土难道不正完全吻合我们这个时代的建筑构造发展么？它难道不正满足了这种创造无节点，无缝表面的明显欲望么？[13]

但是如果说贝尔拉格的技术相对新，那么他的理由则要旧一些。现代建筑是一个有机体，非常类似于人体：

> 就像是在人体中，外在形态是骨架的间接反映——我说间接，是因为肉体的表皮在本质上跟随着骨架的核心，但是在某些部位会脱离并形成更密致的区域——因此混凝土外皮可以以同样的方式回应结构，并且在某些部位可以因美学的考虑展示同样的脱离。[14]

弗兰克·劳埃德·赖特对此表示同意。混凝土使无节点的建筑成为可能，

图 2

会议室，钻石工人的工会大楼，
H.P.贝尔拉格，
荷兰阿姆斯特丹，1900

其结果不再是一个压抑的庞然大物，而是一个有机体。他在 1931 年的文中，反思了他早期作品的发展和他的大师路易斯·沙利文关于可塑性的概念：

> 为什么没有一个可塑性元素的更大应用被考虑为房屋自身的连贯性……为什么不彻底抛弃柱和梁的暗示？不要梁，不要柱，不要檐口，不要任何固定装置，不要任何壁柱，也不要什么楣构。合二为一。让墙体，天花板和地面成为彼此的一部分，融入彼此，完全从中得到连贯性或者完全使之连贯。[15]

赖特和贝尔拉格都高度清楚他们正在进入机器时代的一个新阶段；但是这个新阶段没有把现代建筑变成一个机械装置，而是变成了一个有机的整体。然而，如果赖特和贝尔拉格没有彻底丧失对他们自己的信条，那么至少有理由相信他们觉得要被迫推翻这些信条。

在他的那次讲座五年以前，贝尔拉格设计了阿姆斯特丹的钻石工人工会大楼，就节点而言，这是现代主义具有最精确和最完整的细部设计的建筑之一。

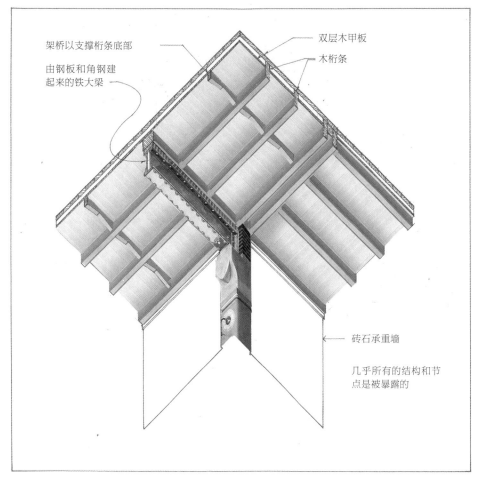

架桥以支撑桁条底部

双层木甲板

由钢板和角钢建
起来的铁大梁

木桁条

砖石承重墙

几乎所有的结构和节
点是被暴露的

图 3

墙体剖面，钻石工人的工会大楼，
H.P.贝尔拉格，
荷兰阿姆斯特丹，1900

　　在一层会议室天花板，每一个结构部件都被暴露着，每一个接合点都被精确地描述了——从木制面板到木制椽，从木制椽到钢梁，从钢梁到石制柱头，从石制柱头到砖墩（图2、图3）。面板的每一个木条都被磨成了斜边；每一个节点和钢梁的每一个螺栓都是暴露的。即使是桥接也在这个复杂的组装中找

作为节点的细部

图 4

阿姆斯特丹证券交易所，
H.P.贝尔拉格，
荷兰阿姆斯特丹，1903

图 5

桁架至墙体节点，阿姆斯特丹证券交易所，
H.P.贝尔拉格，
荷兰阿姆斯特丹，1903

到了位置。在贝尔拉格的那次讲座一年以前，他在阿姆斯特丹证券交易所中设计了现代主义里最机械化、最活化，以及最不连贯的节点之一（图 4）。钢拱和砖墩的节点在结构上是连贯的，因为它完整了拱弧的悬链线，但是它又是不连贯的，因为桁架的末端坐落于一个铰接之上，允许着这个连接旋转（图 5）。这是一个不和谐的节点例子，它在概念上与其包容者不一致，但是仍然又属于那儿。这是一个静态建筑中的运动节点，一个有机体中的机械装置。它不仅不连贯，还被一种在巨大静态砖体中运动的彰显所活化了。这是建筑互相矛盾的方面的一种解决方案，庞大的，稳定的砖体被一种轻质有弹力的铁框覆盖着。这种节点不是该建筑的典型节点；而如果我们将此节点定义为该房屋整体概念的凝结，这恰恰相反，是一种连接在一起的另外一种秩序的典范。

同样的，赖特在应用无节点有机体这个想法时也没有前后一致，他从来没有建造过一个明确的机械装置，但是常常颠覆有机体的连贯性。联合教堂（完工于贝尔拉格那次讲座三年之后）这个混凝土庞然大物中最惹人注目的细部是一个节点，是那高挑狭长，将台阶塔楼从建筑体中分离出来的窗户。这是有机体内的一个间歇，但是建筑因它的存在而显得更加结实了。

在联合教堂完工八年之后，赖特设计了位于密尔沃基的弗雷德里克·布科（Frederick Bogk）住宅（1916），其表现是精确彰显的局部之一，虽然它的实际构造并非如此（图6）。它在结构上属于其更连贯的作品之一；在表面上，它也属于其比较彰显的作品之一。砖墙被分割成薄且笔直的杆柄，期间有填充板材，但是事实上，所有都是同一面墙的结构部分。它是一个砖石庞然大物，但是其一系列的凹槽及凸起细部却又在描绘一个类似框架或填充式建筑（图7）。在一定程度上，赖特是在应对他自己思想上的内在矛盾。有机建筑是关于连贯性的，但它也是关于代表整体的局部的，而要让这个发生，就必须得有部件。

# 工艺美术节点

如果说，在理论上，新建筑是关于节点的缺失，那么，无论怎么看，旧建筑都是关于它们的存在，早在1906年就有很多这样充沛的证据。在贝尔拉格宣告节点之死四年后，格林兄弟事务所完成了在帕萨迪纳的甘柏（Gamble）住宅（1909）。如果不正是一块手表，或甚至是机械装置，它肯定是一个半自主部件的组装。很多的连接看起来并非连接着。每一块木头个体保留其可识别的

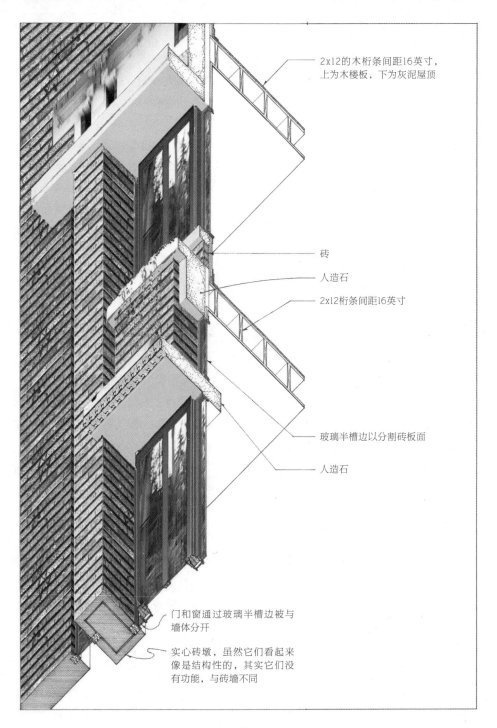

2x12的木桁条间距16英寸，
上为木楼板，下为灰泥屋顶

砖

人造石

2x12桁条间距16英寸

玻璃半槽边以分割砖板面

人造石

门和窗通过玻璃半槽边被与
墙体分开

实心砖墩，虽然它们看起来
像是结构性的，其实它们没
有功能，与砖墙不同

图 6

墙体剖面，布科住宅，弗兰克·劳埃德·赖特，
威斯康辛州密尔沃基，1916

建筑细部

图7

布科住宅，弗兰克·劳埃德·赖特，
威斯康辛州密尔沃基，1916

独立形式。梁和柱是互锁的，延伸的，煞尾的，并且看起来像是被暴露的木钉钉牢，这样每一个部件都保有了它们的个体特征。部件是被搭接的，通过槽口衔接，而不是斜接，从而可以有一个视觉上的部件间的不连贯，即使这在结构上是连贯的（图8、图9）。即使是屋顶瓦板也被以不规则空隙所间隔，其末端也被不规则地裁剪，从而它们并不形成常见的列状排布规则。

　　可能有人会以弗兰克尔或者沃尔夫林的方式，把甘柏住宅中的松散部件组装解读成一个社会或思想体系的比喻，但是在其节点中有更为直接的社会信息。其中的一个目的就是故意不精确，从而避免格林的同时代人M·H·贝利·斯考特（M. H. Baillie Scott）所谓的"单调的，铸铁般规整的现代作品理想"的效果。[16] 但是主要的原则是对于组装的自我意识。对于工艺美术运动的信徒，这种节点的充沛是约翰·拉斯金和威廉·莫里斯（William Morris）的教导的宣言。可见的节点是唤醒一个人设计节点时的自我意识的必要手段。虽然事实上，很多的连接点都是装饰性的；虽然事实上，大多数隐藏的框架都是非常标准的木

图 8

门廊，甘柏住宅，格林兄弟事务所，
加利福尼亚帕萨迪纳，1909

图 9

节点，甘柏住宅，格林兄弟事务所，
加利福尼亚帕萨迪纳，1909

构造；以及虽然事实上，格林兄弟对于工艺美术运动的忠诚是可被质疑的，这种意识形态是这类节点和由此而解读出来的信息的起源。

虽然有各种古体的关联，甘柏住宅中的更多成了后来现代主义的特征。引用以上给出的描述，节点是被活化的，不是通过凹圆线和螺旋饰，而是通过扣件——连接件、挂钉、榫头，以及销钉——并且每个被活化的节点都有一个机制来描述其联结的方式，并由此展示其内力。虽然并不连贯，部件却通过彰显的扣件以解决。特别地，连接件有一种暗示强大阻力的功能，正如它们在古典主义中那样。

说传统建筑是关于节点的存在，而现代建筑是关于它们的缺失，这样会过于简单。因为也存在关于节点的现代主义和无节点的庞然大物般的传统主义。这些节点的类型——机械装置和有机体——超越了建筑风格和技术的变化，并且如同任何风格一样，它们随着时间而起伏盛衰。同样地，说古典主义的中装饰性，且在结构上具有描述性的节点不存在于现代主义中，也会过于简单。它们其实也有很多，只是并未以最熟知的形式存在罢了。

因此，等到了国际风时代来临之际，建筑的建造和局部与整体的关系被以多种方式看待：作为现实或比喻的有机体，作为一个社会组织的平行体，作为思想的一种方式，作为精神关系的一种示意，或者是作为建造的一种解释。一栋现代建筑到底是一块手表还是一棵树，是一个机械装置还是一个有机体，仍然有待观察。

# 国际风节点

福特汽车公司创建早期的主席查尔斯·索伦森（Charles Sorenson）是否阅读过佩利或者康很值得怀疑，但是他对局部与整体的关系有着清晰的认识。他写道，批量生产的特征是"机械制造可互换的部件，以及这些部件被有序地输送到次组装，然后再到最终组装。"[17]

因为对于机器，尤其是汽车和飞机的热爱，有人也许推测国际风会视一栋房屋为机械装置，其实并非如此。国际风的绝大多数建筑是关于消灭节点的，而如果这被证明行不通，那么至少要隐藏它们。因为这个缘故，国际风的大多数细部是关于压制的，而不是彰显。勒·柯布西耶的萨伏伊别墅（Villa Savoye, 1929）中鲜有真正的节点。更恰当的，它们或许应该被称为会合点——一个形式的终止，另一个的开始。它看起来像——部分上也是——一个混凝土的庞然大物。标志工艺美术运动或新艺术建筑师作品的那种明确节点在现代主义的国际风中消失了。对于国际风建筑师，现代建筑是一个有机体。

在二十世纪二十年代这个机器的时代，一个建筑和一台机器一点儿都不相像，这真是一件怪事。它也许会同有升降机设备的谷仓或者丘纳德（Cunard）豪华游轮相似，它也许会在几何形态上同诸如布加迪引擎般的复杂机器相似，这些都在《通向建筑》（Vers une architecture）一书中被描绘，但是在表或树的二分法中，这些大多都属于树。可以争辩地说，在《通向建筑》中也有属于表的物件，但是很多都是无节点的庞然大物，特别是混凝土制造的有升降机设备的谷仓。上述建筑中的大多数是得益于在 1900 年左右被引入的连贯滑模系统而被建成的，其模板在混凝土被浇筑的同时连贯上移，虽然慢，但是留下一个在理论上是没有节点的面。飞机和海轮将它们框架的大部分，进而其节点，隐藏在薄表皮内。但是对于彰显式节点的缺失，这里也有其他的原因和模式。身为一个手表盒装饰匠的儿子，勒·柯布西耶并不视机器为手表，而是有机体，如果说不完全是一个树的话。他在《今日装饰艺术》中是这样描述现代机器的：

（现代机器）像生命体一样被组织，像一个强大或者精细的具有神奇能力的物种从不犯错，因为其工作是绝对的……因此，机器的奇迹在于创造了和谐的器官……宽泛地说，每一个在运作的机器都是现时的真理。这是一个切实可行的实体，一个清晰的有机体。[18]

也许有人会猜测一栋柯布西耶式的钢结构建筑会和一栋由混凝土建筑有着本质上不同的特征，因为无数必要的节点会不可避免地改变它们的表现模式。但是当彰显的钢铁元素开始出现在他二十世纪二十年代末期的作品中——建于 1932 年日内瓦的克拉特大楼（Immeuble Clarté）的双钢柱，或者设计于 1928 年但是未建成的卢舍尔住宅（Maisons Loucheur），关键的节点（从柱到梁或到顶板）被隐藏于天花板和拱底之上。虽然事实上，其柱子是钢制，勒·柯布西耶在魏森霍夫（Weissenhofseidlung, 1927）的两栋住宅大部分被误认为是完全由混凝土建成的房屋。柱子的两道钢渠，虽是分开的，却形成了一个方形的剖面，而从梁到柱的连接则被天花板遮盖住了。无论在哪种情况下，大多数的柱子只是简单被包含在墙内用钢筋加固的墩子。其结果是，它看起来和他的混凝土作品没有什么区别，只是轻一点，薄一点罢了。

勒·柯布西耶并不比贝尔拉格或者赖特更能抵抗在思想和实践中的不连贯性，但是他更为缓慢但又不情愿地在他的无缝有机体中引入活化的节点。最终，它们以一种戏剧性的方式出现了，但是在两个未建成的竞赛作品中：为国联的提案（1927）和苏维埃宫的竞赛作品（1931）。他将这些元素称为"生物性"，并说他想避免传统长跨度房屋比如圣彼得教堂或者法国国家议会大楼的"静态"天性。[19]

# 躯干的政治

那些在五世纪希腊或者十五世纪意大利建筑节点中用政治、社会和哲学比喻的人在现代建筑和一些令人惊讶的地方也能看到同样的比喻。赖特明显地认为其在威斯康辛州拉辛市约翰逊行政大楼（S. C. Johnson, Administration Building in Racine, Wisconsin, 1939）中的树状柱子是树（图10）。但是根据诺里斯·K·史密斯，它们是一个多柱厅，"躯干政治的主要象征。"[20] 对于史密斯而言，柱阵非常写实地表现了一个社会和其成员。为了使之在视觉上形成，房屋的结构成员以及它们连接的方式必须有一种自主性。与庞然大物的砖构表皮不同，约翰逊大楼的柱子看起来几乎是独立站立的（图11）。连接的梁被天窗所隐藏，使柱子最小化地连接着其他表面。柱柄向地面收缩，而在基部的钢棍脚具使这个精细的连接显得更加突出。铰接的基部节点是必须的，因为树实际上是一个硬质的框架，但是在这个没有窗户的砖石和玻璃管体块的剩余物中，很少（如果不是没有）因此形成的节点可以被称为是彰显的。赖特在一些部位增加了一个钢制的裙裾基部，为电话和电源连接提供空间。柱基的效果和对于柱子的如此解读依赖于节点的奇点。没有了庞然大物般的砖石表皮，对于房屋的解读——不论是作为树还是人——都将失去使之发生的文脉。

在典型国际风建筑中，赖特和勒·柯布西耶的独到节点传递的信息对于对建筑的理解比对节点的理解（无论存在与否）更关键，也正是因为这个原因——

图10

室内，约翰逊行政大楼，弗兰克·劳埃德·赖特，
威斯康辛州拉辛市，1939

图11

门廊柱基，约翰逊行政大楼，弗兰克·劳埃德·赖特，
威斯康辛州拉辛市，1939

作为节点的细部

它们的奇点——创建了另一种截然相反的结构内存在的节点秩序范例。这不是说约翰逊大楼比萨伏伊别墅更高超，只是前者的节点对于该房屋的这种贡献是后者节点所没有的，它增加了一层额外的含义，使之有可能与完全性（totality）区分开来。

阿诺·雅各布森（Arne Jacobsen）在丹麦的奥尔胡斯市政厅（1941）实际上是一个钢结构，但是因为钢材被混凝土做了防火处理，而混凝土的边角又被打磨圆滑，这栋房子有一种柔软和可塑的品质。这个组合结构大部分是暴露且连贯的——一副钢骨架被混凝土的躯体包裹着。这种品质的一个显眼的例外是一系列支撑着漂浮于入口大堂之上主议会厅地面的十字形柱子（图12）。在此，框架被打破，而议会厅不与此房屋的剩余部分相连。在柱子的顶端和基部，黄铜制的连接部形成一种"装饰品"。这儿有特意的动作可能使之比在其他节点中更为必要，虽然可能也就不过如此。还有别的：这个节点发生在一个特定的功能旁边并不偶然。有人也许会说其含义很简单：通过使其结构自主，使议会

图12

柱/梁节点，奥尔胡斯市政厅，阿诺·雅各布森，
丹麦奥尔胡斯，1941

厅更为重要。虽然雅各布森从来没有评论过这事，但是在和其余建筑有着结构性半独立的议会厅中，有着一个明显的政治比喻。这是由一个与房屋本身不一致的细部所承载的。这是一个在静态建筑中的运动节点，活化着一个本是固定的建筑，它暗示着一个更大的关系，社会和政治秩序成为一个庞然大物中完全不同的局部。

# 建构主义者的节点

在"房屋如有机体"这个想法（通常没有节点）和那个机器时代的真实机器的现实间，有着明显的张力。一个视现代房屋如机械（或者是在动态平衡中，彰显部件的一个组装）的人是俄国人伊奥科夫·切尔尼霍夫（Iakov Chernikhov）。在他1931年的书《建筑和机械形式的建构》（*The Construction of Architectural and Mechanical Forms*），他归纳了四种形式的构建：合并（amalgamation）、组合（combination）、装配（assemblage），以及连接（conjunction）（图13）。其中最昂贵的是装配，这种类型由机器决定其特征，但不仅限于此。他写到，"'装配'的特征是，它有着建构的外貌，它在机器中找到其独特的思考。其元素保有各自的特性，同时被集合成一个整体。"[21]

相比于"细部都是节点"，切尔尼霍夫更相信"所有的艺术都是关于节点的"。和史密斯以及洛朗厄一样，他视其所称作的"建构装配"为社会和政治的比喻。建构的秩序平行于社会的结构式。"在每一个建构合并中，都存在着人类的集体主义思想。在多样化元素的紧密凝聚力中，映照着人类杰出志向的和谐。"[22]

切尔尼霍夫的观察是相对没有技术性的分析。相比于理解其产生的力，他对描述机械外观的形式更感兴趣。他书中举例说明的许多构造实际上并不相连，而仅仅是相邻。

图 13

《建筑和机械形式的建构》
( The Construction of Architectural and
Mechanical Forms ）选页，
伊奥科夫·切尔尼霍夫，1931

切尔尼霍夫的想法是对一种在现代主义之前不曾出现的节点模式的解说——在动态平衡中可识别部件的装配，但是没有任何明显的连接方式，或者在很多情况，无法察觉荷载被从一个成员转移到了另一个，比如，一个相邻的轻质部件的装配，肯定不是一个有机体，但是也称不上是一台机器。

另一个俄国人，卡西米尔·马列维奇（Kazimir Malevich），虽然他以抽象画家著称，但也是这个学派丰产的理论家。他渴望规则的安排，在画中或是建筑里，这些安排是分散部件的装配，存在于一个抽象的世界，没有明确或者活化的节点。这被称为至上主义。马列维奇写道，"至上主义者的器械，如果有人可以这么称呼它的话，将是一个没有任何扣件的整体。"[23]

这些至上主义者的形式受到了科技的启发，但是他们没有明显的科技上的宣言，如扣件这点也很重要：

其形式明显地暗示了一种活力（dynamism）的状态，而且不论是曾经还是现在，它都是航天飞机在空间中轨迹的一个遥远的线索——不是通过马达的方式，也不是通过完全灾难性构造的笨拙机器引起的扰乱而征服空间，而是通过在一个形态中一定的相吸引的内在关系的方式，在自然运动中和谐地引进形态。这种形态也许将由所有元素组成，在自然力之间的相互关系中隐现，也因为这个缘故它将不再需要马达、机翼、车轮和汽油，比如，其躯干将不再由不同的有机体建成来营造一个整体。[24]

马列维奇认为所有这些形式是从重量中解放出来的物件，在一个没有重力的环境中漂浮，"一切技术的有机体也仅是小卫星——一个完整的生命时刻准备着飞入空间并且占据其自己的特定位置。"[25] 如同切尔尼霍夫，他在部件的秩序中观察到一个与社会形成平行关系的组装。"经济形式，"正如他称呼它们一样，是一个经济社会的表现。独立的部件等同于独立的个体，而一个经济社会是一个自由的个体：

通过经济几何原理的方法，我们可以达成一架飞机或者一个体量的至上主义行动。如果每一个形式都能表现纯粹功用主义上的完美，那么至上主义者的形式也肯定表达一种力的暗示被认可了——这种力是在即将到来的具体世界中，功用完美的作用力。[26]

为了找到一些接近这种无重量、无节点组装模式的现实作品，我们必须观察吉瑞特·里特维德（Gerrit Rietveld）的一件作品，那是在乌德勒支的里特维德施罗德住宅（Rietveld Schröder House, 1925）（图 14）。阳台栏杆竖直支撑的连接，如同住宅的其他部位一样，是个由平板、钢剖面和灰色、白色、黑色，以及原色木棍的装配。它没有实际结构性框架，并且成员本身从技术上是交接的，虽然在视觉上并非如此。元素间看起来相接触，但它们彼此错开，并没有实际连接。这种节点类型源于里特维德的家具，它有着明显的构造上的优势。但是用在这儿却有明显的技术问题，限制了这种节点在更大尺度上的潜在应用——它们缺乏直接的支撑，而非直接的支撑也是不对称的，而且这种节点的使用结果往往是隔绝并且不和谐的。他的立论在施罗德住宅的钢铁、混凝土、灰泥和木头的案例中并不能令人信服，因为其连接实际上都是通过其他方式完成的。

图 14

阳台支撑，里特维德施罗德住宅，吉瑞特·里特维德，
荷兰乌德勒支，1925

图 15

柱/梁连接，范斯沃斯住宅，路德维希·密斯·凡·德·罗，
伊利诺伊州伊普莱诺，1951

一个类似的节点是密斯的范斯沃斯住宅（Farnsworth House，1951）中梁到柱的连接（图15）。这个连接是从侧面到侧面的，梁的宽凸缘对渠道平面的取代和构造内部完成的焊接都起到了帮助。事实上，在此房屋中有几处铆接，但是它们被隐藏于地面和屋顶的构造中了。在此，没有可见的连接方式，甚至连焊接都没有；没有扣件，没有明显的重量。该房屋的剩余部分是没有接缝的；其无数的连接都被藏了。事实上，这个从梁到柱的连接，就是施罗德住宅的细部，但是在此处全部由钢件建成。在仔细观察之后，这个与密斯紧密相关联的节点，看起来与其思想并不一致。这是里特维德式的节点类型，既不支撑也不连接，这种建筑师的作品中主导的目标是结构的清晰。这是不和谐的。类似于里特维德的节点，它在最需要重力的地方拒绝重力。它在连贯性看起来最重要的地方，明显不连贯。

图 17

室内，岩架住宅，波林·赛文斯基·杰克逊，
马里兰州卡托克丁山，1996

图 16

岩架住宅，波林·赛文斯基·杰克逊
（Bohlin Cywinski Jackson），
马里兰州卡托克丁山，1996

　　密斯通常将这种节点用作竖梃，而极少作为柱子。比如，伊利诺伊理工学院克朗楼的窗户竖梃连接着挑口饰，而更重要的从柱到桁架的节点是通过一个更连贯而传统的组织方式合并而成的，梁腹对梁腹，凸缘对凸缘。克朗楼的组织方式是一个明显的节点等级分布，其边到边的连接被用于次要结构连接，而直接支撑则被用于主要系统，用以说明载重较轻。其在范斯沃斯的应用并不容易被解释，但正是范斯沃斯柱子那反常。不和谐的属性使其对无重量的展示显得比里特维德的过剩细部得更为自信。

　　彼特·波林（Peter Bohlin）很快就认可了里特维德的影响，他在其位于马里兰州乡村的岩架住宅（Ledge House, 1996）中说明了此种"风格"的细杠（图16、图17）。[27] 其主要的墙体是原木，但是住宅包含三种在不同尺度上作用的不同的木材细部设计语言。第一种是原木墙体和表皮；第二种是从柱到梁上由精加工原木连接黑色金属镶边的屋顶结构；第三种是那类似于里特维德的方法，由同样大小的小型方形个体通过搭接而不是斜接的方式连接到一起的细木工做法（图18、图19、图20）。搭接节点，虽然在结构上足以应对手头的工作，但与大型原木框架的典型柱到梁连接相比，却在强度上相当弱，在结构上相当的差，不过它对建立住宅的层次和尺度却起到了很好的作用。所有细木工组件的统一尺寸和节点不连接的属性联合拒绝了部件的重量和结构受力，与原木和

3/4英寸厚胶合板上的镀锡不锈钢屋顶

空气层

隔热层

7-1/4英寸椽子

1x6沟槽衔接道格拉斯冷杉甲板

红木窗框，带5/8英寸隔热玻璃

原木墙

图18

原木墙细部，岩架住宅，波林·赛文斯基·杰克逊，
马里兰州卡托克丁山，1996

方木的巨大体型形成对比，它们在一个非常写实的房屋中放置了一种抽象为主的语言。

　　没有明显扣件搭接的节点在现代主义中有着自己的生命。如里特维德对它的用法，使它看起来——并且在一定程度上确实是——在结构上是有问题的。荷载不是直接转移的，并且不对称，形成了扭力，或者说扭曲了节点。这个不对称可以通过柱子分隔，并将梁置于其间来解决，这将使其看起来更稳定，或

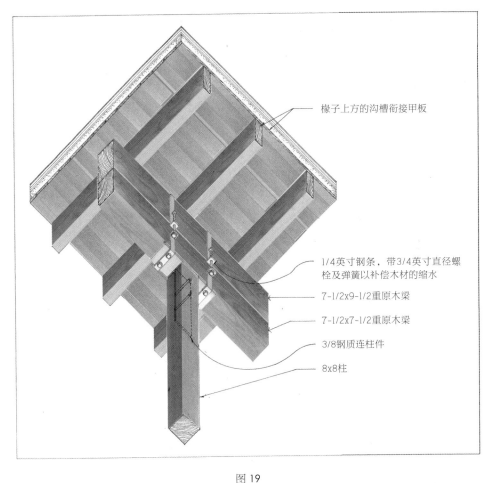

椽子上方的沟槽衔接甲板

1/4英寸钢条，带3/4英寸直径螺栓及弹簧以补偿木材的缩水

7-1/2x9-1/2重原木梁

7-1/2x7-1/2重原木梁

3/8钢质连柱件

8x8柱

图19

原柱和梁细部，岩架住宅，波林·赛文斯基·杰克逊，
马里兰州卡托克丁山，1996

作为节点的细部

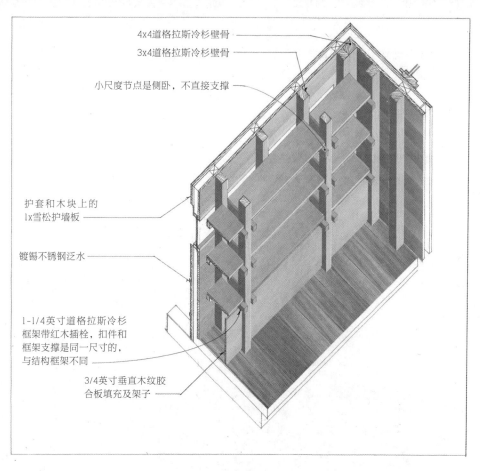

图 20

细木工做法细部，岩架住宅，波林·赛文斯基·杰克逊，
马里兰州卡托克丁山，1996

者也可以分离梁，并将柱子置于其间。在丹下健三（Kenzo Tange）的香川县
办公楼（Kagawa Prefectural Office，1958）中有这种节点的很好的例子，只
是有一个方面有问题：这是一个现浇混凝土房屋（图 21）。这种边到边的连
接以及对梁的分离不是权宜之计，而是很有难度才能实现的（图 22）。它看起
来像是一个用混凝土建成的木结构房子，而它也正是如此。这符合了佩雷对于

现代混凝土节点的观点，因为它是用木模子做成的，它应该有木头的特征。然而，丹下健三更特定地想在其现代建设中重新捕捉传统日本建筑的质感。[28]

相对于与日本传统建筑相承的对于部件的彰显，丹下并不太担心对于材质的表现。根据绳纹时期和弥生时期这两个最古老的建造模式，丹下描述了传统日本艺术中的两极。绳纹时期的住宅是带有原始木屋顶的坑穴。弥生时期晚期的住宅是地面抬高，具有更规则几何形状的木结构房屋。

根据丹下健三，绳纹时期的特征是具有很强的感性和充沛的活力；弥生时期的特征是活力之上的平凡的且有稳定性和可识别的秩序。绳纹建筑的特征是体量，运动和生命有机体；弥生建筑的特征是和平、镇定、几何形态，是纯粹的抽象概念。绳纹社会是反叛的，具有动力的并且象征了普通百姓的精神；弥生社会是顺从的，静态的，并且是属于贵族的风格。在弥生精神的规律秩序启示着伊势神宫和桂离宫的有序的几何框架的同时，它们也受到绳纹精神的活力和泛灵论的启示。丹下健三说伊势神宫虽然有着类似弥生的审美系统，"在其建筑之上却笼罩着一股泛灵论的云"。[29]

在丹下健三的思想中，弥生传统统治着香川县大楼。丹下健三，和他的许多前辈一样，视节点为一种政治和文化的比喻，有趣的是，他对此的解读与其西方的同行有着相反的看法。弥生传统的彰显部件是一个抑制的阶级结构，绳纹时期具有活力并且远不及彰显的庞然巨物是普通百姓。[30]

关于此，这儿有些令人不安的因素。那些现浇的混凝土建筑乔装成木结构，或者至多是，现浇的乔装成预制的。然而这是那个时代一个很普遍的现象。混凝土，这个同样的系统，对于赖特和贝尔拉格来说，是无节点现代主义的关键，却成为了产生一个离散，集合自主部件的机械装置。它使用的构建系统，如果不是一个完美的有机体，至少也使彰显离散部件变得困难。

无论它是不是一个真实的建造描述或至少是部分虚幻的，这种双柱——单梁细部的应用，像许多节点一样，在非典型的情况下显得最为有效，而不是在典型情况下有效。在赫尔辛基外围，朱哈·利维斯卡（Juha Leiviska）设计的

图 21

香川县办公楼，丹下健三，
日本高松，1958

米若梅其教堂（Myyrmaki Kirkko，1984）中，很少有有任何重要性的柱子（图23）。梁被规则地间隔开，并被清晰地勾画，但是主要的垂直支撑是墩和墙。柱子只支撑阳台，并且在不显眼的地方衔接剩余的梁。入口有一个例外，是一根单柱，由两根木柱支撑着单条梁（图24）。梁和柱的结尾都远远超过连接点，并且从篷盖之下拉出来，使其节点显得更加醒目。虽然这个细部在这栋房子中只出现了一次，它却经常在利维斯卡的作品中出现。在库奥皮欧教区中心的入口处有一个钢材的版本，它同样显得不和谐。这些是建造的标志物，但不是它们所在的建筑的构造标志物，因为这些建筑并没有木制或钢制的柱子，没有双柱或者其他形式。

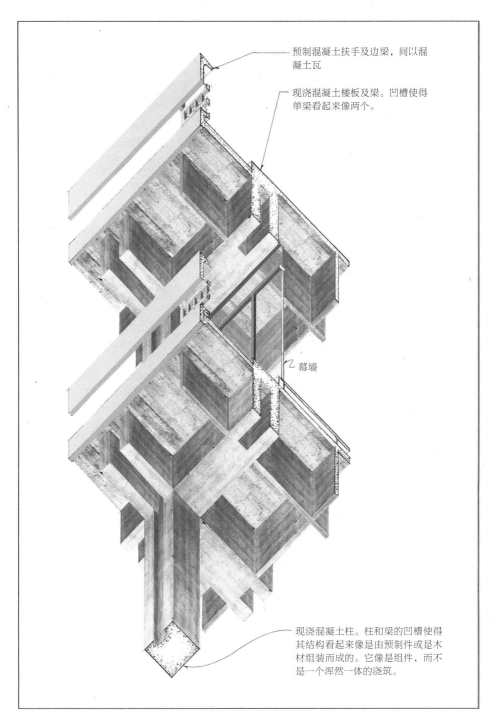

预制混凝土扶手及边梁，间以混凝土瓦

现浇混凝土楼板及梁。凹槽使得单梁看起来像两个。

幕墙

现浇混凝土柱。柱和梁的凹槽使得其结构看起来像是由预制件或是木材组装而成的。它像是组件，而不是一个浑然一体的浇筑。

图 22

墙体剖面，香川县办公楼，丹下健三，
日本高松，1958

图 23

祭坛，米若梅其教堂，朱哈·利维斯卡，
芬兰赫尔辛基，1984

图 24

通向教会学校入口处的柱子，米若梅其教堂，
朱哈·利维斯卡，
芬兰赫尔辛基，1984

图 25

罗森住宅，克雷格·埃尔伍德，
加利佛尼亚州布伦特伍德，1963

# 钢构有机体

建筑史学家以斯帖·麦考伊（Esther Mcloy）认为由克雷格·埃尔伍德（Craig Ellwood）在加利福尼亚布伦特伍德（Brentwood）设计的罗森住宅（Rosen House）已经做到了"完美"（图25）。如果完美意味着没有节点的话，这肯定是一个拥有完美节点的钢构房屋。典型的梁与柱的连接不但看起来连贯，而且因为额外增加的扶强片，暗示着梁与柱的相互穿插。扶强片因为开间的大尺度和为了承受地震的荷载而成为必要，而在此也有明显的审美意图。[31]

将罗森住宅和一些其他建筑师作品中的这种节点的晚期版本作比较，我们可以揭示了一些有趣的事实。虽然结构一眼就能被看清，但是回想起来，罗森住宅的节点却是高度抽象的，它既不暗示框架也不暗示物料。埃尔伍德把罗森住宅视为任何抽象类型的可能都很小。这更多是一个关于机器所能造就的完美的例子，而对于很多人，那种完美就是没有节点。和赖特以及贝尔拉格一样，这位现代主义者对于钢构无节点有机体的倡导有更足够的机会，他通过引入机械装置和活化来颠覆它。

表面上，罗森住宅和艾德瓦尔多·苏托·德·莫拉（Eduardo Souto de Moura）在波尔多提亚特诺大道（Rua do Teatro）设计的住宅体（1995）中的梁到柱的细部有着大量的相似之处，但是后者，连接的方式和力的转移都被表达得很清晰——螺钉，可见的节点，以及连接处抗拒荷载的方式，即45°的加固片（图26、图27）。这是连接的具体方式和特定作用力，是在抽象，或无节点的框架中的技术性的活化描述。

如果说这种有机体统治了二十世纪的前半叶，那么机械装置则统治了后半叶。对于二十世纪晚期出现的过多的节点可以有多种解释，它们都有着串联的关系：创造离散零件层次的欲望，并认识到在一个民主社会中机械化的真正角色应该是创造一个标准化可替换物的世界，而这些部件又高度分化且各自回应

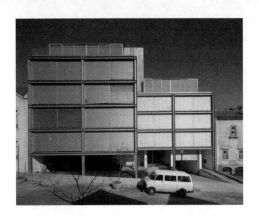

图 26

亚特诺大道上的住宅体，
艾德瓦尔多·苏托·德·莫拉，
葡萄牙波尔多，1995

的；另外一个更早的概念要追溯到沃尔夫林和弗兰克尔，即部件的建筑是人文主义的建筑。

# 被活化的节点

对于蓬皮杜中心（Pompidou lenter, 1977）的两位合作建筑师伦佐·皮亚诺和理查德·罗格斯来说，该建筑是关于部件的——可相互替换的部件———一部分原因是受批量生产的造福，但更重要的是他们想要创造一个能通过灵活性造福社会的建筑。这是"建筑电讯派"（Archigram）的传奇，他们对于建筑的理念是"其部件应可被交换进并且可被更替，被几乎无限地并置"，认为构造"在部件的定义中应该是短暂的"，并且有着灵活性，能改变和无常的意识形态。因此在高技派早期的作品中充斥着插件式和卡件式的审美。[32]

对于蓬皮杜中心的工程师彼得·赖斯来说，这些节点有着更深的意义，同样的，是一个关于社会和政治的。赖斯说蓬皮杜使节点成为了解决手法的核心……是节点的表现力人性化了旧的钢铁结构，并给予它们友好的感觉。"赖斯希望将节点退回到国际风之前的新艺术主义中的有机根源：

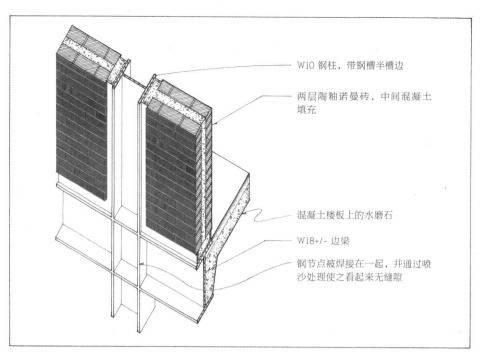

- W10 钢柱，带钢槽半槽边
- 两层陶釉诺曼砖，中间混凝土填充
- 混凝土楼板上的水磨石
- W18+/- 边梁
- 钢节点被焊接在一起，并通过喷沙处理使之看起来无缝隙

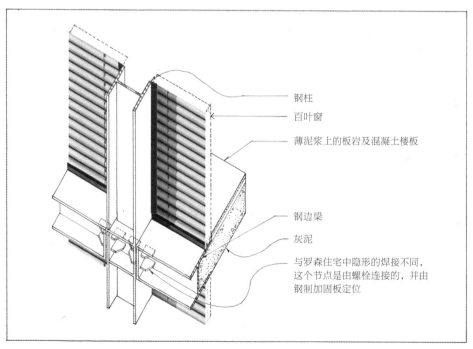

- 钢柱
- 百叶窗
- 薄泥浆上的板岩及混凝土楼板
- 钢边梁
- 灰泥
- 与罗森住宅中隐形的焊接不同，这个节点是由螺栓连接的，并由钢制加固板定位

## 图 27

**顶图**

墙体剖面，罗森住宅，克雷格·埃尔伍德，
加利福尼亚州布伦特伍德，1963

**底图**

墙体剖面，提亚特诺大道上的住宅体，艾德瓦尔多·苏托·德·莫拉，
葡萄牙波尔多，1995

作为节点的细部

我曾经在很长的一段时间思索，是什么赋予了十九世纪大型工程结构所特有的吸引力……有一点我的理解是因为它们的设计师和建造者在其身上过分慷慨地给予依恋和关爱。像哥特式教堂，它们散发着工艺和个体的选择。铸铁的装饰和铸造的节点给这每一个结构属于其设计师和建造者的特殊气质，提醒着它们是被那些劳作过，留下印迹的人们创造，构思出来的……[33]

就像在罗森住宅中一样，使用钢圈段和焊接点，这些特质在现代钢构房屋中已经消失。铸铁的使用是更正它的关键：

　　建筑中的钢构通常产生自标准的钢段、工字钢段、槽钢段、钢管和钢角。为了保证它们的质量，这些都是从连续的线上滚绕延展而来。它们在保障视觉和几何形态上统一的同时，几乎没有留下个人表现的空间……惊讶和个性在此缺失，特别是对公众，从而观看者和作者（无论是设计师还是建造者）之间的联系和温度感也消失了。铸铁的引入看起来是打开这个死结的一个办法……波布中心（Centre Beaubourg）的迟钝应是部件的尺度，而不是整体的尺度。[34]

蓬皮杜中心的建筑师之一皮亚诺同意这个观点：

　　我使用这些元素来重新引进装饰的主题——不是修饰（decoration），而是装饰（ornament）……我相信建筑需要回归它的丰富。它应该展示创造它的人的印迹，彼得·赖斯曾称其为"手的痕迹"。建筑的质量也通过细部的质量来表现。[35]

正如在节点理论中它对很多前任的影响一样，这种思潮也有过政治的言外之意。赖斯对部件化建筑的鼓吹，对庞然大物建筑的打击，与洛朗厄的宣讲如出一辙：

图 28

幕墙，达克斯福德美国航空博物馆，诺曼·福斯特，
英国剑桥，1997

图 29

幕墙基节点，达克斯福德美国航空博物馆，诺曼·福斯特，
英国剑桥，1997

　　毕竟，蓬皮杜竞赛和皮亚诺及罗格斯提供的解决方法都有一个明确目标，就是营造一个文化的流行官殿，让每一个普通人都不会觉得压抑。对于因文化而产生的压迫感，我个人有密切感受。我来自爱尔兰的乡下，那儿唯一的文化就是语言中的一点粗鄙的自由之音，我受的是一所朴素的清教徒大学的技术训练，像卢浮官和伦敦国家艺术馆之类的地方曾吓到过我。[36]

　　不论皮亚诺、罗格斯和赖斯的目的有多令人敬慕，这个主题回到了一个老问题：蓬皮杜中心大部分区域的一般性视觉连贯性的问题。在一个感知的层面

作为节点的细部

上，这种节点类型明显会在更少被使用的情况下，以及作为一个庞然大物般的房屋的一部分，或者与其反衬下，显得更有效。其理由是，只有部分可被感知，因为在这些情况下，其含义也随之改变。

诺曼·福斯特在剑桥郡达克斯福德的美国航空博物馆（1997）是一个庞然大物般的地堡，一个跨度达 90 米的半掩埋混凝土穹顶（图 28）。然而，它不是没有细部，尤其是在其节点处。其穹顶是可见接缝的预制混凝土板。最明显的细部是在大窗户中支撑着玻璃的 18 米高的竖桅。其双层、扁平悬垂线的形状向尾端逐步收缩，然后被铰接，这种细部设计让人觉得运动仿佛正在进行中。所有的节点都在运动；一个基部节点表明了它在运动，因为其巨大的体型和不同的物料品质使跨度成为一个问题，所以它肯定运动（图 29）。这种运动节点不是典型，而是例外。运动节点发生在基部是有技术上的原因的，但是它也可被设计成不显现其运动。

约而达和佩罗丁（Jourda & Perraudin）设计的里昂建筑学院工作室空间（1994）寓居于一个由轻质三角形木框架构成的阁楼内，它位于一个承载着教室和评审室的体量巨大的拱形混凝土基座之上，这是带有拱形开敞的一系列混凝土立方体（图 30）。虽然大多可见节点是预制的，除了头顶上工作室阁楼内一层高的木制三角形桁架，它是一个实心的庞然大物（图 31）。其阁楼基本是保留有各自视觉特征的部件的一个组装，由一系列高度彰显的节点以一种有些不稳定的关系保持着。不惊讶的是，彼得·赖斯也是这个项目的结构工程师。其整个结构是三角形的，它的末端钢结构的连接不仅展示它们的铰接和旋转的性质，而且在和相邻成员的接触点上，逐步缩小成几近一条线（图 32）。

在这两者空间的构造对立，和它们功能性内容的极端之间，我们能很清晰地勾画一种平行。上层空间的轻质组装是由半自主的部件，和彰显的节点组合而成的，它是工作室，是个人的空间。而实心的、庞然大物般的混凝土基部容纳评审室，它属于团体活动和分析活动的地方。约而达和佩罗丁的书中有一段话写道：

　　　　这种严格的空间不关联产生了一种基础和上层建筑间的强烈建筑性对立，将对知识的必要获取和不可缺少的，不可避免的个人尝试间的经典对立予以物质化。

基部具象派的、巨石般的厚重结构与连贯、轻质、透明的上层建筑之间的对照意在表达达代罗斯（父亲、知识、反应）和伊卡洛斯（儿子、怀疑、抗争）之间的神话关系。

因此其基部既支撑工作室于土地的物质性之上，也是容纳学生工作区域的轻质，彰显结构的必要抛锚点。[37]

节点被以其结构能力和物料特性的方式加以解释：

我们试图使压力在部件间的穿行成为可见……

方法非常简单，把每个部件做成圆锥的形状。

然后剩下的问题就是将从木头刃传递到金属部分的力变成可见……没有人可以在细部的层次上将这个研究从房屋的整体中分离出来。

低层的拱弧表现了，在一系列连贯压力下，通过特定形式削减力的方法，而上面的则是一个更为精细的力的系统，它们以张力和压力的形式成功地合作着。[38]

这些节点的意义远超过力的示意图所展示的。它们被活化了，但是与苏托·德·莫拉的节点不同，因为钢制节点将结构成分的作用几乎都迁移到连接点，这样它们的视觉关联性可减至最低。因为其明确的运动性，这个节点有能力写实地活化结构，以使我们对内在结构生命有所感知。

相比于蓬皮杜中心，赖斯在里昂更清晰地实现了他对"友好"结构的意图，这主要因为钢制木节点不是典型的情况，但是一半的典型情况。与其下的混凝土体量结合，这些节点生成了一种与高技派建筑中相似节点有本质区别的解读，因为它们是普适的，而不是特例。

图 30

阁楼，里昂建筑学院，约而达和佩罗丁，
法国里昂，1994

图 31

画廊，里昂建筑学院，约而达和佩罗丁，
法国里昂，1994

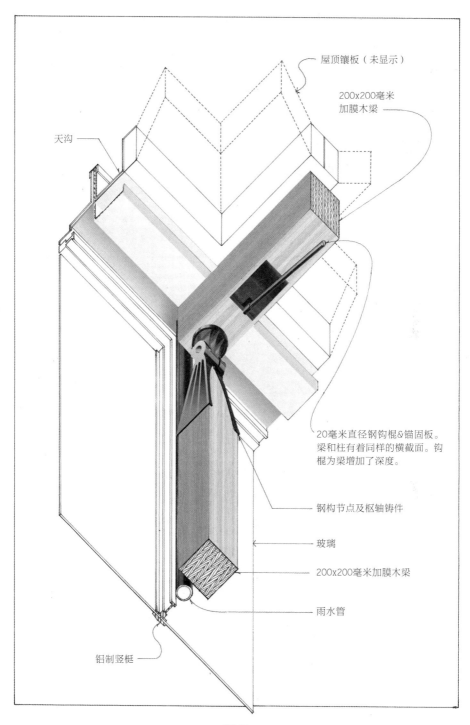

屋顶镶板（未显示）

200x200毫米
加膜木梁

天沟

20毫米直径钢钩棍&锚固板。
梁和柱有着同样的横截面。钩
棍为梁增加了深度。

钢构节点及枢轴铸件

玻璃

200x200毫米加膜木梁

雨水管

铝制竖梃

图 32

木节点，里昂建筑学院，约而达和佩罗丁，
法国里昂，1994

作为节点的细部

图 33

卡罗尔克布特纳图书馆分馆，斯科金和埃兰，
格鲁吉亚莫罗，1991

图 34

节点/天沟，卡罗尔克布特纳图书馆分馆，斯科金和埃兰，
格鲁吉亚莫罗，1991

# 片段的节点

如果说罗森住宅中柱到梁的节点例证了完美，那么马克·斯科金（Mack Scogin）和梅林尔·埃兰（Merrill Elam）在亚特兰大郊外设计的卡罗尔克布特纳（Carol Cobb Turner）图书分馆的覆盖型走廊的柱到梁节点则一定例证了不完美（图33）。它和密斯或者埃尔伍德的钢制节点没有一点相似。部件在结构上是连接的，但在视觉上是分离的，而且看起来像是即将瓦解（图34）。埃尔伍德的节点是关于连贯性的；密斯的节点是关于自主的，并带有一种休眠感；斯科金和埃兰的节点是关于片段的。

虽然在他们的作品中很常见，但是两位建筑师对这种类型的节点没有提供什么解释。有对场地的变音，对轻质和飞翔的暗示，但是这种细部是现代建筑中更大的片段组合趋势中的一部分，在二十世纪九十年代被广为讨论的一个主题。虽然被广为讨论，但是评论家们之间并没有达成多少一致的看法。建筑评论家艾伦·贝特斯基（Aaron Betsky）从古典主义的观点出发，认为一个建造的柱式——或者，在这个例子中，未建造——是一个社会组织的比喻，认为是彼时文化片段属性的结果：

> 先锋派建筑中无政府主义的一脉和其与政治运动的关联，是完全有意的。其行为以积极批评的形式提出，它批评的是一种假的一致性：认为文化和政治通过诸如并置、去语境化、片段化和对于尺度、材料和比例的改变等技术背弃现代的预测。[39]

其他人视片段化更有益，视其为没有被实质上完成，但在概念上却完工的秩序的一种暗示。理论家达利沃尔·维塞利（Dalibor Vesely）视此片段为重要且积极的现代性条件。现代世界的本质不单单属于部件，它也是片断：

……片断也拥有第二种，完全不同的含义……积极的，并且具有恢复性和象征性。片断的积极意义不仅在个人经验中有其根源，也和我们的世界结构及其潜在内容对话。它不应在单一直觉下被理解；它依赖于一系列的阶段，通过这些阶段让个人现象和普适立场结合到一起，而这个过程可被描述为对世界进行恢复性映射和连接。[40]

不论其美德到底是什么，片段化建筑有着相当的刺激性，其在建筑上的后果是非常有问题的。片断化的建筑既不是手表也不是树。它看起来肯定像是一个混乱部件的组合，以极少或部分的连接间断着。实际上，作为一个构造，不论其形象可能有的暗示，片断化的建筑一定是一系列处于动态平衡中的连接的元素。因此片段化很有可能创造出一种情形，使实质的节点和描述性的断面与彼此完全不一致。在这个例子中，重要的节点不是使建筑片断化的节点，而是既没有摧毁幻觉同时又解决了片断化实际技术问题的节点。这些不和谐的节点，和很多其他节点一样，传达了一种不同且事实上完全相反的含义，即建筑中的细部体量，彰显着房屋中连接的动作和动态的平衡，而其总体的表达并不显现任何一方。不论什么原因，片段化自我完结得相当之快。若果真如此的话，那不是因为其技术上的难度，而是因为节点发展的下一阶段将完全没有节点。

# 现代有机体之再现

写于 1980 年，对于吉尔·德勒兹来说，手表或者树的模型都不能用于描述我们存在的世界，他选择根状茎的模式，这是一个可以产生新植物的系统，因此，与树相比，它是更为去中心化的系统，"根状茎上的任何一点都可以和其他任何东西相连，而且肯定也是这么连着的。这和一棵树或者一条根是非常不同的，因为它们设计了一个点，确立了一种秩序。"[41] 德勒兹对于局部与整体的观点和爱默生的"整体是相对于局部，正如局部是相对于整体"的观点看起来完全相反。他写道：

整体不仅和所有部件共存；它和它们是接触的，作为一个独立产生的物件而存在，而同时又和它们相关 …… 作为一般性的规则，局部和整体之间的关系问题持续地被经典机械主义和生机说以尴尬的方式阐释着，长时间以来整体（whole）被认为是从局部（parts）中抽离出来的全部（totality），或者是来自局部发出的原初全部，或者是一种辩证的全部化。机械主义和生机都没有真正理解机械渴求（desiring-machines）的本质，这两部分也没有考虑在论求中生产的角色，以及在机械中渴求的角色。[42]

虽然德勒兹对于建筑的直接评论相对较少，但是当他谈到的时候，我们一点也不应该惊讶于他的观点是多么的类似于贝尔拉格：

前后一致性和整合是一样的，它是产生整合的集合体的动作，这既是演替的集合体，也是共存的集合体 …… 作为住所和领地艺术建筑，证明了：此中产生之后的整合，也有类似于拱心石之类的整合，它们是全体中的构成部件。更近的，钢筋混凝土之类的东西使建筑全体从使用树－柱，枝－梁，冠－穹顶的树状模式中解放出来成为了可能。[43]

像大多数的当代哲学一样，这种思潮在辩证性思维和建筑理论之间这条旧套的路上走得很快。在 2006 年，正好是在贝尔拉格关于无节点建筑的预言诞生 100 年之后，林恩做了本质上一致的宣言：无节点建筑来了。在林恩的例子中，技术上的改变不是混凝土的开发，而是数字信息，它正好和德勒兹关于自然是一个网络的观点相应证。林恩的无节点建筑模式类似于贝尔拉格、赖特和勒·柯布西耶，它是一个有机体：

德勒兹和菲利克斯·瓜塔里（Félix Guattari）为一个没有组织的躯干提出了这样一种模式；由一个统一且内部一致的有机体模式包裹，作为一个没有任何单一还原组织的附属器官的多样性重新表示出来。在建筑中，目前刚性几何形态和整体有机体之间的静态联合不能被完全克服，但是可以通过对柔软的，无定形的几何形态的使用使其被做得更灵活和流畅。[44]

和他所有的前任一样，林恩在建筑的构造组织和产生它的社会之间看出一种关系。

德勒兹和瓜塔里的"没有器官的躯干"对全身的有机范例建议了一种备选。这种多样性的躯干既少于一个单一的有机体，也少于很多器官的一个附属。他们对于埃利亚斯·卡内蒂（Elias Canetti）关于群体（pack、swarm，或者 crowd）的范例的延伸，是一种与少于整体（less-than-whole）的房屋的互动模式，其文脉常常是由不同的形态（而不是连续的产品）组装而成的。群体的行为并不接通局部和整体间、自主个体和集体间的区别。和这样的一个组织密切互动，一个个体必然进入全体的附属联盟……这样产生的躯体实质上是无机的。[45]

在实践中，这种思潮不幸地很快落入到一系列俗套中——难以名状的团、折叠，以及连续的飘带。对于在靠近阿姆斯特丹的莫比乌斯住宅（1998）的建筑事务所 UN 工作室来说，该建筑是其功能的一种表现，一个为两人设计的住宅（图 35）。其横切曲线是其住户互锁生活的一个表现：

其互锁双圆环面的示意表达了两条交织在一起的道路组织，它跟踪了两个人会如何生活在一起，而又分开，那些特定的会见地点就成为了共享的空间。两个个体运行各自的轨迹却又共享特定的时刻，也有可能在某些地点互换角色，使得概念得到延伸，进而包括了建筑的物质化和其构造。运动的结构被转置为用在住宅的两种主要材料（玻璃和混凝土）的组织上，它们彼此在前且互换位置，混凝土构造成为家居，而玻璃外立面转而成为内部的隔墙。[46]

图 35

莫比乌斯住宅，UN设计室，
荷兰布森，1998

　　但是尽管有功能专一的解释，无缝细部设计是一个更大情形中的一部分。其无节点设计是一个对更大社会政治体系的又一次比喻。建筑师们申辩这个无节点的系统是时代精神的一个结构性比喻：

　　　　由基础设施的强化和虚拟媒体的交互模式造成的文化和经济上的改变一般被认为是虚拟的，主要是在描述和统计中成形。但是我们相信这些虚拟的进程事实上可以被视为构造的典范，作为实际的结构，由承重机械、扩张节点、网格系统和空间

作为节点的细部

**223**

框架类似物完成；并且我们对探索从虚拟和实际构造的工程中显现出来的新组织有兴趣。[47]

不幸的是，这些都是通过使用现浇混凝土的内在架构实现的，它被隔热层所覆盖，而在有的地方则有预制混凝土的外壳，配以相当的假混凝土，比如，灰泥，一切都被无缝地完成，加以大量的隐性节点。节点机制的一切证据都被严格地抑制了——窗户竖梃、窗户和天窗的节点、玻璃和混凝土的搭配，以及门头和门框。还有窗台、竖梃、门窗框和装饰修边——没有它们，这些细部就不行——但是在室内，这些元素被隐藏，而在室外，它们被最小化得几乎消失了。

也许有人有这种解读：一个意在表达"两人如何共同生活"的住宅的两部分间节点的存在（而不是缺失），会帮助解读双重性。但是对于建筑师们来说，不是这么回事，在他们同代人的作品中，这种态度也不是非典型。这种建筑方法论需要对重量的任何解读或者连接的任何思考都加以抑制。和他们的雷姆车站不同，通过其夸张，超大尺度的装饰修边，莫比乌斯住宅充斥了一种更为典型的现代主义者的情形，即压抑装饰修边。这是现代主义者长期以来的实践。现代主义建筑用的中间节点成分并不比传统节点少，但是它们多被抑制了，而近代的科技发展使这一切变得更有可能。

# 结语
## 节点的必要性

那么现代建筑的属性是什么？是无节点的庞然大物还是在动态平衡的部件的组装？是一个有机体还是一个机械装置？是一块表还是一棵树？现代节点的

属性又是什么？是永久的还是可以被拆卸的？是连贯的还是片断的？

现代手表，当然是数字化的，它没有部件。而现代建筑，却保留着很多机械装置。即使我们可以把绝大多数建筑是由具有极少或者根本没有有机特质的部件有序组装起来的简单事实搁置一边。用康德的话说，技术可能性的问题仍然存在。现代无缝建筑有机体通常不是技术革新的结果，而更多的是任何真实构造信息的抑制。相对于现实，它总是更多地成为一个象征，即使是像房子是怎样被建成的这种本质上的改变都不太可能扭转它。不论有没有数字科技，热膨胀和不完美都不太可能消失。但是上世纪的历史暗示在下个世纪中，节点的角色——无论是存在还是缺失——都将是一个时髦念头的问题，而不是一个技术可能性或者必要性的问题，最终，技术问题并不存在。

1906 年，贝尔拉格宣布，节点已死；2005 年，林恩宣布了细部已死，并且与此同时，节点已死。因此，在进入二十一世纪五年之际，我们发现自己与二十世纪的第五个年头处在一模一样的位置。而在此之间的 100 年却见证了萨伏伊住宅（1929）和蓬皮杜中心（1977）两者。我们是否最终完成了现代主义者关于无节点有机体的梦想，还是我们在见证口味变化的轮回，从全部节点到无节点，再回到之前？对于，在理论上，由数字完美造就的无节点体块，难道不会有一个不可避免的回击？这是海因里希·沃尔夫林的观点，从文艺复兴到巴洛克时期对于局部与整体关系的态度转变是艺术中任何风格发展都不可避免的过程，他称之为"周期性"。[48] 考虑到文化和地理上的差异，来自一个部件建筑的变化曾经发生过，并且将来还会发生。

有没有可能逃离时髦念头的趋势，并且以更可信，对于现代构造更清晰的认识来回答这个问题？如果不是由时代精神独断，那么节点在任何建筑表达中传递信息的角色到底是什么？没有多少证据可以证明，即使是最有力的无节点有机体的鼓吹也会在其纯粹形式下符合理想审美。

我的感觉倒不是说节点对构造是必需的，而是它们对一致性，对产生建筑的含义很必要，即使无节点在技术上是可能的。有一点很明确，在现代之前的很长一段时间，对于一栋建筑部件和其构造关系的理解是更宏观地理解理念宣言建筑的关键。在不稳定的动态平衡中的部件的组装可以被理解成另外一个系统的平行：一种社会秩序，一种政治秩序，一种哲学秩序，一种自然秩序。

相比于关联性或者象征主义所能做的，对于组装群体的理解有着更基本，更深刻的程度。关联性的建立不需要这些解读就可以发生，但是关联的属性随着时间而改变，而构造传递的信息则不会，即使我们对此信息所做出的反应可能改变。如果一栋建筑所传递的信息不是由其本身的实质生长出来的建筑信息，那么它们将不过是广告牌上的标语而已。与此同时，我们不能忽视将一栋建筑理解成一个抽象整体的观点。一个庞然大物可能被解读成真实，或者描述性的有机体，但是它也有可能被解读成压制的结块。两种解读都是必要的，我们不能取消其中的任何一种。

我们可能有两种理解构造的方式：作为一块手表或者一棵树，作为一个组装或者一个整体，作为一套相互间具有离散关系的部件或者一个统一的有机连续体。我们不单单在一方面要求完整性，也要求永久性。我们相信，为了深刻，建筑必须具有体量，并且展现巨大的作用力和阻力。我们必须要能将一栋建筑抽象成一个可识别的形式。类似的，我们必须将它理解成一个组装，作为共存的部件，作为动态平衡中的元素，作为一个已被建成的形状，而这栋建筑，这栋带部件建筑更接近我们，不像机关大楼的巨大体量来得庞大和压迫。然而，我们必须认识到这两种表达不单单是必要的，而且是不可避免的。

如果有人说萨伏伊住宅、巴塞罗那厅或者莫比乌斯住宅不如约翰逊行政大楼或奥尔胡斯市政厅，或者甚至争辩说后者在细部设计上比前者好，那就会使关于节点和部件的必要性（如果建筑是在传递任何实质性东西的话）的争辩显得不可信。有好一些现代建筑没有重要的节点，如果说它们不是彻底没有节点的话。我们接触的细部历史在某种程度上是自主的，在一栋不成功的建筑里可能有一个成功的细部，它可能传递着其所在建筑所没能传递的信息。

# 不和谐节点的必要性

虽然大多数现代建筑的特征是具有对比节点的平行系统，但是动态平衡中的部件组装有其局限性。明显的，此处有感官上的因素在起作用；在任何组织中，我们只能感知到一定数目的部件。但是感知只是一个原因，而且我们可以争辩道，如果我们不能辨认一片花地，一片树林，或是一群人中的每一个单体，这也不一定是个问题。这更多的是一个我们对于建筑所采取的两种态度的问题，而它们在表面上看是互相排斥的。最终，一栋房子既可以不是表，也可以不是树。不论是在纯粹审美的层面，还是在技术层面，我们都不能忽略有机体或者取消部件，而在不和谐节点中有着一种确定性，它表达了在有机庞然大物般的建筑中作为组装体的部件。

最有力量的细部通常是单一、不和谐的细部，它们通常出现在作品中，而不是在有机体最标语式宣传的思想中。不和谐节点的力量不是相异而有力量的力的问题，而是我们对于一栋建筑的理解内在矛盾的宣言，它到底是一个形象还是建筑范围中的一个组装。不和谐节点不仅仅是结构表现中孤立的事件；它们是另外一种秩序的侵入。它们远超过一个部件的表达或是对于组装的意识。现代主义中的不和谐节点——搭接的、绑接的、群居的和双生的、运动的、结构明确的，以及结构变形的——都是活化的一种。彰显的节点是一种表达，通常是一种组装内的重量、连接，或者运动的夸张。它可能在内部包含拟人论的暗示或者暗示另外一种材质。它可能看起来像是一个有机体内的机械装置。它也可能看起来像是一个机械装置内的有机体。

解读建筑的一种模式是关于永久性、体量和稳定性，因此引申是关于权威、权利和恐吓。我们不是那建筑的一部分，而是站在其外。另一种模型，我们是在建筑之内，事实上是其一部分。它是暂时的并且可以变化。因此此类节点的类型和纪念牌式、机构式建筑的不和谐是必要的，它在节点上彰显的力的活化或者有时在非活化中获取形式。它可能通过另外一种材料、一种运动、一种变形的暗示得到活化。活化可以如同数学示意图一样表现力的转移和连接以达到技术上的清晰，也可以通过雕塑式的侵入达到象征和直觉。它可能是结构的象征性表现，也可能在技术上非常的明确。它可能被一个螺旋饰或者座盘饰活化；它也有可能被一个支点或者铰链活化。

　　建筑可能总将用到钉接、栓接，或者焊接；被支撑着、搭接着，或者群居着；斜接着、榫接着，或者对接着；或者一些尚未发现的类似物。其选择可能会因人而异，因为对于史密斯来说，建筑是站立在一起的成员的组合；对于弗兰克尔来说，建筑是表达个体在社会或者宇宙中所处位置的部件的组合；对于洛朗厄来说，建筑是暗示社会中政治秩序的部件的组合；对于维塞利来说，建筑是一种表达现代情形中片段属性的组合；至于一栋建筑到底是一块表还是一棵树，所有人都同意理解部件是理解建筑的关键。简单的表现或者关联是不够的。不单单是对于部件的感知，还有对于在连接处之上的压力，对于其承载以及转移的荷载的感知也是至关重要的。对于洛朗厄来说，没有对于其节点的理解，就无法理解古典主义中的政治含义。对于弗兰克尔来说，没有感知由肋拱创造的偏心，就无法理解哥特式。对于史密斯来说，除非人们将万神庙理解成成员站立在一起，不然就无法理解希腊社会。

*Epigraph.* Zumthor, *Thinking Architecture*, 16; Anthony Morris, *Precast Concrete in Architecture* (New York: Whitney, 1978), 355–57; George Nakashima, *The Soul of a Tree: A Woodworker's Reflections* (Tokyo: Kodansha, 1981), 128; Wurman, *What Will Be Has Always Been*, 197.

1　Frascari, "The Tell-the-Tale Detail," 24.
2　Wurman, *What Will Be Has Always Been*, 197.
3　Alina Payne, *The Architectural Treatise in the Italian Renaissance* (Cambridge: Cambridge University Press, 1999), 181,188, 233.
4　Oechslin, *Otto Wagner, Adolf Loos, and the Road to Modern Architecture*, 194–97.
5　Heinrich Wölfflin, *Principles of Art History* (New York: Dover, 1950, 1932), 159,

6   Ibid., 185.

7   Paul Frankl, *Principles of Architectural History* (Cambridge: MIT Press, 1968), 104,113–14.

8   George Dodds and Robert Tavenor, *Body and Building: Essays on the Changing Relation of Body and Architecture* (Cambridge: MIT Press, 2002), 51.

9   Erwin Panofsky, *Gothic Architecture and Scholasticism* (New York: World, 1957), 47, 50, 58–59.

10  William Paley, *Natural Theology* (Boston: Gould and Lincoln, [1802] 1851), 5–6.

11  Immanuel Kant, *Critique of Judgment* (New York: Barnes and Noble, [1790] 2005), 175–76, 178.

12  Caroline van Eck, *Organicism in Nineteenth-Century Architecture* (Amsterdam: Architectura & Natura, 1994), 122.

13  Iain Boyd Whyte, ed., *Hendrik Petrus Berlage, Thoughts on Style: 1886–1909*, 172.

14  Ibid., 176.

15  Frank Lloyd Wright, *The Future of Architecture* (New York: Mentor, [1953] 1963), 208.

16  M. H. Baillie Scott, *Houses and Gardens* (Woodbridge: Collectors Club, [1906] 1995), 103.

17  Charles Sorenson, *My Forty Years with Ford* (New York: Norton, 1956), 115.

18  Le Corbusier, *The Decorative Art of Today* (Cambridge: MIT Press, [1925] 1987), 107, 110–11.

19  Le Corbusier, *Un maison-un palais* (Paris: G. Cres, 1929), 108.

20  Norris Kelly Smith, *Frank Lloyd Wright* (Prentice Hall: Englewood Cliffs, NJ, 1966), 145.

21  Catherine Cooke, ed., "Chernikhov: Fantasy and Construction" *Architectural Design* 54 (9/10 1984), 65.

22  Ibid., 60.

23  Kazimir Malevich, *Essays on Art 1915–1933, Vol.1* (London: Rapp & Whiting, 1968), 124.

24  Ibid., 123–24.

25  Ibid., 124.

26  Ibid., 123.

27  Oscar Ojeda, *Arcadian Architecture* (New York: Rizzoli, 2004), 185.

28  Britton, *Auguste Perret*, 241.

29  Yashuniro Ishimoto and Kenzo Tange, *Katsura: Tradition and Creation in Japanese Architecture.* (New Haven: Yale University Press, 1960), 32–35.

30  Kenzo Tange, "Recollections: Architect Kenzo Tange," *Japan Architect* 60 (July 1985), 6.

31  Esther McCoy, *Craig Ellwood* (New York: Walker, 1968), 71.

32  Cook, *A Guide to Archigram*, 29.

33  Rice, *An Engineer Imagines*, 29.

34  Ibid., 30.

35  Renzo Piano, *Logbook* (New York: Monacelli, 1997), 254.

36  Rice, *An Engineer Imagines*, 30.

37  Jean-François Pousse, *Jourda & Perraudin* (Liège: Pierre Mardaga, 1993), 174.

38  Virginie Picon-Lefebvre and Cyrille Simonnet, *Les Architectes et la Construction* (Paris:

Techniques & Architecture, 1994), 128–130.

39 Aaron Betsky, *Violated Perfection* (New York: Rizzoli, 1990), 25.

40 Dalibor Vesely, *Architecture in the Age of Divided Representation* (Cambridge: MIT Press, 2004), 334.

41 Gilles Deleuze and Félix Guattari, *A Thousand Plateaus* (Minneapolis: University of Minnesota Press, [1980] 1987), 7.

42 Gilles Deleuze and Félix Guattari, *Anti-Oedipus: Capitalism and Schizophrenia* (Minneapolis: University of Minnesota Press, [1972] 1977), 43–44.

43 Deleuze and Guattari, *A Thousand Plateaus*, 329.

44 Greg Lynn, ed., "Multiplicitous and Inorganic Bodies" *Assemblage* 19 (December 1992), 36.

45 Ibid., 38.

46 Ben van Berkel & Caroline Bos, "Möbius House" *A+U* (March 1999), 106.

47 Ben van Berkel & Caroline Bos, *un studio unfold* (Rotterdam: Nai 2002), 70.

48 Heinrich Wölfflin, *Principles of Art History* (New York: Dover, [1932] 1950), 231.

第六章

定义 5

# 自主的细部

　　每当一种新的系统形式到来时，在一开始它都没有明确地指出其细部是强加在一起的。更高层次的整体意识并不缺乏，但是细部往往被感知为单独的个体，并将自身彰显于总体印象中。那些早期的艺术家在处理现当代风格（文艺复兴）时就是这样做的。他们有足够的能力既不让细部喧宾夺主，又转而在整体之外单独地展现出来。

　　——海因里希·沃尔夫林

　　显然，细部设计不一定遵从于一个总体的指导概念；即使它与这种总体概念有着内在的联系，它也不是那种对于一般性决定的简单的抗拒；而是要赋予它们形式，使它们具有可识别性，并且在它们的不同部位彰显。

　　——维托里奥·格雷戈蒂（Vittorio Gregotti）

　　所以我决定引入错误，那些看上去不正确的东西……我注意到那种总是采用同样的处理手法的方式中存在着一种激进主义，这对我有害无益。然后我尝试着承认，或者说尝试着引入这样一种思想，即住宅或者建筑的意义要超出人们观念中的一些被认为理所当然的定义。

　　——艾德瓦尔多·苏托·德·莫拉

　　当两种形式彼此不一致，但又有一定的重合，从而被解读为既相互增强又相互矛盾时，我的兴趣就被点燃了。

　　——埃里克·欧文·莫斯（Eric Owen Moss）

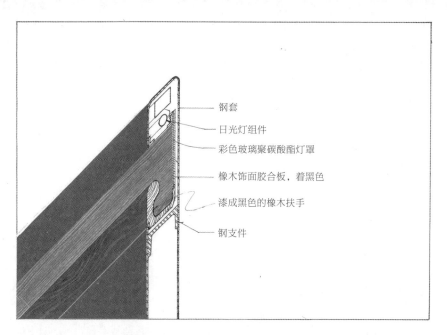

- 钢套
- 日光灯组件
- 彩色玻璃聚碳酸酯灯罩
- 橡木饰面胶合板，着黑色
- 漆成黑色的橡木扶手
- 钢支件

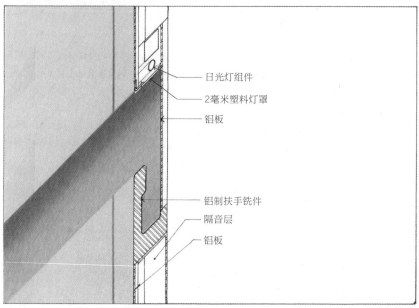

- 日光灯组件
- 2毫米塑料灯罩
- 铝板
- 铝制扶手铣件
- 隔音层
- 铝板

## 图 1

**顶图**
扶手，泰特现代美术馆，赫尔佐格和德梅隆，
英国伦敦，2000

**底图**
扶手，荷兰大使馆，OMA/雷姆·库哈斯，
德国柏林，2004

在赫尔佐格和德梅隆位于伦敦的作品——泰特现代美术馆（Tate Modern，2000）中，可以轻易被定义为彰显细部的元素寥寥无几。其中之一便是嵌入式并配有灯光设计的、有机形态的主楼梯扶手。雅克·赫尔佐格是这么说它的：

> 当触摸到染黑的木扶手时，你不会感觉到钢铁的冰冷。它不是回归自然的，而是回归你个人。你站着、你坐着，你触摸、你观看、你嗅到。它不是新的或者旧的；（我希望）它是当下的。城市越大，博物馆就越大，我们越要回归本质……（我们的）工作不是关于风格，而是关于当下的人们如何生活。[1]

三年之后，类似的细部以略微不同的轮廓出现在库哈斯位于柏林的荷兰大使馆（Dutch Embassy，2004）（图1）。这两家公司作品之间的近似之处很多不仅限于建筑风格的统一性。但是两栋建筑间所缺乏的类似性并不重要，因为两处扶手和两栋建筑包含它们之间也缺乏近似性。我并没有意在暗示库哈斯借鉴了赫尔佐格和德梅隆的作品，或者说他们都借鉴了康在肯博尔艺术博物馆（Kimbell Art Museum）的类似的有机形态的扶手，它们同样也不太属于其所在的建筑。这四个人更可能是在借鉴阿尔托。与所有这些案例形成鲜明对比的是哈迪德在辛辛那提当代艺术中心（2003）设计的扶手，它是如此追求同建筑在风格上的统一以至于其导致了功能上的冷漠（图2）。它有了一致性的所有美德，却丧失了作为扶手的一切意义。

图2

扶手，辛辛那提当代艺术中心，扎哈·哈迪德，
俄亥俄州辛辛那提，2003

自主的细部

以上提到的四处有机形态的扶手细部尽管和整体概念不完全契合，但是它们却以辛辛那提现代艺术馆未能实现的一种方式融于建筑当中。为什么会出现这样的结果？建筑师会说这是出于设计时思考重点的不同；扶手是使用者的手同建筑唯一直接接触的地方。基于这个观点，好的设计既要考虑它所处建筑的特殊情况，又要考虑它自身必须满足的功能要求。当然，毫无争议的是，满足功能绝对不是唯一要做的工作。

这是有关细部讨论的第五章，自主式细部，看似有些冷门，却比前面阐述的其他类型更有趣。这种类型的细部是自主或者半自主式存在的，遵循其独自的法则，有其独自的标准和特有的表达方式，并且可以单独借鉴其他先例。很多自主的细部仅仅作为特殊情况出现，不是故意而为之。但另一种情况是：这些细部刻意地同周边的设计体系形成冲突感。它们在形式上、概念上并不是建筑的一部分，而是独立存在的。这种细部的出现可能源自功能上的需求，但细部并不都有功能的目的，很多细部仅仅是装饰性的，尽管如此，它们最初出现时都是作为建筑的基本构成部分：建筑的围护、构造、结构构件和其他适用性构件。

对于自主式细部的分类可能会显得复杂并产生重叠。前面提过的四处扶手细部之间的比较是一个极端的例子，它们的出现源于功能的需求，即作为供人触摸建筑的节点出现，但是存在功能需求仅仅是自主式细部出现的场合之一，除此之外还有三种场合：构造节点、结构，以及建筑对元素的呼应。与我们对建筑的具象理解相对，我们与建筑的互动可以分为四个方面：（1）构造——对于建筑为什么这样建造的感知，它的组成部分以及它们之间的连接和装配方式。（2）结构——对于重力和风荷载对建筑的作用，以及建筑自身是如何克服这些外力的感知。（3）功能——对于我们自身和建筑互动关系的感知，它是如何作为一种设备服务于我们的生产生活的，饮食、睡眠、工作或者非工作性质的活动。（4）性能——对于将建筑视为一种围护设施的感知，它是如何使我们保持干爽、温暖，或者凉快的。大多数的自主式细部的出现是为了诠释以上讨论的建筑的四个方面之一。

自主式细部可以归类为积极或具象的、消极或抽象的。积极或具象的自主式细部往往是以上四个方面之一的实现方式的直接表达或夸张化表达。对于这些细部手法，总存在一种与之相反的类型，它们表达的态度是否定的而不是肯定的，它们的目的是割断而不是加强联系。如果建筑的概念表现出整体感，这种积极或具象的细部提醒我们它是构件的集合。消极或抽象的自主式细部往往没有通过建筑语汇来诠释这些因素，这不只是简单的遗漏，而是要令人感受到明显的缺失感。如果建筑要表现出结构的厚重，消极或抽象的自主式细部便否定它的厚重，如果建筑要适应某种功能需求，它们则选择忽略这种需求的存在，如果建筑要对元素表现出庇护，那么细部也会表现得与之相反。大部分的自主式细部是积极或具象的，但也有少数消极或抽象细部的设计非常出色。

大多数的自主式细部都表达（或否定）了有关建筑形式与功能关系（即建筑形式是否反映出功能）的几种极端的感知："建筑作为整体"还是"建筑作为构件的集合"；"建筑（通过形态）告诉我们雨水是如何排出的、热量是如何维持的"还是"建筑实现了这些功能却不通过形式表现出来"；"建筑要强调自身是通过某种材料建造的"还是"建筑使用一种材料来表现另外一种材料，或者根本就没有表达任何材料"。简而言之，一种情况是：建筑通过形式表现出它的功能、性能、结构和构造；另一种情况是：建筑的形式表现的只是抽象的几何形体或者象征性的意向。在自主式细部中，建筑的大多数位置被遮掩的信息在这一节点突然被展现，甚至夸张地表现出来。于是，自主式细部在两种建筑语汇的表达之间、在抽象和具象之间划了一道界限。但是这条界线也可能同样出现在建筑主要元素和次要元素之间，结构元素和非结构元素之间，家具和建筑自身之间。

自主式细部可以表现得更自主，甚至是颠覆性的。颠覆性细部是一种极端的自主式细部，它不仅仅表现和周边环境概念毫无联系，而且还会刻意地反其道而行之，表现出一种截然相反的态度，运用同建筑其他部分产生强烈对比的材料。于是，第六种定义的类型便是这样的细部——它不仅是自主的，而且是颠覆性的，它不仅遵循不同的规则，而且使用和整体建筑相反的概念。

以上讨论过的自主式细部（包括阿尔托、康、库哈斯、赫尔佐格和德梅隆作品中的扶手）展现了该类型细部的一个共同特征：自主式细部有同样具有自主性的历史，它们表现的影射与联系更多是相对于外部世界、其他建筑、或者建筑师曾经做过的其他作品，而不是它所在的建筑。所以人们往往可以在不同建筑中找到两处细部的共通性，却发现细部本身与它所在的建筑并没有共同之处。这些历史也适用于我们刚刚定义的几种细部类型：

构造——改变我们对于局部与整体的感知
结构——改变我们对建筑中力学关系的感知
功能——改变我们个人体验的感知
维护性能——改变我们对环境因素作用于建筑的感知

接下来我们就分别讨论以上各个类型的一些历史。

# 构造——改变我们对局部与整体的感知

让我们先撇开建筑，从艺术说起，亚历山大·考尔德（Alexander Calder）设计的一件雕塑——谢瓦尔红色雕塑（Cheval Rouge）（图3），通过使用一些由焊接、螺栓、折板构成节点而展现了明晰的形象，而且构造也表达得十分清楚，甚至在某些部位通过额外的钢板做了加固。这些节点有一种特别定制的非系统性的品质，同雕塑的特质相协调，同它的尺度相适宜。这些节点的存在对于考尔德的作品十分重要，正如同"节点的缺失"对于里查·塞拉（Richard Serra）的作品同样关键。最终它们增强了而不是削弱了考尔德作品的假象。它具有代表性的品质恰恰存在于它的平淡无奇，于是我们可以把它看做是具有代表性的，或者仅仅是它自己。

戈特弗里德·森佩尔争辩过："当形式的构成（无论是什么类型）使人们

图 3

谢瓦尔红色雕塑，亚历山大·考尔德，
华盛顿特区赫希洪博物馆,1974

图 4

位于维拉利娜大街的花园小屋的玻璃桌子，
艾德瓦尔多·苏托·德·莫拉，
葡萄牙波尔图，1986

注意不到材料的存在和持久——自然也就会减少人们对它们的质疑——的时候，才会产生最好的视觉效果。"[2] 我觉得这大错特错。考尔德在作品中对于构造信息有选择性表达的处理恰到好处，作为一件艺术品这甚至是必须的。建筑或许可以被看做是抽象或具象的雕塑，但无论哪种情况，这种现象都同样适用于建筑。

当然，对于考尔德的静态雕塑中使用的这种孤立而又显著的节点，我们在很多建筑中也可以找到与其相对应的元素。这便是自主式细部作为节点出现的情况，即那种与环境不相协调的节点——范斯沃斯住宅（Farnsworth House）中的并无结构受力的支撑构件；甘柏住宅中没有连接作用的连接构件；孤立的、同周边不协调的联合教堂中的狭长窗子以及阿姆斯特丹股票交易所中的可移动式节点。

艾德瓦尔多·苏托·德·莫拉设计的玻璃桌子（位于维拉利娜（Rua da Vilarinha）大街的花园小屋，Garden Annexes，1986），坐落于手工风格的环境中的是一件高技风格的作品（图4）。一张纯洁的、透明的玻璃板，一侧被支撑于粗糙的石墙之上，另一侧则被两根纤细的竖杆支撑起。石墙和玻璃通过两根光洁的金属连接件连接并保持水平，尽管它们的尺寸在广阔的空间中显得如此纤小，看上去却好似托起了整个场景。它们和花园其他部分的手工风格完全不同，清楚表达出"连接"的关系，而在它所属的环境中几乎没有类似的表达。

在考尔德的静态雕塑中，那些细部提醒着人们，这件雕塑是被建造、组装起来的，这种理念与作品场景所呈现出的概念意图是矛盾的。虽然在苏托·德·莫拉的作品中，没有超出建筑本身而存在的人物形象，而此处节点仍然是那种与周边不相协调的节点，但这不是因为它表达出了构造关系，而是因为它表达的是一种不同逻辑的构造关系。这样的细部持有一种与所在建筑相反的态度，它们要传达的不是弗兰普顿所谓的建筑整体性，而是另外一种与建筑本身不同的秩序。[3] 它引入了一种外来的表现方式——在手工制品中引入高技风格、在抽象的乡土风格中引入技术上表达清楚的做法。这种典型的自主式节点提醒着人们，这些作品是组装起来的。我们对建筑的第一印象往往认为它是永久存在的，而不会关注它的建造顺序和方式。这种自主式细部强调，我们面前的建筑并非永久存在的、静止的、浑然天成的，而是由一系列组件拼接起来的，它的各个部分也存在着相互作用力，所以我们可以认为：建筑并非毫无生气，而是带有生命的特征。

自主式细部作为节点并不总是这种孤立存在的情况，它可能被大量应用，而在总体上却仍然保持着与周边不一致的状态。奥托·瓦格纳的邮政储蓄银行的许多元素表现出永恒的气质——具有乡土气息的基座以及厚重的砖墙上相对较小的开窗。其中也有很多元素表现出组装的特征——用于锚固石材的扣子形状的金属件以及基部花岗岩饰面石板尽端处外露的细部。这些连接螺栓的有效之处，不仅仅在于它们表达出了构造和层次关系，更是在于它们在一座极力表现出厚重和稳定之感的古典建筑中传达这种关系。毫不奇怪，既然瓦格纳的外露螺栓是自主式节点，它们当然也具有独立的发展历史——出现在1906年以来的一系列建筑中。类似的螺栓也十分显著地出现于其他建筑师的作品，其中一

图 6

升板结构（Lift-Slab），圣伊格内修斯教堂，
西雅图大学，斯蒂文·霍尔，
华盛顿特区西雅图，1997

图 5

史前博物馆，瑟夫·保罗·克莱休斯，
德国法兰克福，1986

个特别的例子是约瑟夫·保罗·克莱休斯（J. P. Kleihues）设计的法兰克福史前博物馆（Museum of Prehistory in Frankfurt，1986）（图5）。

斯蒂文·霍尔设计的位于西雅图大学的圣伊格内修斯教堂（Chapel of St.Ignatius，1997），在建造时采用的是升板结构（图6）。这里使用的技术简单，用混凝土浇筑成基础，然后在其上浇筑另一层混凝土板，然后将其翻起，形成墙。这一建造过程会在完成的墙体上留下暴露的升板所需的钩件。或许霍尔本可以隐藏这些建造痕迹，但是他选择了使用椭圆形黄铜挂件来盖住它们，使立面呈现出仿佛许多甲壳虫在墙上爬行的效果（图7、图8）。这是一个值得夸赞的细部，虽然显得有些怪诞。这座建筑并没有展现许多有关它自身的内容。从构造的角

自主的细部
**241**

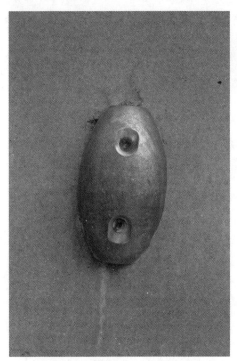

图 7

被盖上椭圆形装饰的升板结构挂件,圣伊格内修斯教堂,
西雅图大学,斯蒂文·霍尔,
华盛顿特区西雅图，1997

图 8

墙体细部,圣伊格内修斯教堂,西雅图大学,
斯蒂文·霍尔,
华盛顿特区西雅图，1997

度说——屋顶是如何支撑的？采用的是何种空调系统？雨水是如何导向的？观察者可能对此毫无头绪，他们唯一能看到的便是墙上这些挂件的位置，在众多信息中仅有这一点被释放出来。正是因为在沉默的环境中这些细部的清楚表达（建筑师本可以选择把这些建造技术掩盖掉）才使建筑变得深刻。霍尔当然非常清楚这种表达上的对立关系：

　　　　讲究物质和触感的建筑旨在寻求诗意的展现——马丁·海德格尔（Martin Heidegger），这就要求节点的设计要有闪光点。细部，这种诗意的流露，将小尺度的格格不入同大尺度的整体和谐互动起来。[4]

当建筑的外立面与构造表达无关成对于瓦格纳的例子而言，外立面与实际构造的表达无关时，瓦格纳和克莱休斯的建筑中那些孤立的锚件细部给了我们一些构造做法的启示——这些提示元素的存在显然很有必要。我既要把建筑看做一个永恒和稳定的整体，又要理解它也是由许多组件以相互依存的关系组装而成的。

马克·斯科金和美林·埃兰作品中的碎片化节点看似属于这种表达构造方式的自主式节点类型，然而这些处于显著位置的节点并不是造成建筑破碎效果的真正构造；这种节点应算作是装饰性的，如同柯林斯柱式一样给人们造成假象。伟大的节点本该应以明了的方式在技术上解决破碎效果的相关构造问题，而在形式上又不破坏这种破碎的假象——或者至少可以说——破砰的暗示。

埃里克·欧文·莫斯（Eric Oucn Moss）是当时众多对碎片化产生兴趣的建筑师之一，并在他九十年代的一系列作品中进行了探索。他说过，正如达利波·维斯里（Dalibor Vesely）一样，他的建筑"如果将自身表现为一个整体，反而会使它在概念上变得不完整"。[5] 以下是莫斯所写的一段话——关于他称之为"流浪汉秩序（Picaresque order）"——碎片作为更高层次秩序的一部分：

詹姆士·乔伊斯（James Joyce） 有一种方法——我称之为流浪汉理论（Picaresque theory）。它在现实实体层表现出分割感，而在心理层面呈现出连续感。当这座建筑摆在你面前，你见到的虽然是一系列的碎片，而这些碎片从方法论的角度看，或许是或不是紧密相连的。更可能的是，它们是松散地连在一起的，甚至可以认为是不相连的。[6]

莫斯也曾提出过："视觉享乐主义，或者说愉悦主义，在生产某些物件并把它们按照某种方式装配到一起的过程中。"[7] 但是，可以论证的事实却是他的许多细部设计反而是关于如何把它们分开的。他设计的位于加州卡尔弗城（Culver City）的派拉蒙的洗衣店（Paramount Laundry，1989）是一座在现有大跨度建筑基础进行大尺度改造的项目。这座建筑有的地方缺少柱子，有的

图 9

辩论大堂, 苏格兰新议会大厦, 安瑞科·米拉莱斯和贝纳德塔·达格利亚布艾,
英国爱丁堡, 2004

地方存在着不必要的柱子, 此外还分布着一些现有结构的残片。这里, 关键的
细部并不是这些残片本身, 而是那些使这种效果得以实现的节点。莫斯营造出
了一种构造上看似很难实现的抽象概念, 然后将实现这种概念的构造手法展现,
甚至是夸张地表现出来。通过它, 抽象的概念和现实的构造得以融合。

我们已经知道那种大体量单一性建筑中的单个细部不仅仅是"与周边不相
协调"那么简单。奥尔胡斯市政厅 (Aarhus Town Hall) 的梁柱节点以及约翰
逊行政大楼的转动底座使建筑可以在更广义的层面被解读为一种宣言——体现
了雅各布森式的政治自治, 或者赖特式的民主联合。这些节点还有另一种品质:
它们不仅只是被清楚地表达出来, 而且具有活化特征, 暗示了结构(至少此处
的结构)是动态的, 而不是静止的。而事实上, 结构确实是动态的。

图 10

辩论大堂细部，苏格兰新议会大厦，
安瑞科·米拉莱斯和贝纳德塔·达格利亚布艾，
英国爱丁堡，2004

除此之外，还有很多其他的案例展现了这种孤立而活化的节点；其中一个例子就毫不意外地出现在另一处政治场所——安瑞科·米拉莱斯（Enric Miralles）和贝纳德塔·达格利亚布艾（Benedetta Tagliabue）的作品——位于爱丁堡荷里路德宫的苏格兰新议会大厦（New Scottish Parliament Building，2004），于安瑞科·米拉莱斯逝世四年之后建成。建筑师在这个建筑中引入了许多隐喻的内容，包括散落的树叶、溪流中的小船，同时它也表现出向苏格兰传统建筑的致敬，但是它真正令人震撼的是辩论大堂布局的表现形式——包括政治隐喻和建筑手法两个方面的体现（图9）。在传统议会座位布局中，相互对立的政治团体的席位是面对面的，就像西敏宫（Palace of Westminster）那样，然而，在荷里路德宫中，虽然倒挂的木桁架的节点也将空间划分为了两半，但它的抛物线形态的坐席平面布局却没有这样做（图10）。

虽然建筑整体令人印象深刻，却没有多少细部实现了技术上的清晰表达以及对于细节精准的刻画。他们应该十分感谢奥雅纳工程顾问公司（Arup）的工程师们，但是似乎没有理由认为米拉莱斯个人对最终的设计有所不满。由于桁架是倒挂的，于是动感得到了增强，即使说这种动感没有造成整体布局的不稳定感，这种印象也因 2006 年一个断裂的桁架节点被掀起，并引发更为强烈的不安。因此，这类组装式构造要想摆脱那种或许已经被史密斯和洛朗厄加于其上的政治隐喻是十分困难的，但这仅仅是针对桁架的不稳定布局，而非针对夯实、统一的基础。

无论它在政治或者其背景方面的暗示是什么，此处技术上清晰表达的节点之运用的有效之处——同其他案例一样——在于它的反主题特征，而没有遵循一般性的规则。同建筑那毫无节点的混凝土基座形成鲜明对比的是，屋顶的特征不仅仅源自木质结构同钢构件的连接关系，更在于它在这种静止、巨大而单一的实体中引入了动态、灵活、活化的技术上表达清晰的组件。在其他部位，米拉莱斯要求避免节点的出现。[8] 当一位参与合作的建筑师建议在建筑外立面采用带有开放式接缝的石板墙体时，米拉莱斯则坚持要隐藏这些接缝来突出墙体的厚重与整体感，而在屋顶位置，节点的表达却尤为重要。它要求厚重的基础和墙体作为象征性的衬托。这种做法将建筑的概念凝结起来：是只有屋顶才是细部所在，它是例外的情况，而非整体建筑中普遍的规则。如果在建筑中到处都应用这种表现组装特征的细部，就会使整个建筑的主题都围绕"组装"这个词——就像蓬皮杜中心那样。在苏格兰新议会大厦中，它仅作为孤立的情况出现，但它象征的意义却因此得到了增强。

# 表达构造方式的细部

有关构造的自主式细部可以表达更复杂的构造过程，不仅仅关于组装方式，也包括对于构造发展历史的展现。这种自主式细部我们称之为叙述型节点——

图 11

入口，海德马克博物馆，斯维勒·费恩，
挪威哈马尔，1979

它通过某种虚拟的方式，向我们讲述建筑组装的发展史。位于挪威哈马尔镇的海德马克博物馆（Hedmark Museum，1979）在设计时需要考虑在现有的历史遗迹之上新建建筑的维护结构。建筑师斯维勒·费恩（Sverre Fehn）没有添加新的窗子，而是将无框玻璃盖在中世纪墙体窗洞处的外表面，这样就能将建筑的历史发展层次清楚地展现出来（图 11）。他写道："不要触动这些墙体。不要联想任何事物。我们使用玻璃来完成建造。不要在开洞的位置添加什么，使它们成为历史的见证；将玻璃挂在墙体外侧，这样从中世纪到当下的整个历史发展过程都会被讲述出来。"[9] 此处的细部展现了真实历史的发展层次，但它仅是一系列虚拟型构造先例的继承者，一个尤为典型的先例是西格德·劳伦兹（Sigurd Lewerentz）位于瑞典的克利潘圣（Klippan）的作品——圣彼得教堂（Church of St. Peter，1966）。在他早期的厚重的砖石建筑中，劳伦兹往往将玻璃置于洞口深处，以此唤起外观的废墟感。在克利潘（Klippan），他的做

图 12

马尔默墓园（Malmo Cemetery）的花房，西格德·劳伦兹，
瑞典马尔默，1969

法与之相反，将玻璃置于洞口外端，从而突出内部的废墟感。这是一种虚拟的
历史层次的展现，一种人工造成的废墟感，但它并无具体的历史影射。

　　这成为了另一种形式的自主式细部，并开启了它独自的发展历程。为什么
劳伦兹在马尔默墓地（Malmo Cemetery）的混凝土花房——一个完全崭新的建
筑——中使用了相同的细部，对此我们不完全清楚，或许是为了避免外观上的
废墟感（图12）。约翰·伍重（Jørn Utzon）将该细部以更为细致的方式应用在
丹麦哥本哈根的鲍斯韦教堂（Bagsværd Church，1976），无框玻璃与混凝土脱
离的手法在此处再一次出现。JSA建筑事务所（Jensen & Skodvin）位于奥斯陆
的作品——默藤斯吕教堂（Mortensrud Church）中也将该手法应用于整个幕墙
（图13）。这里也不例外，墙体的基本材料是石材，但该案例中的石墙是新
建的（图14）。它也展现了历史，只不过这是一种人为虚拟的历史。

　　有些作为历史叙述型自主式节点的形式更为复杂，暗示了更为复杂的历
史发展，第二种类型体现的便是交织的过程。"床柱"（Tokobashira），意
思是日本传统房屋或茶屋中使用的孤立的树干柱，是未经加工的自然材料被引
入使用同样材料，但经过加工、形体上修剪过、已经抽象化的建筑环境中（图
15）。它出现在一些日本现代建筑师，比如桢文彦（Fumihiko Maki）和黑川纪

图 13

默藤斯吕教堂，JSA建筑事务所，
挪威奥斯陆，2005

图 14

结构支撑，默藤斯吕教堂，JSA建筑事务所，
挪威奥斯陆，2005

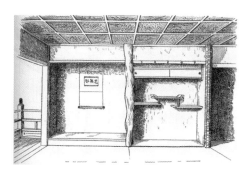

图 15

床柱（爱德华·摩斯（Edward Morse），
《日本人之家以及周边》（*Japanese Homes and their
Surroundings*），波士顿：Tichnor，1886)

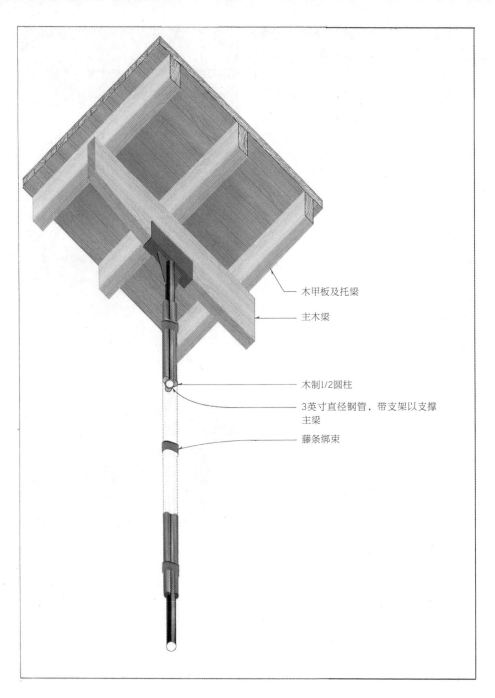

木甲板及托梁

主木梁

木制1/2圆柱

3英寸直径钢管，带支架以支撑
主梁

藤条绑束

图 16

柱子，苏尼拉纸浆厂的巴士站，阿尔瓦·阿尔托，
芬兰科特卡，1937

图 17

柱子，苏尼拉纸浆厂的巴士站，阿尔瓦·阿尔托，
芬兰科特卡，1937

图 18

柱子，第一联合教堂，A. C. 施魏因富特，
加利福尼亚州伯克利，1898

章（Kisho Kurosawa），的作品中，[10] 但是树干柱也在木板条风格建筑（Shingle Style）和阿迪朗达克（Adirondack）建筑中有所出现。和床柱一样，这些树干柱在那种使其孤立存在并与之不相协调的环境中最为有效，就像A.C.施魏因富特（A. C. Schweinfurth）的作品，位于伯克利的第一联合教堂（First Unitarian Church)那样（图16）。这座建筑同时又具有很持久的现代主义生命力。人们可以通过它看到构造的发展历史——从自然木材到加工过的木材。阿尔托的巴黎世博会芬兰馆（Finnish Pavilion for the Paris Exhibition, 1937)中，有一处细部展现了更为复杂的构造发展史，从原始的树干柱开始；然后演变到中等手工艺程度的成簇、成捆的木柱，最后是看上去仿佛飞机挂般附有纤细构件的双锥形木柱。这些彼此孤立的元素不断提示着我们，即在这座真正结构被隐藏于后的抽象建筑的支撑构是——木材。

自主的细部

阿尔托的簇柱是另外一种类型的自主式细部的典型，它在现代主义风潮中经历了漫长而曲折的发展史。在阿尔托的作品中，这部历史是完整的，从古朴的民俗工艺过渡到具有代表性的特定风格，这贯穿了他的整个职业生涯。他最早在芬兰苏尼拉纸浆厂（Sunila Pulp Mill）的巴士站（1937）项目中引入了簇柱，相比普通的实心柱，它可以将建筑受力更为精确地表达出来（图17、图18）。因为柱子可以随着受力变化而增加或减少。然而，当阿尔托在玛丽亚别墅（Villa Mairea, 1939）应用这些簇柱时，它们已经失去了原有的力量并被符号化了。比如，将桑拿室内的木柱捆扎起来就是不必要的，而且室内的钢柱仅仅为提升触感而存在，并没有结构的作用。与此同时，起居室的藤条柱列令人联想到那些起结构作用的桑拿室柱子，至少从外观上如此。这两组柱子的真正角色是要表现出古朴的工艺而不是传达如何解决结构问题。它们在阿尔托后来的作品中以石材的形式出现，如德国沃尔夫斯堡文化中心（Wolfsburg Cultural Center, 1962）。这些细部改变了建筑的表现力。它们是高技建筑中出现的手工艺品，它们也是抽象建筑中的那些代表了某种意义的元素，比如历史。

库哈斯的鹿特丹康索现代艺术中心（Kunsthal, 1992）的前廊也引入了三根不同类型的柱子，分别是混凝土柱、蜂窝钢柱、圆筒钢柱（图19，图20）。在建筑现有的布局中，在前廊蜂窝钢柱和圆筒钢柱之间还布置了一颗树干。该建筑的结构工程师，塞西尔·巴尔蒙德（Cecil Balmond），写道：

> 在你进入康索艺术中心之前，你会近距离地注意到三根柱子。它们由不同的材料制成，拥有不同的形状，一根混凝土柱，两根钢柱。混凝土柱具有方形截面，而两根钢柱的截面各不相同。一根是较为常见的"工"字形截面，另一根是蜂窝钢柱。这些元素在许多建筑中都很常见，但此处的特别之处在于，它们相距如此之近，于是彼此之间的分离感显得十分强烈。它们以某种形式打破了平静的氛围。它们各自的特性在此碰撞。这些形态是由各自独立的屋顶荷载决定的，这些荷载直接作用于柱子，而没有通过隐藏的结构转换构件至某个指定的支点上。这种依据所承荷载而量身定制的解决方式为入口设计提供了有力的概念，此外，三个互不相同的个体混在一块儿彼此作用，试图激发某种即兴的创作。[11]

图 19

康索,雷姆·库哈斯，
荷兰鹿特丹，1992

图 20

前廊的柱子，康索，雷姆·库哈斯，
荷兰鹿特丹，1992

　　细部开创了历史衍变表达形的新类型，它具有现代主义建筑的血源，预示了现代主义的出现。卡尔·弗里德里希·申克尔的作品德国夏洛宫(Charlottenhof Palace，1831）的园景木屋中长满植物的栅格构筑物采用了多种不同形式的支撑构件：藤本植物缠绕的树干、赫尔墨斯雕像（Hermes）、简单的圆柱、方柱、小型科林斯柱式。这种历史演变的展现也出现在文字作品中，例如李巴特·沙莫斯特（Ribart de Chamoust）所著的（弗朗索瓦，自然界中的秩序 *L' Ordre Francois trouvé dans la nature*）（1776），书中十分具象地对科林斯柱式如何源自于树木进行了猜想。在约翰内斯·开普勒（Johannes Kepler）的鲁道夫星表（Tabulae Rudolphinae）的首页插画通过柱列将天文学的发展史描绘出来，每一根柱子相应代表一位天文学家（图21）。最古老的是一根原始木柱，代表一位古代观星者，最新的是一根精致的大理石柯林斯柱，代表第谷·布拉赫（Tycho Brahe），而位于它们之间的柱子，构造精细度依次提升，分别代表希帕克斯（Hipparchus）、托勒密（Ptolemy）、尼古拉·哥白尼（Nicolaus Copernicus）。在1982年的一篇文章中，德国建筑师O.M.昂格尔斯写下了一段关于这种转换的文字：

图 21

鲁道夫星表的首页插画，
约翰内斯·开普勒，1627

这种转变的原则可以是逐渐的，它将设计师置于一个可以将看似存在分歧并且
彼此不可调和的对立元素联系起来的位置。而这种原则首先要有一个先决条件，即
我们要意识到客观的自然事物本质上不仅仅局限于一种状态，而是以不同状态出现
的。就像液态水会变成水蒸气，也可以变成固态冰，空间结构的界限也可能从清晰
变得模糊……这个概念可以通过建筑实例进一步解释，比如要支撑一个构件：可以
使用腿、梁、柱、杆、竖梃、垛，依据情况而定。[12]

这些转变，如同其他手法，在小尺度上复制着第四章讨论过的柱头的假设
性发展，而阿尔托和库哈斯作品中出现一系列细部，不断重复诉说着他们个人
建立的秩序的历史演变。一些更为极端的情况是，这些转换形成了一个单独的
自主式细部类型，作为历史案例供他人参考，变成了实实在在的程式、建筑史

图 22

柱子，威廉姆斯游泳馆，克兰布鲁克学校，
威廉斯与钱以佳建筑事务所，
密歇根布隆菲尔德山，1999

中的独特风格。威廉斯与钱以佳建筑事务所（Williams and Tsien）设计的位于密歇根布隆菲尔德山的克兰布鲁克游泳馆（Cranbrook Natatorium，1999），虽然没有表现出明显的受阿尔托的影响，但是在入口的雨棚处却使用了簇柱——铝合金版本的阿尔托木柱（图22）。斯卡帕的威尼斯双年展的委内瑞拉展览馆（Venezuelan Pavilion at the Venice Biennale，1956）使用的成对钢柱的细部源自几处历史案例，包括阿尔托的作品以及意大利北部哥特式使用的成簇的石柱（图23、图24）。尽管斯卡帕的建筑拥有其统一的母题，这些细部却保持了自主的特征。它们展露了建筑的构造方式——这些构造原本不为人所关注。

在以上讨论的建筑实例中，建筑师通过三种方式表达了历史衍变：原材料与加工后的材料，手工风格与工业化风格，或者简单的古代风格与现代风格。

图 23

柱子，威尼斯双年展委内瑞拉展览馆，卡洛·斯卡帕，
意大利威尼斯，1956

有一些细部让人留意到建筑的构造方式，这往往和它整体不太表现结构特征的建筑概念产生对比。建筑师为什么要引入这种细部？很可能因为这种矛盾的并置体现了对建筑两种截然相反的理解。这并不是说失去这些细部建筑就失去了意义，而是说它们赋予了建筑另一层含义。

当节点细部可以被设计为自主式细部时，那么就必然可以以消极的或抽象的手法出现。最典型的情况便是：当你觉得某个位置理应存在节点时，那里却恰恰没有节点。比如 UN 工作室设计的莫比乌斯住宅以及安藤的沃思堡艺术博物馆，然而更为突出的一种消极的或抽象的节点类型是碎片化节点，它们表现出拆分而非组装关系。

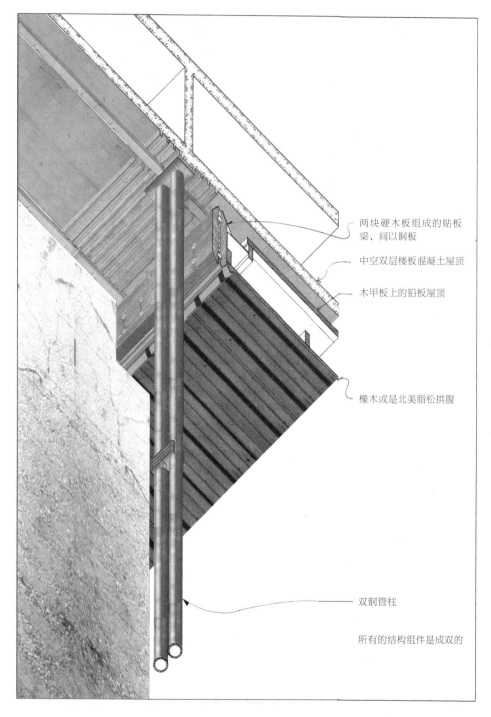

两块硬木板组成的贴板
梁，间以钢板

中空双层楼板混凝土屋顶

木甲板上的铅板屋顶

橡木或是北美脂松拱腹

双钢管柱

所有的结构组件是成双的

图24

柱子，威尼斯双年展委内瑞拉展览馆，卡洛·斯卡帕，
意大利威尼斯，1956

自主的细部

257

图 25

位于罗马EUR商务区的国会中心，阿达贝托·里贝拉，
意大利罗马，1942

图 26

位于罗马EUR商务区的国会中心，阿达贝托·里贝拉，
意大利罗马，1942

# 结构——改变我们对建筑中力学关系的感知，特别是重力

默藤斯吕教堂中规整的柱网被一个倒"V"形结构构件打破，使结构可以避开场地现有的穿透教堂楼地面的岩石。这一节点使结构形式产生变化，原本标准化的结构元素突然具备不寻常的特征。这种作为结构元素的自主式细部是依据情况而定的，特殊情况需要特殊的、非标准化的细部。然而，也存在着一些表达结构的自主式细部无法通过它所在的环境来解释。如果说建筑是有关如何解决结构问题的，而结构是有关如何解决重力问题的，那么如果改变了结构形式的表达便改变了重力关系的表达，同时也改变了建筑的表达。

阿达贝托·里贝拉（Adalberto Libera）位于罗马 EUR 商务区的国会中心（Palazzo dei Congressi, 1942）是一座抽象的、具有纪念性特征和大尺度框架的建筑，建筑师通过墙体和紧凑的大理石柱廊勾勒出建筑的形态，而对于结构特征却没有太多的表现（图 25）。即使说它传达了某种结构信息，这种传达是微弱而难以察觉的。相比之下，大柱廊背后的玻璃幕墙却并非如此。悬链线形式的桁架（作为幕墙的结构）在其尽端以铰接的形式固定，它非常精确地诠释了建筑有关风荷载问题的解决方法——构件位于中间位置（也是张力最大的位置）的尺寸较大、位于尽端位置（也是张力最小的位置）的尺寸较小（图26）。关于建筑构件如何抵抗外力的作用，这并不是表现力最强的建筑案例，但确是唯一表现得非常细致的。它属于另一种类型的自主式细部，在整体建筑试图回避或弱化结构表现的概念下诠释建筑结构的受力特征。

许有人会争辩，这不过是对功能问题的解决而已。幕墙中不透明的竖梃构件被尽可能地减小尺寸，这的确是为了获得最大限度的通透性，但选择这种对比鲜明的建筑语汇却不是功能问题强加的，它要传达的概念要超出功能的范畴。这种对结构的刻画强化了对建筑尺度的传达，在我们对建筑整体的尺度不确定的情况下，这些细部构件使我们对窗有了真实的尺度感。

这种细部——孤立的悬链线式的竖梃（solated catenary mullion），很可能源于豪（Howe）和莱斯卡兹（Lescaze）设计的费城 PSFS 大楼（1932）或者阿尔托的维堡图书馆（Viipuri Library，1935）。和其他自主式细部一样，它周期性地出现，例如埃罗·沙里宁（Eero Saarinen）的纽约肯尼迪机场的 TWA 航站楼（TWA Terminal，1962），以及后来的诺曼·福斯特位于法兰克福的德国商业银行总部（Commerzbank Tower，1997）的中庭，这些建筑在整体上并没有弱化结构的表现。然而其中的细部之所以显现出自主式特征，是因为它们对幕墙的结构构件极为精致地表达——它们利用最少的材料来解决问题。建筑的其他部分，采用了极为简单的几何形状。虽然这些细部在某种程度上都可以归入自主式细部的类型，但却没有一个能展现出像罗马 EUR 国会中心那样的表现力。这些细部所表现出的那真实的动感是十分清晰的，我们一方面可以从技术的层面来理解它们，另一方面也可以把它们看做是活化的元素，那种直观而富有机械特征的活物，而这种活化存在于许多不同类型的自主式细部中。

而有一些结构形式就不太容易解释了，它们虽然在结构原理上是明确的，展现出的形象却是含糊不清、不连贯、无章可循的，它们没有显而易见的功能目的。这种细部往往包含间接支撑的结构，呈现出"人"的品质。在斯卡帕的城堡博物馆（Castelvecchio literally）中，圣母与圣子雕塑（Madonna and

图 27

雕塑支撑，城堡博物馆，卡洛·斯卡帕，
意大利维罗纳，1967

Child）的结构构件连接至展板的边缘，仿佛抽象化的人体的手，雕塑因而具有了活化的特征，传达出一种内在的力量（图 27）。物体的结构支撑是在侧面，而不在下方，这同样会产生一种结构荷载不存在或者无足轻重的错觉。无论应用在何种尺度上，这种做法都是结构上看似不合逻辑的解决方案。例如在斯卡帕类似的细部中，它为雕塑提供了一个背景，但背景却不是作为它的支撑构件而存在。其最主要的目的和其他任何画作的相框或者雕塑的基座没什么分别，即为了将艺术展品从周边的环境中突显出来。但是在这种活化的结构中存在着另外一个因素，它向我们提出了一个很基本的问题：我们到底如何理解结构？

富于表现力的结构要遵循两种模式。一种是数学的：我们通过将桁架、桥梁或拱顶抽象成受力分析图来理解它们。这种理解并非直觉上的，而是通过理性分析的，这也是最常见的表现模式。另一种模式，至少部分是依赖于直观感受的，是雕塑性的：将无生气的体量进行活化的表达，比如爱奥尼柱式对雕带（frieze）、柱头（capital）、环形柱础（torus）的体量的放大暗示了柱式内部的受力关系。这些装饰以其独特方式所展现出的表现力甚至可以和比罗伯特·梅拉特（Robert Maillart）设计的那些优美的桥梁相媲美。建筑突然间因为这些结构元素显得富有生命了。然而对于表达结构的自主式细部，不论属于哪种类型，它们都是所在环境中的异类，以不同的方式表达，而且出现的次数越少，传达信息的表现力就越突出。以上两种类型都是在将其内在的品质活化。一种是精确设计的，机械而真实；一种是雕塑性的，并且往往带有象征性。

对于结构的理解，除了这种数学和雕塑的区分，还有另外一种极端的理解：建筑是纪念性的还是移情的。纪念性建筑表现出稳定、永恒的气质，并常常具有巨大的尺度，有人或许立刻会联想起卡拉卡拉浴场或者大英博物馆（British Museum，1753）。建筑的制度是不论何种风格，常常表现得厚重、巨大而结实。道理很简单，这些建筑是在向世人宣示：它们的所在机构也同样可靠、持久、稳定。人们对于这种"巨大、持久、稳定"建筑的评价，很大程度上取决于做出评价的人。它们对于布杂艺术风格（Beaux-Arts）理论家朱利安·歌德（Julien Guadet）而言，可能这代表了机构内部稳定的社会关系，而对于彼得·赖斯而言可能就意味着社会对于个人的压抑和统治。[13]

除了纪念性建筑之外，我们还有另外一种对结构的理解：即移情的。我们对建筑内部受力的理解会随着所感知到的受力大小的变化而变化——在不同尺度的层面，会有不同的理解。当这种尺度接近人的尺度时，便会有十分特别的感受。在古典建筑中，这种近人尺度体现在一些为人们熟知的装饰性元素上：环形柱础（torus）、柱头（capital）、柱式收分（entasis）效果等。在现代建筑中，也有这种运用十分具象的拟人手法的例子——贝特洛·莱伯金（Berthold Lubetkin）设计的伦敦高点一号公寓（Highpoint One Apartments）中用于支撑雨棚的女像柱（caryatids）。这些女像柱使人产生一种错觉，即它们的承载能力似乎不如周边的现代柱子。于是可以说它们其实是在回避表现建筑的受力关系。当然，像如此具象的拟人手法是少数的，更多的是采用更含蓄、暗示的方式。它们采用真正富有生气的节点，比如贝尔拉格、雅各布森、皮亚诺、莱斯、约而达和佩罗丁等人的作品。

海因里希·沃尔夫林是众多探索移情过程的历史学家之一：

具体的形式具有某种特征，这仅仅是由于我们拥有自身的躯体……我们将我们自身的形象融入对所有现象的理解……我们自身的身体组织是我们理解所以其他具象事物的参照坐标。[14]

这种类型，在历史上也存在一些非古典式的例子，以哥特式入口为典型。迈耶·夏皮罗（Meyer Sohapiro）写过一段文字，是有关于位于法国阿瓦隆的圣·拉扎尔教堂（St. Lazare）西立面入口的四根相邻柱子，一根是有凹线的方柱，一根是人像柱，一根是缠绕式的，一根是圆柱：

"人"失去了有机性，成为了柱子，而静态的柱子获得了有机和动态的特性；它获得的自由不是那些装饰性的、无生气的砖石所具备的。在这里，"人"与无生命的元素实现了某种特质的互换。

那种为"人"赋予"非人"的特征、而给"非人"赋予"人"的特征的力量是构成这种理念的一部分……在十一、十二世纪文学中，柱式经常或明或暗地作为拟人的对象。一位国王、主教或者世俗之人如果拥有至高而永恒的地位就会被刻画为石柱，以此颂扬……这种柱式有了"人"的潜质，而"人"则有了柱的特征，这种互换通过形象得以实现。[15]

在一些建筑中，表达结构的自主式细部的存在可能会加强建筑的永恒特质和权威的体现（相比在那些没有这些细部建筑设而言），但是更可能的是（正如以上的例子）通过引入移情的、小尺度的设计颠覆这种特质。无论何种情况，我们对建筑的态度和对建筑的距离感都被改变了。然而无论采用两种表达特质中的哪一种，同它们的存在与否这个根本问题相比都显得无足轻重。显然，在某一个建筑中不同的或者相反的建筑语汇表达会影响我们在该点的感受，如果这种细部和荷载有关，那么它将会引起我们对其超出构造范畴的其他解读。我们以矛盾对立的方式来解读建筑，是因为我们在审视建筑时总是从两种相互矛盾的角度出发，建筑的坚固性，体现了稳定或者威严，或同我们自身的相似性，一种从"人"的角度的理解，一种移情的理解方式。

# 功能——改变我们对如何使用建筑的感知

在本章开篇部分提到的四处有机形式的扶手在设计时所考虑的因素显然远远超出了功能适用性的范畴，它们其实是一种另类的表达模式。那么它是什么模式呢？同样地，是活化——相同的秩序——但是相比前面提到的那些表达结构的细部，它们以更小的尺度出现。

瓜特梅尔·德·昆西（Antoine-Chrysostme Quatremere de Quincy）在他1832 年出版的《建筑史词典》（*Dictionnaire historique d'architecture*）中，提及多利克、爱奥尼、科林斯（他将其视为雕塑运用得最极致的）柱式的基本区别：

> 多利克柱式，体现了力量和坚固性，不需要其他柱式展现优雅和奢华的雕刻……柱头和檐部的轮廓光滑而没有多余的处理，在古建筑中几乎没有打破这种规则的案例。与之相反的是爱奥尼柱式，优雅的柱头，布满细部的雕带（freeze）和飞檐（mutule），使用花环装饰（tori）代替柱础，整个檐部为雕塑所装饰。雕塑，极尽它的奢华，同样被用于科林斯柱式，赋予科林斯柱式最为华丽的特征……雕塑艺术在现实中显然是建筑不可分割的一部分，它赋予建筑表达概念最为有力的工具，使建筑为人所理解，加强建筑的感染力。[16]

图 28

饮水器的把手, 斯德哥尔摩公共图书馆,
埃里克·贡纳·阿斯普朗德,
瑞典斯德哥尔摩, 1928

　　爱奥尼柱式是西方建筑中出现的一种早期普遍现象的代表, 在整体建筑中插入外来的雕塑元素。在这种现象中, 建筑结构中某个局部的材质可以有不同的形象展示给我们——从静态的变为流动的或是从刚性的变为柔和的。它常常表现出这种材质本身不具备的属性, 而且在某些情况下, 会使人联想到其他材质。这是另一种形式的活化。如果说 EUR 的竖梃代表了具象的、机械的、结构的活化表达, 那么这种现象便是通过雕塑, 而不是结构, 来表现出类似的效果。

　　二十世纪初, 这一现象非常直观地出现在埃里克·贡纳·阿斯普朗德 ( Erik Gunnar Asplund ) 设计的斯德哥尔摩公共图书馆 ( Stockholm Public Library, 1928 ) 中, 这些外来元素出现在奇怪的位置, 特别是门把手处。在正门处, 我们可以见到亚当和夏娃; 在饮水器处, 我们可以见到一个墨丘利 ( Mercury ) 塑像形式的旋转阀 ( 图 28 )。这座建筑中的那些具有雕塑感的元素总是出现在与人直接接触的位置。随后的十年, 阿斯普朗德设计了很多伟大的现代主义作品, 但雕塑元素并没有消失, 它们只不过变得不再那么具象。斯德哥尔摩勃

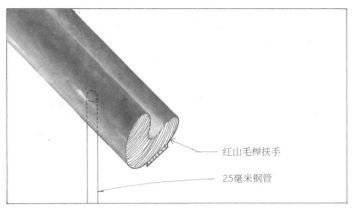

红山毛榉扶手

25毫米钢管

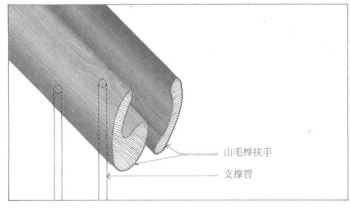

山毛榉扶手

支撑管

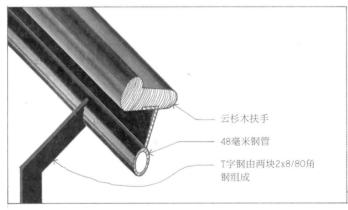

云杉木扶手

48毫米钢管

T字钢由两块2x8/80角
钢组成

图 29

**顶图**

扶手, 勃兰登堡百货公司, 埃里克·贡纳·阿斯普朗德,
瑞典斯德哥尔摩, 1935

**中图**

扶手, 维堡图书馆, 阿尔瓦·阿尔托,
俄国维堡, 1935

**底图**

扶手, 加拿大黏土与玻璃展览馆, 帕特考建筑事务所,
安大略省滑铁卢, 1992

兰登堡百货公司（Bredenberg's Department Store，1935）中出现的有机形式的木质扶手以及哥特堡法院（Gothenburg Law Courts，1937），在整体建筑表现为几何形式的、结构的、抽象的风格之下引入了柔和的超现实元素（图29）。并且，再一次，这些细部均出现在建筑与人接触的位置。

阿尔托的护栏和门把手也有类似的品质。再提一次，这些外来元素总是在人的手触摸建筑的位置，对此，阿尔托认为这样做会使建筑更为"人性化"。然而这种观点是有争议的；它们可能更多的是表达使用的需求，而不是满足使用的需求。它们在形式上可以使人联想到人体，并不意味着它们对人来说使用更方便。更合适的思考角度是把它们当做建筑环境中引入的形式相异的雕塑。它们可能使人联想到其他材料，表现出与它们自身的材料不同的属性，或者直观地表现为人体的形式，这些都同时赋予了他们雕塑和拟人化的品质。这些细部不仅仅是引入的异形，而且是活化的元素，暗示存在了各种力量——以相同或不同的方式作用。

不论它们的功能如何，这些形式很可能更多的是从超现实的角度来考虑而不是通过理性分析得出。所以很有必要听听阿尔托的好友、超现实主义艺术家琴 ·阿尔普（Jean Arp）关于这种活化表达的观点（图30）。以下是阿尔普有关固化过程——某种有机形式体的硬化过程——的描述：

固化即为凝结（condensation）、硬化（hardening）、结块（coagulating）、浓缩（thickening）、聚在一起（growing together）……的自然过程，"固化"赋予"凝固"以质量——石材、植物、动物、人类的质量。 固化是指那种成熟的事物。[17]

英格兰诗人赫伯特·里德（Herbert Read）有关生机论做了更为细致的表述，特别是针对二十世纪三十年代的艺术家们，例如亨利·摩尔和阿尔普的作品。里德受到艺术史学家威廉·沃林格的影响，并和他一样，里德意识到艺术风格领域的分化——自然主义和几何学、有机形式和传统形式、 生命主义和形式

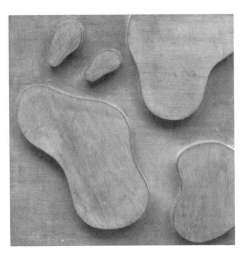

### 图 30

浮雕, 让·阿尔普, 让·（汉斯）
浮雕（Jean (Hans)), 1938 - 39, 仿1934 - 35浮雕

### 图 31

门把手

**从上至下:**

玛丽亚别墅, 阿尔瓦·阿尔托,
芬兰诺尔马库, 1939

国家年金协会大楼, 阿尔瓦·阿尔托,
芬兰赫尔辛基, 1952

圣凯瑟林学院, 阿诺·雅各布森,
英国牛津, 1960

圣伊格内修斯教堂, 西雅图大学, 斯蒂文·霍尔,
华盛顿特区西雅图, 1997

主义、现实主义和抽象主义。里德写道：

　　现代的文明人将这样一种现象——人们将某种精神或者生死属性赋予那些没有生命的物体——视为人类发展原始阶段的标志；于是将现代艺术同这种"活化论"的任何复兴相关联都是错误的。然而现代人中的佼佼者（现代的科学家们）却承认物质具有某种程度的活化属性——不久以前它们还被认为仅是无生命的事物。[18]

　　将那些具有触感的、雕塑性的、活化的元素引入到刚性的、抽象的、几何形态建筑中的做法是最广为人知的自主式细部的类型，并具有最悠久的发展历史。它在很多不同的场合出现，总是在其所处的建筑中显得奇怪：例如雅克布森的奥尔胡斯市政厅的扶手；建筑师都是雅克布森的圣凯瑟琳学院（St. Catherine's College）和斯蒂文·霍尔的麻省理工学院（2002）学生宿舍（Simmons Hall）中的门把手；帕特考建筑事务所 （Patkau Architects）的加拿大陶土与玻璃艺术馆（Canadian Clay and Glass Gallery）、威廉斯与钱以佳建筑事务所的克兰布鲁克游泳馆（Cranbrook Natatorium, 1999）、神经科学研究所建筑中的护栏；康的肯博尔艺术博物馆、赫尔佐格和德梅隆的泰特现代美术馆、库哈斯的荷兰大使馆中的扶手（图 31）。库哈斯在乌特勒支大学教育馆使用了树干作为扶手，并在康索艺术中心使用了同样的元素分别作为护栏和柱子。或许有人认为这些细部和阿尔托使用的扶手同样是为了达到人性化的目的，然而库哈斯在细部中所运用的这种复古的、具有雕塑感而过度设计的技术与其说是体贴人性的，不如说是令人生畏的（图 32）。

　　有机生命主义风格经常被应用于嵌入式家具设计，特别成为了十九世纪壁炉普遍运用的风格，例如，H. H 理查德森（H. H Richardson）位于马萨诸塞沃尔瑟姆的佩因住宅（Paine House, 1886）。这座住宅中，长椅的扶臂被设计为有机、曲线、柔和、仿人体形式的，生长于抽象的整体环境中。建筑材料以变形的方式被应用于座椅设计，并采用人体的形式，看上去在这一过程中似乎完成了设计规则的转变。这种做法在现代建筑中也很常见。萨伏伊别墅浴室中有一处十分抢眼的瓷砖长凳，它是著名的勒·柯布西耶躺椅玻化材料的翻版。

图 32

扶手，教育馆，乌特勒支大学，雷姆·库哈斯，
荷兰乌特勒支，1997

图 33

长凳，埃克塞特图书馆，路易斯·康，
新罕布什尔州埃克塞特，1972

图 34

**左图**
长凳，伍德兰火葬场，埃里克·贡纳·阿斯普朗德，
瑞典斯德哥尔摩，1940
**中图**
长凳，明尼苏达大学建筑学院，斯蒂文·霍尔，
明尼苏达州明尼阿波利斯，2002
**右图**
长凳，克兰布鲁克科学研究所，斯蒂文·霍尔，
密歇根州布隆菲尔德山，1998

自主的细部

图 35

壁桌，候克汉馆，威廉·肯特，
诺福克郡，动工于 1734

图 37

坡道处的桌子，萨伏伊别墅，勒·柯布西耶，
法国普瓦西，1929

图 36

天台的桌子，萨伏伊别墅，勒·柯布西耶，
法国普瓦西，1929

建筑细部

270

在阿斯普朗德的伍德兰火葬场（Woodland Crematorium，1940）中，以胶合板为材料的墙面板翘起，形成沿墙布置的连续长凳，其下设有铁件支撑。在康的埃克塞特学院图书馆（Exeter Library，1972）中，楼梯护栏的石灰华一侧承接了一处座椅的有机形式，这是一种几乎从未在他的其他作品中出现过的形式。类似的设计以更为微妙的方式出现在克兰布鲁克科学研究所（the Cranbrook Institute of Science，1998）的建筑入口处，由史蒂芬·霍尔设计的长凳的曼卡托石饰面（图33）。在霍尔的明尼苏达大学建筑学院（2002）中，阿斯普朗德的胶合板长凳在这里（几乎连同形式）被完全复制了一遍。（图34）这些案例都体现了建筑法则的家具位置的突变，将以家具作为载体的外来态度引入到以建筑为载体的现有建筑法则体系中。它们都采用了人体的形式，并将其强加入建筑中，从而实现材料以及形式的变换。

这种引入外来态度的做法也被应用于嵌入式桌子，并有相似的发展历程，虽然表现得不那么明显。早期的案例包括威廉·肯特（William Kent）的壁桌，装饰性的家具一侧靠于柱子上，并移除看似冗余的两支后腿（图35）。这种布局有它的荒谬之处。一件被设计成轻盈灵活风格的家具却被静止地固定于墙上，另外，从结构的角度它也不是完整的，只能依靠墙体提供部分支撑。这种桌子实际上是建筑的一部分，而它们自身的属性却不是建筑。我们无法用建筑的尺度来思考它们。尽管这种设计有某种脱离现实之感，却拥有很长的一段历史，它在安妮女王风格复兴时期（The Queen Anne Revival）（十分流行将各种家具与建筑混搭的时期）尤为流行，但是在现代建筑中也有类似的案例。肯特的桌子具有动物性特征，由这种风格后来演变发展而来的生命主义风格的表达则变得比较隐晦了。即使桌椅做成方形、非曲线型或者非造型的，其实都能够将表现出其人性化的特征，只需要推敲它的尺寸和品质，就能使其与建筑环境区分开来。

在勒·柯布西耶的早期作品中，可以发现一些同墙体结合的桌子，它们看似是可移动的，实际上是固定的。比如，在萨伏伊别墅中，人们沿着坡道向上走，会在不同的位置——入口、天台以及流线的终点，即坡道抵达屋顶花园的位置——发现至少四张设计相似的桌子都只有两个支腿（移除了通常桌子四根支腿中的两根，而利用建筑的结构柱来提供补充的支撑）（图36、图37）。

图 38

餐桌，爱德格·考夫曼住宅，"流水别墅"，
弗兰克·劳埃德·赖特，
宾夕法尼亚州熊跑溪，1935

图 39

餐桌，罗森鲍姆住宅，弗兰克·劳埃德·赖特，
阿拉巴马州弗洛伦斯，1939

图 40

窗，费舍住宅，路易斯·康，
宾夕法尼亚州哈特伯勒，1967

令人好奇的是，这座建筑并没有设餐厅。所以，建筑本身对这些家具在功能上的依赖还不及家具对建筑（作为家具的一部分以使其完整）的依赖。另外值得注意的是：虽然这些桌子从他们具有雕塑感的角度看，不具备人性化的特征，但是缘于尺度设计，它们仍然具备这种品质。

　　这种结合式的家具作为勒·柯布西耶和赖特共享的元素，听起来有点奇

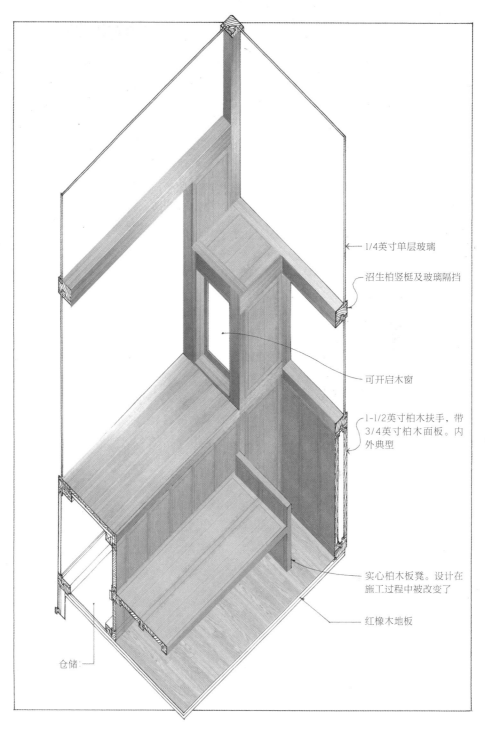

图 41

墙体剖面，费舍住宅，路易斯·康，
宾夕法尼亚州哈特伯勒，1967

- ← 1/4英寸单层玻璃
- 沼生柏竖梃及玻璃隔挡
- 可开启木窗
- 1-1/2英寸柏木扶手，带3/4英寸柏木面板。内外典型
- 实心柏木板凳。设计在施工过程中被改变了
- 红橡木地板
- 仓储

怪，但是结合式桌子或写字台在二十世纪三十年代到四十年代的美国风住宅中运用得极为普遍。虽然赖特以更温和的方式引入该种元素，我们仍然可以在他的一些美国风住宅中发现这种桌子的设计，例如阿默斯特（马塞诸塞州）的贝尔德别墅（Baird House, 1940），奥基莫斯（密歇根）的爱荷华·温克勒别墅（Goetsch-Winkler House, 1939），利伯蒂维尔（伊利诺伊州）的劳埃德·路易斯别墅（Lloyd Lewis House），以及考夫曼住宅（Kaufman House, 1939）（图38）。和赖特的草原住宅中正式、对称、集中式的餐厅相比，这些别墅的餐厅布局比较自由，但是正是这种空间上和结构上的朦胧特质赋予了它们魅力。桌子通常在一端由砖石墩柱提供主要支撑，一侧是自由布置的椅子，另一侧是嵌入式坐席（常常在长度上超出桌子，形成长椅）。许多情况下，桌子可以通过增加新的桌段（尺寸上匹配，但是单独的桌段）来加长。桌子另一端的附属支撑，同勒·柯布西耶的例子相比，它们被设计得较为收敛，然而同勒·柯布西耶一致的是它们往往看上去具有可移动的属性。赖特的嵌入式桌子，例如阿拉巴马州弗洛伦斯的罗森鲍姆住宅（Rosenbaum House, 1939）中的桌子，与建筑"16英寸x24英寸"的模数相对位。然而，它的尺寸和反常态的设计在抽象的环境组成中强化了它们的人性化特征（图39）。尽管没有有机形态的出现，它们既不是曲线也没有被浇筑成人体的形态，但是它们在尺寸模糊的空间中提供了人的参照尺度。近年来，已经很少有建筑师像赖特或勒·柯布西耶那样大量使用结合式桌子，但是它们仍然存在，并常常直接与窗子相结合，例如位于费城附近的康的费舍住宅（Fisher House, 1967）（图40、图41）。

以上的这些案例都是有关在几何形态的、标准化的体系中引入的奇特的细部，家具的引入（绝非巧合）目的就是要打破建筑环境的标准化秩序，赋予空间具体的功能，否则便会缺失这些功能。他们是抽象环境中引入的有关人的元素。许多家具，比如勒·柯布西耶的桌子，是在完整形式的空间中不完整的、具有依赖性的元素。它们为建筑提供人性化的尺度，为人所使用，促成人与建筑的对话。

和任何自主式细部一样，这种细部处理也可以相反地采用消极的或积极的手法；与前文提到过的在抽象的建筑中引入具有雕塑感的细部不同，这里，我们在具有雕塑感的建筑中引入抽象的元素。彼得·波林的平台住宅（Ledge House）中的荷兰风格派的储物柜，虽然容易让人产生历史的联想，却在具象的环境中保留了抽象元素的构成形式。柏林和阿尔托的细部都是通过小尺度的运用实现对人的亲近感，但他们分别采用了不同的表达：阿尔托让我们体验到材料内在的生命；而波林是通过抽象的手法否定材料的这种特质。

# 性能——改变我们对建筑的各种作用力的感知

并不是所有的活化表达都是结构性或者雕塑性的。它们也出现在建筑的外部处理上，将建筑视为提供庇护的场所，特别是对"水"的屏蔽。

图 42

排水沟，莱尔学堂旅社，拉尔夫·厄斯金，
英国剑桥，1969

传统建筑常常使用独立的构件来解决某些建筑性能的相关问题，比如如何解决防水问题、如何为某种材料提供支持，于是我们采用了女儿墙盖板和窗台盖板来挡水和导水，采用窗过梁来支持窗洞上方的砌块。现代主义的建筑细部试图剔除这些元素，同时又确保问题解决。然而，这样一种建筑表达方式，大多出现在传统风格建筑，同时也应用于部分现代建筑中，这种表达方式是通过对细部的夸张设计来夸大建筑某方面性能的表达。

这种细部的大师以弗兰克·弗尼斯为代表，他常用的手法是采用夸大的、过度设计的窗过梁和窗台。然而，出现最多的夸大而又孤立的性能细部是被放大表达的天沟，这种做法在粗野主义建筑师的作品中十分流行。这种被放大的天沟（不仅仅局限于混凝土材料）尽管细部形式各异，却具有悠久的发展历史。拉尔夫·厄斯金（Ralph Erskine）的剑桥大学克莱尔学堂旅社（Clare College Hostel，1969）中屋顶和阳台的排水设施的尺寸看上去似乎是为了抵挡圣经中描绘的倾盆大雨而设计的。它们具有明显的纪念性，巨大的木制落水管、混凝

图 43

学生宿舍，艾瑞克·派瑞，布罗克学院，
英国剑桥，1998

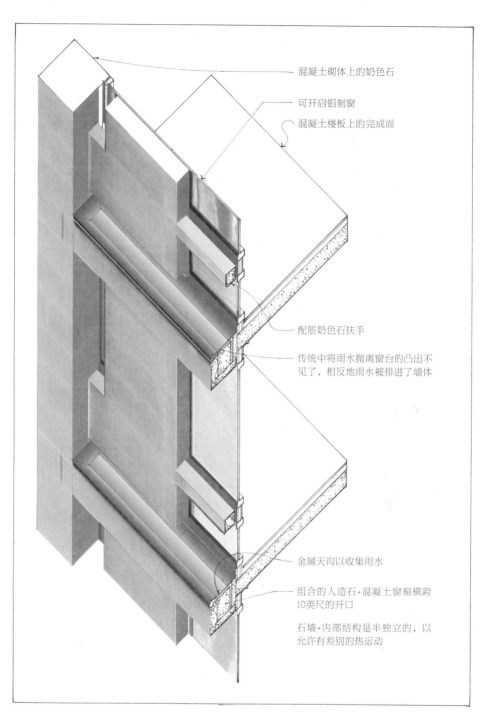

混凝土砌体上的奶色石

可开启铝制窗

混凝土楼板上的完成面

配筋奶色石扶手

传统中将雨水抛离窗台的凸出不见了，相反地雨水被排进了墙体

金属天沟以收集雨水

组合的人造石+混凝土窗楣横跨10英尺的开口

石墙+内部结构是半独立的，以允许有差别的热运动

图 44

墙体剖面，学生宿舍，艾瑞克·派瑞，布罗克学院，
英国剑桥，1998

自主的细部

土排水孔，以及刻入地表的开放式排水系统，共同形成了一个十分夸张、过度设计的排水网络，它们蜿蜒于建筑之间，最终流入康河（图42）。这种做法和典型的赖特式草原住宅形成鲜明的对比。在赖特的作品中，雨水从位于空中15英尺高、短而小的排水管中流出，直落下方的积水池。赖特并没有隐藏这些细部，而是将它们最小化。而厄斯金，与之相反，把它们放大至超出建筑的尺度。虽然具有自主式细部的性质，厄斯金的细部主宰了建筑的其他部分。它们构成了一种具有纪念性特征的排水系统，夸张的排水槽和夸张的结构产生的效果如出一辙。它们营造了一种敬畏感，暗示了建筑受到某种强有力的影响力的驱使，反之若没有它们，这些影响力便会被人们所忽略。

类似的细部出现于斯科金和埃兰事务所设计的卡罗尔·科布·特纳图书馆（Carol Cobb Turner Library，1991）的排水天沟，斯科金认为这类细部和阿尔托的门把手具有相同程度的活化特征。以下是一段1985年的文章：

> "能量"这个词被我们使用了很多次，斯科金写道，它渗入了当今社会的每一个方面，培育能量，展现能量，无论是电视、电影、计算机，还是忙碌喧嚣的城市……总的来说，设计师可以通过很多设计策略赋予建筑以"能量"……

> 当人们见到一扇门时，应该感到"兴奋"而不是"沮丧"，而且门的设计应该是出人意料的，或许可以配置一个特殊的门把手或者推杆——通过使用反常的形式来激起人们用手去触摸门的兴趣，提高人们的期待。[19]

对于任何自主式细部，总有与之相反类型的，即那种消极或抽象并且避免对建筑性能做出表达的细部。艾瑞克·派瑞（Eric Parry）在其作品剑桥大学彭布罗克学院（Pembroke College）的学生宿舍（Foundress Court，1998）中，没有设窗台盖板（图43）。为了实现这种做法，需要设计大量的隐藏水管或管道来保障排水，水被排回到建筑内部，然后在建筑底部疏导出去。这里，窗台被取消了，那种由放大的窗台和压板引起的人们对于自然力的感知也随之消失（图44）。与之类似的，消极或抽象的细部——没有设置排水槽的情况——也常常见于文丘里（Venturi）和斯科特·布朗（Scott Brown）的住宅作品中——那些未做线脚、锋利如刀的屋檐。这种做法模糊了建筑的尺度感，与其说抽象化，不如说是将建筑转变为一种符号，甚至是卡通形象。而他们在一些较大规模的作品中，在对水的质量或位置敏感的地方采用了隐藏的排水沟。

这种积极、直观的细部——那些过度设计的排水槽、窗台、压板——以其孤立的形式提醒着我们作用力的存在，在本例中即是"水"，其效果和那些孤立的结构性构件如出一辙。建筑不再是无质量、无材质、无尺度感的抽象物，而是真实存在的。而那些我们认为本应存在的元素的缺失，使原本试图通过细部设计表达庇护功能的建筑抽象化。于是这种消极或抽象的细部——缺失排水槽、窗台、压板——具有相反的效果，而向抽象化的方向发展。它们以非常直观的方式改变了建筑对自然世界顺理成章的认知，同时也改变了我们自身的认知。消极或抽象的细部割裂而非建立建筑同环境的关系，否认而非肯定外力的存在，因而拉远了使用者和建筑间的距离。如果抽象的细部发生于抽象风格的建筑中，它们可能根本不会被察觉，但是如果在具象或直观的建筑环境中——缺失的窗台和排水槽——就会变得显而易见。

# 距离感

当然，这四种自主式细部的类型的划分在某种程度上是主观的，就同这些细部本身一样，或许无论哪种类型的细部都有多种表述方式。例如，对于构造节点的感知有时是对结构力学的感知的直接产物，许多（或许是全部）活化的设计都反映了结构特征，但是用沃林格的术语来说——活化的最终效果是在某个节点改变人对建筑的认知，使其由抽象朝着移情发展。虽然沃林格的理论和移情观点总体上是有问题的，但它有助于我们认识到细部设计可以建立我们自身和建筑之间的某种距离。

彼得·卒姆托将其提出的"亲近程度"（"levels of intimacy"）解释为"距离和邻近度，我们之间的距离，我与建筑之间的距离"。

    邻近度和距离感决定了一切。古典主义建筑师称之为"尺度"，但是听起来太学术——我想说的是那种比尺度和尺寸更为人体化的事物。它包括许多不同的方面——事物的尺寸、大小、尺度、建筑与我自身相比而言的体量。那些比我自身大一些，或大得多的事物。或者那些比我小的事物——锁具、铰链、各种连接件、门……我指的是这些事物的尺寸、体量和重量感……比我自身大的事物会令我生畏——具有代表性的政府大楼、十九世纪的银行、柱式和其他此类的事物。[20]

# 失败

关于以上的整个分析，有相当多的反对声音，主要是因为这种细部会导致对比而产生，反之同样容易导致模棱两可的效果，而这是我们不希望见到的。也有人说，很多建筑设计语汇的突然转换根本没有为建筑整体设计带来任何益处。打破常规的细部可以产生突变的效果，但是也很容易破坏设计的连贯性，许多自主式细部出现在不合适的场合，还不如移除它们——出现在不适当位置的排水槽，呈现不透明特征的玻璃幕墙，令人困惑的控制构件或者伸缩缝，和其他在典型现代建筑中作为功能要求应该出现却缺失了的细部，同时也有那种同预期效果不一致的失败案例。了解什么情况会导致自主式细部处理的失败和意识到它的重要性同样重要。毫无由来的细部会破坏而不是增强建筑的抽象感，一些颠覆性的元素只会引起人们的困惑。

或许，"困惑"并不是用于描述过度后现代主义的最佳词汇。后现代细部（例如放大的拱顶石）拥有很多自主式细部的品质，尺寸放大的、位置错置的、过度抽象的、过度变形的，例如迈克尔·格雷夫斯位于新泽西的普洛塞克住宅

（Plocek House，1982）。大多数的后现代细部最终没有获得成功因为它们缺少使之发生的背景，况且某些元素在变形之前的角色本来就仅仅是装饰性的。

认识到什么样的细部不属于自主式细部同样重要。在一些建筑中，多种建筑语汇的细部并置，而这些细部却和它们各自的系统浑然一体。康的沙克中心所运用的两种建筑语汇并不存在自主式的、不协调或者颠覆的情况，一种是使用木材并设有开窗和平板结构的学习空间，另一种是设有幕墙的大跨预拉钢结构的图书馆。虽然他们的特点彼此对立，但是却被等量的应用并置于同等重要的位置；在某些情况下，采用自主式细部和采用多种细部语汇的建筑之间的区别是十分微妙的。而肯贝尔艺术博物馆中的扶手却并非如此，它们孤立存在，和周边不相协调，在它所处的建筑中显得奇怪，既没有与环境融合也没有作为一部分嵌入环境中。

# 结语

很显然，自主式细部，即使不是应用最为广泛的细部，那么也是最为重要的一个类型；而至于缘由，就不那么明晰了。

第一种解释是功能需求。细部设计要求对构造、结构、功能，以及性能的必要性做出表达或者不做表达，在整体系统的设计中，对某方面功能的牺牲是不可避免的。任何建筑总是要面对功能上的、结构上的、构造上的特殊问题。从这种角度讲，自主式细部以及颠覆性细部的运用更多是出于它们的必要性，而不是它们的吸引力，无论何种复杂程度的建筑都必须引入它们。但是这种说法并不具说服力，正如上文提到的许多细部本可以以消极或者不做表达的方式来处理，而且我们也已经讨论了很多细部在功能上并不能给出合理的解释。很显然，除了必要性之外，这些细部一定蕴含了其他的设计意图。

第二种类似的解释是：那种和环境融合度很高的细部，即使在功能上可行，在美学上也是不可取的。所以，自主式细部的存在并不需要解释，而需要给出解释的反而是那些在形式上绝对统一的建筑（比如赖特等人的那些具有鲜明母题的建筑），因为它们的风格化显得僵硬并常常对功能表现出冷漠的态度。这就产生了一个令人有些沮丧问题：对于现代主义建筑师，到底是什么构成了风格，风格的统一性应该做到什么程度？迈耶·夏皮洛（连同其他一些人）认为那种刻板而统一的风格并不可取：

在某些风格中，作品各个部位的设计拥有彼此不同的想法和处理手法，但是却不会影响作品整体的和谐。在非洲的雕塑中，那种过度的自然主义，线条光滑的头部生长于粗糙的几乎不成形状的躯体之上。用标准的美学体系来衡量，一定认为这是一件不完美的作品。然而，这种认定很难给出令人信服的理由……我们可以这样理解彼此对立的各个部分：它们通过各自表现出的特征，相互作用，相互平衡，共同形成了整体的品质。但是这种情况下，就失去了对风格的认知，那种我们常常作为出发点的，纯洁的统一感以及局部、整体简单的一致性。这种整体性可以说是更为松散和复杂的，是通过处理相异元素之间的关系来表达的类型。[21]

这种解释至少部分上似乎是合理的：风格离不开某些瑕疵。僵硬而统一的细部中必须包括某些例外的情况。否则我们见到的就仅仅是符号化、表面化的风格，无论它是以斯卡帕还是哈迪德的形式出现。

既然很多自主式细部总是给人们带来与预料相反的效果，本该厚重的东西做的轻巧，本该是几何形式的事物做成有机形式。于是，第三种解释便是"反其道而行之"。要表达某种事物，我们就一定要展示出与之相反的特性。艾德瓦尔多·苏托·德·莫拉在采访中说：

我总是迷恋于寻找某种规则、逻辑，并以此作为设计的前提展开工作。但是我并没有最终目的。我尽力去建立某种秩序、建造的规则或者某种基本的模数，其中所有的事物都各行其是；如果某些规则无法形式化，就创造一种形式来表达它们。在萨尔茨保宾馆（Salzburg Hotel）中那种过度的处理手法就是通过引入与秩序相反的突出点来寻求建立秩序，这种做法反而强化了人们对原有秩序的理解，因为它阐释了规则之外的情况。在对立情况的映衬之下，整座建筑反而显得更为理性。[22]

然而，这种解释仍然显得过于简单。自主式细部的意义不仅仅是用"不协调性"、"颠覆性"来概括，它们还建立了自主的表达体系。这是第四种、也是相对最完整的一种解释，自主性以及颠覆性细部提供了对建筑的另一种理解的角度。

我们有很多种方法来解读一座建筑。第一种是熟悉感，它们是我们已知的形象，是一种认知。在以上讨论的自主式细部中，许多是具象的，甚至已经符号化。这种细部具有历史性或者和人物联系在一起，例如阿尔托惯用柱子的构造表达，以及很多其他建筑师"引用"阿尔托风格。但是，大多数自主式细部不能归于这个类型，它们或者重于表达，或者重于抽象。

在另一个层次上，我们也可以将建筑看做是抽象的或者几何化的形体，经过推敲比例、构成，或许也经过了变形或者错置，通过建造材料予以不完美的展现。这种细部要将某些信息抽象出来，并且抑制它们的表达，因而具有某种程度的不真实感。应用该类型细部的建筑和外部世界相隔离。这种情况下，我们将建筑当做抽象的、惰性的、无重量感、理想化无材质的形式、无重力和构造要素的约束、无视建筑是组装而成的现实、不受外力的左右、没有具体的尺度。我们与建筑的隔阂是直接的，而同它的联系则是理想化的。阅读这种建筑就如同阅读一段文字。

第三理解，我可以将建筑看做抵抗和平衡某种作用力的配置集合，各个部分拥有清楚的构成关系、清晰的界定和组成方式、一个平衡的系统、满足我们需求的设备，为我们提供各个层面的庇护。我们可以称之为体验建筑。我们以移情的方式来解读它。

这种细部的应用使建筑强化了与外界的关系。它们提供我们对于"联系"、"外力"、"组件"、"材料"的认知，因而不断提醒我们身处何处、周围环境，以及我们所处的状态。

这种情况下，我们知道建筑受到重力的作用，受到自然力的作用，因内部各部之间的张力而活化，我们知道建筑是由各种材料的构件组装而成的，我们还知道我们亲身处于建筑当中，我们与建筑是相关联的。这种细部以活化为特征，通过对重力的表现以及为人们提供对构造、自然力、自然材料的感知而展现出内部元素之间的相互作用力。

这种类型（的细部）常常同移情联系在一起，如果没有它们的存在，建筑就会缺少这种品质。这些活化元素的形态具有某种与人体相似的表现力，从而引起人们在情感上的共鸣。它或许仅仅是一个具有触感的有机形式的门把手；或许以更为抽象的形式出现，例如斯卡帕的雕塑展板。同时，活化的元素，相比我们自身，可能表现得更有力量，例如伯利奇或者雅各布森的具有雕塑感的节点，而对于它们，或许我们的感受是与移情相反的。

以上的两个例子体现了在建筑解读上截然相反、并且难以调和的两种方式，表示我们对建筑设计会产生多样而矛盾的态度。对建筑的"功能、构造、结构、性能"的两种极端的处理手法，表达或者不做表达，可以通过两种对应的风格来展现：生命化的或者抽象的。

一座建筑给我们的体验可能是抽象的或者活化的，但是极少会同时带给我们相同程度的两种体验。自主式细部便属于这两种体验中的一种以另一种为背景的情况，"生机"出现于无生气的环境中，"自然"出现于抽象的环境中。两种体验的表达是真正理解建筑的本质。

自主式细部的角色不是要解决这个矛盾，而是要将它展现出来。

*Epigraph.* Wölfflin, *Principles of Art History*, 184-185; Nesbitt, *Theorizing a New Agenda for Architecture*, 496; Xavier Güell, "Interview with Eduardo Souto de Moura," *2G* (No. 5, 1998), 123; Eric Owen Moss, *gnostic architecture* (New York: Monacelli, 1999), 1, 5.

1    Nina Rappaport, "Power Station" *Architecture* 89, (May 2000), 153.

2    Semper, *Style*, 645.

3    Frampton, *Studies In Tectonic Culture*, 299.

4    Jencks, ed., *Theories and Manifestos*, 110.

5    Moss, *gnostic architecture*, 1, 5.

6    Eric Owen Moss, *Buildings and Projects* (New York: Rizzoli, 1991), 12.

7    Ibid., 15.

8    Letter from Enric Miralles to Barbara Doig, May 30,1999. Holyrood Inquiry Document No. OA-1-091

9    Sverre Fehn, *The Skin, the Cut & the Bandage: The Pietro Belluschi Lectures* (Cambridge: MIT Press, 1997), 7.

10   Ursula Opitz, "The Tree in the Japanese House: Reflections on the *Toko-bashira*," *Daidalos* 23 (March 1987), 30ff.

11   Cecil Balmond, *Informal*, (London: Prestel, 2002), 88–89.

12   Oswald Mathias Ungers, *Lotus Document: Architecture as Theme* (Milan: Rizzoli, 1980), 15.

13   For Guadet see Ford, *The Details of Modern Architecture, Vol. 1*, 5; Rice, An Engineer Imagines, 30.

14   Harry Mallgrave and Eleftherios Ikonomou, *Empathy, Form and Space* (Santa Monica: Getty Publications, 1994), 151, 152, 157–58.

15   Meyer Schapiro, *Romanesque Architectural Sculpture* (Chicago: University of Chicago Press, 2006), 89.

16   Antoine-Chrysostome Quatremère de Quincy, *The True, The Fictive, and the Real: The Historical Dictionary of Architecture of Quatremère De Quincy* ed. Samir Younes (London: Andreas Papadakis, 1999), 227–28.

17   Herbert Read, *The Art of Jean Arp* (New York: H. N. Abrams, 1968), 93.

18   Herbert Read, *The Philosophy of Modern Art* (New York: Fawcett, [1953] 1967), 212.

19   Mack Scogin, "[Scogin Elam and Bray]. "*A+U: Architecture and Urbanism* 11 (November 1989), 47–48.

20   Peter Zumthor, *Atmospheres* (Boston: Birkhauser, 2006), 49–53.

21   Schapiro, *Theory and Philosophy of Art*, 61–62.

22   Luiz Trigueiro et al., *Eduardo Souto de Moura* (Lisbon: Blau, 1996), 310.

第七章

# 什么是细部设计？

　　每次看到美第奇教堂的剖面并且意识到米开朗基罗的固定作品竟然小于空间高度的一半，我总是感到惊讶（图1）。奇怪地，从图纸上感受这栋房屋和在现实中是完全的不同（图2）。这栋教堂被人们用对比和对立的方式描述。有人使用诸如比例（proportion）、模式（pattern）、比率（ratio）、线性（linearity）、尺度（scale）或者韵律（rhythm）等词汇。有人使用诸如重量（weight）、力量（force）、弹性（plasticity）、刚性（vigor）、张力（tension）、挖掘（excavation）、结构（structure）和材质（Material）等词汇。有人将之形容为一个想象几何

图1

洛伦佐·美第奇之墓，米开朗基罗·勃那罗蒂，
意大利佛罗伦萨，1534

图2

剖面，美第奇教堂，米开朗基罗·勃那罗蒂，
意大利佛罗伦萨，1534

形态的变形——一个理想原型的扩张、压缩，或者比例变换。与此同时，有人将之形容为一个同样虚构的活化和内在生命的进程，使用了诸如"注入惰性物质的生命"或者经典的"由惰性平面变形成一个具有活力的，多层次表皮的墙体"等语汇。用里得（Read）的话说，这是物理的艺术和光学的艺术之间的差异。虽然以上的描述来自两位不同的建筑史学家科林·罗韦（Colin Rowe）和詹姆斯·艾克曼（James Ackerman），这并不代表两人看待这栋房屋的方式有所不同。我的区分混合着这两种描述；两位作者将这栋房屋既视为抽象的，也视为被活化的。[1]

这可能是长久以来在有机形态和几何形态之间的二分法的又一宣言，但这也是一个更大问题的一部分。它是关于感受一栋房屋或者任何艺术品的两种方式：作为一种抽象或是作为一个自然现象；或者换一种说法，抽象和活化。它们不单是两种表达的模式，也是两种感受的方式。抽象化是任何艺术中的一种必要疏远机制，它是一种规则的组织，一个策划的手段，或是一个理想化的形式它将世界的片段——无论这个片段实际与否——变成艺术。哲学家何塞·奥特嘉·伊·加塞特（José Ortega y Gasset）称之为疏远：

> 我希望，这个分析不可避免的呆板可以被原谅，因为或许它现在可以帮助我们清晰、准确地谈论我们和现实之间的感情距离的尺度问题。在这个尺度中，亲密程度等同于参与程度；而在另外一方面，疏远程度标志着我们将自己从真实事件中解放出来的程度，从而将其物化，并且将其变成一种纯为观察的主题。在此尺度的一端，世界——人类，事件，情形——被以"活着的"（"Lived"）现实层面展现给我们；在另一端，我们以"观察到的"（"Observed"）现实层面看待每一件事情。[2]

抽象化的建筑手段很容易被识别——对于几何形式韵律及比例的表达；明显的重量、材料和外力的缺失。

活化——抽象的反面——并非更不必要，而且如果抽象化是关于理解一栋房子，活化则是感受它。如果抽象化是关于外围的观察，活化则是关于内在生命和对于内力的感知。写于 1903 年，对于哲学家立普斯（Thodor Lipps）来讲，移情是这样的：

审美情趣的详细特征现已确立。它体现在这点：它是对一个实体的享受，然而，只要它还是一个享受的实体，它就不是实体而是我自己。或者说，它是对于自我意识的享受，然而，只要它还是在审美上被享受着，它就不是我自己而是一个实体。[3]

活化的手段也很容易被识别——重量的存在、对于材料的觉察，以及对于由内力形成的一个外表面的感知。

艺术史学家威廉·沃林格将这种极化描述成抽象化和移情，并且论辩道，这些极端不仅仅代表理解艺术的一种方式，也是艺术将我们与世界沟通或者阻隔的方式。移情将我们和现实互动。抽象化将我们从审美上带离。沃林格的分析被运用到了大多数的艺术，特别是在其 1908 年的著作《抽象与移情》（*Abotraction and Empathy*）出版之后的抽象艺术。然而，大多数，并不是所有的，创造了那种艺术的艺术家不会同意他关于抽象的描述；他们不同意的不是抽象是否存在，而是，相较于与世界接触，它构造了对这个世界的一种逃离。然而，即使抽象化和活化不是在描述和现实接触的两种方式，它们也描述了两种在一定程度上互相排斥的建筑表达。

这是否将我们与理解什么是细部这个问题拉近了一点呢？根据沃林格，细部是关于这些的：

希腊人的构造是由石头的活化组成，例如，一个有机生命由石头来替代……在爱奥尼亚庙宇和随之而来的建筑发展中，纯粹的构造骨架（它仅基于物质的法则，既，基于荷载和沉重力之间的关系等等）被引导进入一个更友好，更被认同的有机生命，而纯粹的机械功能在它们的作用下变成了有机。[4]

沃林格的分析，即细部是抽象之中活化的一种孤立点，是一个既适用于蓬皮杜中心也适用于伊瑞克提翁神庙的概念，而这两个对立的极端——抽象和活化——是为第一章中提出的关于细部的根本问题开始作答的一个起始点。

# 细部设计是否仅仅就是消除？

一个不那么吸引人的关于生后的想象是丁托利托（Tintoretto）的《天堂》（*Paradise*）（1590），这是一幅"25 x 81"英尺的画，藏于威尼斯总督宫（Doge's Palace）的议会厅。来世的生命显然是一种永恒，它站立在由无重量的人组成的但丁式（Dantesque）同心圆中。根据丁托利托，我们的灵魂长得就和我们自己一样；他们只是缺失了重量和质感。画家兼理论家卡西米尔·马列维奇(Kasimir Malevich）同意这样的评估：

上帝，在自身中感到重量，在其系统内分散了它，于是重量变轻并且复活了他……亚当违背了这个系统的限制，从而使其重量在他身上崩塌。其结果就是全人类都要在汗水中劳作，并且忍受着要将自身从这个崩塌的系统中解放出来，努力着将重量在这个系统中分散开来，希望弥补那个错误——因此其文化就由在无重量的系统中分散重量组成。[5]

雕塑家理查德·塞拉也表达了同样的观点：

我们在生活中因其轻质而选择的每一件物品旋即就显露出其难以承受的重量。我们面对着对于无法承受之重的恐惧：压抑之重、构造之重、治理之重、忍耐之重、决议之重、责任之重、摧毁之重、自戕之重、历史之重（它化解重量，将含义侵蚀成一个轻快的精工细作）。[6]

这是真正的抽象。这不是几何形式意义上的抽象，也不是某种不能代表可识别物体的东西的抽象。这是建筑抽象——对于重量表达的剥除，对于材质的拒绝、尺度的缺失；而对于丁托利托和马列维奇，这是超然的——一种与这个世界的解脱以及和另一个世界的沟通。

大多数的建筑细部设计是在消除必要的和不必要的两种小尺度建筑元素，而在一栋有好的细部设计的建筑中，它们是有目的的，因为消除的过程实质上是抽象化的过程。如果有人将建筑抵抗重量，由部件组成来抵抗天气并且满足其住户的需求的证据都去除，那么这就是将其形式推向无重量、非材质，而且常常在几何形态上简单的抽象。

根据沃林格的看法，抽象是一种从世界的逃离；自然主义则是与世界的接触。自然主义是文艺复兴和古典希腊的特征。抽象则是黑暗世纪的艺术，他在课上，诺里斯·K·史密斯（Norris K.Smith）经常暗示像康定斯基（Wassily Kandinsky）、蒙德里安（Mondrian）、波拉克（Pollack），以及罗斯科（Rothko）等艺术家的抽象是十二世纪手稿插画的抽象设计的现代版本，是我们即将进入的一个新的黑暗世纪的预兆。

抽象化是对这个时间的一种逃离么？沃林格和史密斯是这样认为的，而显然，丁托利托和马列维奇也是这么认为的。然而，对于罗伯特·史密森来说，它们都彻底错了：

审美因为剧烈的移情作用而受着煎熬……抽象艺术不是自我投射，它是对自我的漠不关心……

几何让我觉得是无生命物质的一种"渲染"。纯粹抽象的格栅如果不是一个缩减了的自然秩序的渲染和表现，又是什么？抽象化是基于心理或者概念上的约简，缺乏"现实主义"的自然的一种渲染。不存在通过抽象表现逃离自然；抽象化在自然之内将人与物理结构拉得更近。[7]

弗兰克·劳埃德·赖特肯定没把抽象化当做是从这个世界的一种逃离。它即是世界。他作品中的几何形体对于他而言就是自然潜在的几何形体，正如它对爱默生、梭罗和路易斯·沙利文一样。它之于马列维奇，不是什么超自然的几何形体，而是这个世界的内在生命。但是抽象化和活化的两极分化，以及随之而来关于细部设计的概念，仍然是对建筑至关重要的。沃林格的错误在于将抽象化等同于几何形体。几何形体，虽然是抽象化主要工具中的一种，却不是唯一的一种，而且它也可以被用于其他目的。

相比于沃林格和史密斯的观点，一个对于抽象化较为不戏剧化的解读是：虽然抽象化可以是一种逃离，它更准确地说是关于距离的。不论抽象化在本质上是否是先验的，它是关于艺术创作所需的美学秩序的一种建立和所感知的距离。其机制可能是一部小说的剧情，一幅画的构图；它可能由如一幅画框或者一尊基座一样简单的东西引起灵感而被创作。在建筑上，它可能就如几何形态一般简单。这是放置素材的行动，期间它被以一种美学的方式感知着；这是对于艺术所需的现实不可避免的重新组织和编辑。现代艺术做了很多来销蚀并使这个过程模糊，但是都没能彻底消灭它。在建筑上这可能是最本质且最困难的，期间日常生活必须被提升并重新定义为一个确定的审美感受，而又不存在画作的相框，雕塑的基座，或是剧院的戏台。抽象化是将构造品变成建筑品的主要机制。但是仅有抽象化是不充分的；艺术需要抽象化的对立面，如作家沃克·珀西（Walker Percy）所称，抽象化以及再进入（reentry）。[8]

朱哈·利维斯卡在库奥皮奥的曼尼斯托教堂（Mannisto Church，1994）中的每一种材料都容易辨识，但是又有非物质的特点，或者不如说，其材料——粗制油漆木料、面料和灰泥——是去物化的（图3）。这是在一个没有清晰外界边缘中平面的一个抽象组合，一切都以高度简化的构造和结

图 3

曼尼斯托教堂，朱哈·利维斯卡，
芬兰库奥皮奥，1994

图 4

圣彼得教堂，西格德·劳伦兹，
瑞典克利潘，1966

构表达完成——当它发生时，稀缺的信息使这种表达的存在更为显著。在结构上，米若梅其教堂没有任何东西具有欺骗性或者不诚实，但是它却很难被称为具有构造上的描述性。一个人可以用一种精神上的方式来呼应西格德·劳伦兹在克利潘的圣彼得教堂（1966），但是他永远也不会忘记这是一栋砖房（图4）。曼尼斯托和克利潘举例证明了我们对一栋建筑的两种态度———一种是强调了的联系，一种是抽象了的疏远。

因此，如果抽象化，连同疏远，是建筑的一种必要情形，那么细部设计主要是消除。而细部设计的艺术更可能包括一个有意识的努力，来隐藏而不是表现某些东西。但是这个过程从来不是完整的。

# 细部设计是决定不去隐藏的行动

是否有一种活动——细部设计——与建筑设计截然不同？

　　理解弗兰克·弗尼斯在费城的宾夕法尼亚艺术学院（1876）的立面的一种方法，或许也是最好的方法，是视其为一堵墙的石材行为的结构性表达（图5）。窗户开口成拱形，将上部砖块的重量挪到了旁边的桩子。在基部，其载重最大，墙体变得更厚，而小且光滑的砖块则变成了更大且粗犷的石头。它的其他装饰至少部分可以被理解为功能性——滴水造型在顶部将雨水排离窗户，通过倾斜的窗台在基部将它排走。如果你走到房屋的背面，将会发现所有的装饰在背角突然结束了。朝着一条窄街的背面，是一堵简单的平砖墙。这是否说明前端和侧面的复杂形态不是功能性的？不，它只意味着它是在功能上夸张了。

图5

宾夕法尼亚艺术学院，弗兰克·弗尼斯，
宾夕法尼亚州费城，1876

弗尼斯的立面装饰是描述性的。特定的细部被隐藏或者最小化；其他的则被暴露或者夸张。细部设计的行为包括对很多信息的压制和对其他信息的表达，但是却很少以一种武断的形式出现。每一个细部建立了或加强着一种特定的解读。在这个研究的过程中，我们已经见过这种描述的不同类型——活化一些连接，并且压制其他连接的节点描述；不同元素大小、形式和材质的结构描述，以建立等级，解读表皮与骨架或者躯干与服饰，或者用以彻底拒绝任何结构或者重量的存在。

这些描述大多数是现实的简化。很多是夸张的，而有一些则完全与建筑的结构或构造现实相矛盾——罗马穹顶建筑中额外叠加的无用的柱子，罗伯特·斯特恩的钢构房屋上额外叠加的古典柱式，莫比乌斯住宅中被压制的所有节点。这些作品的作者并没有意在以一种结构的方式让它们被解读，但是这不排除我们这样做。它们都表达了，用对应的构造描述现实构造的确切关联几乎没有可能，或者说是不被人所喜欢。随着描述的价值和它所包含的建筑现实之间的距离增加，其价值就被降低了。

在本书审视的描述类型中，最成功的案例有两个因素，一个元素在有些时候不但是表现性的，还是被活化了的，而在这些被活化了的情况下，最成功的是自主式的。这是因为，比如在美第奇教堂中，虽然一栋建筑必须在很多处显得抽象，它也同时也需要被活化。

被彰显的、可见的，和积极的细部中的大部分——以及对所在房屋做出贡献的细部——是被孤立的活化点，没有它们，这些建筑就是惰性和静态的：贝尔拉格的钢制支点，爱奥尼柱式的座盘饰，安瑞科·米拉列斯在爱丁堡的桁架节点，阿尔托的扶手，阿斯普伦德的座椅，或者是厄斯金的天沟。少有一些重要细部是相反的，它们大部分是被活化了的建筑中被孤立的抽象时刻。其原因是我们感受一栋建筑的方式的双重属性，抽象化以及活化。因此细部设计就是静态抽象化的小尺度活化，它通过功能的展示，功能的夸张，功能的代表，或者其相反来实现。

细部设计是选择性的活化，或者在某些情况下是选择性的抽象化。

# 装饰物和细部之间有没有区别?

　　根据帕拉第奥，一根爱奥尼柱式基部的座盘饰是"被其上柱子的重量所压扁的"。根据理论家斯比尼（Gherardo Spini），座盘饰是柱子"神经质的肌肉"。[9]这是最古老最基本的活化形式之一——在一石质体块上对于重量在其上的明显效果的表达。路易斯·康的印度管理学院的集体宿舍是简单的砖砌体量，但有两套元素例外——在基部向外展开的扶壁以及平拱和在每个门廊开口上系着的预制混凝土的组合（图6）。爱奥尼柱式的座盘饰是没有必要的，只是作为一个结构性元素的表达，但是康的扶壁和拱并非如我们可能推测的一样是纯功能性的。它们至少是部分必要的，但是预制结只有在两端才是必要的。在典型情况下，一个拱的横向推力抵消另一个。

　　这是通过重量的活化。有很多的装饰物和重量、活化或者甚至节点是没有关系的——比如弗兰克·劳埃德·赖特的装饰物——但是也有很多的装饰物，

图 6

印度管理学院，路易斯·康，
印度阿曼纳巴德（Amenabad），1974

虽然没有功能，但仍是重量的表达，比如座盘饰。也有很多功能性的机制——康的扶壁——虽然有功能性，却是被夸张了的并且被彰显以扮演同样的角色，而又有大量的这些机制，虽然有功能性的设计本意，但却是在功能上非必要的，比如康的内部拱结。最后两者间的界限是模糊的。

根据诗人考文垂·巴特摩尔（Coventry Patmore），重量是建筑艺术的唯一课题。也有很多其他人这么觉得；哲学家亚瑟·叔本华说过，"建筑的唯一和永恒主题是支撑与荷载"；而艺术批评家海因里希·沃尔夫林则写道，"物质与形态的力之间的对立将整个有机世界运动起来，它也是建筑的主要主题。" 10 有许多的传统建筑来肯定这点，它们大都是石构的。然而也有许多建筑，特别是现代建筑——尤其是国际风建筑——大多是关于重量的缺失。然而，可以争辩地说这仍然关于重量。抽象化是对物料的否定，也是关于重量的缺失，但是它没有消灭我们对它的认识。事实上，它需要它。可以争辩地说，我们对于一栋建筑的理解，不论是抽象的还是象征的理解，都是基于将其理解为对于现实的超越，或者至少是表达了另一种飘渺的，几何的以及抽象的现实。在这些建筑中的个别活化片断是与这种理解相冲突的，它们向我们提醒着真实的材料，它们彰显着巨大重量和内部作用力之间的和解——亚眠大教堂（Amiens Cathedral）的肋骨和饰条，爱奥尼柱式饰条的拱起弧线——这些既是细部，也是这些建筑的装饰。在静态，几何的抽象中孤立的活化片断。重量是最常见以及最重要的活化细部的手法，但它不是唯一的手法。

# 构造

虽然根据路易斯·康的观点爱奥尼柱式顶部的螺旋饰，表达了荷载从楣构到柱子的转移，但是对于建筑史学家约翰·奥尼恩斯来说，它表达了其他的东西：是一艘希腊船只上的水手结或是滑轮组。他写到，"爱奥尼人的脑子在这些形态中看到了什么从而在其中得出了一个积极的感受？其答案很可能是滑轮组和绳索。" [11] 彼得·贝伦斯（Peter Behrens）的 AEG 涡轮工厂（1910）硬质钢构的基部是一个钢制支点（图7、图8）。它通过运动来表达运动；这是通过构造完成的活化。两个节点都是在容纳它们的建筑内的离奇情况。因此在爱奥尼螺旋饰或者座盘饰中，大理石变得软了，柔韧了，并且运动起来。贝伦斯的节点确实在运动，但是建筑本身，因其巨大的边角和砖砌山墙，则是再静态不过了。两个节点都彰显连接，两者都彰显荷载的转移，而且，如果有人相信奥尼恩斯，那么两者也都彰显了运动。但是更重要的是，它们提醒了这些建筑是被构造成的，是由部件组装成的一个固定却又运动的组织形式。在任何建筑的无数节点中，有一小部分是被彰显出来的，有更小的一部分是被活化的。被活化的节点越不常见，其存在就越有效。但不是这些细部的品质给予了它们重要性；是它们的颠覆性，使它们与其所帮助创造的建筑对立性。我们通常不会把一栋建筑看做是动态的而更易倾向于将其想为永久、稳定和不变的。这些细部，如大多数的活化，所传达的信息和建筑可作为整体所传达的信息是不同的。他们所再次渲染的是不同的、看似互相排斥的建筑理解方式。缺失时间，一成不变的抽象化与瞬息的动态平衡中的部件组装这个明显的两极化之外，被活化的连接远胜于在静态组装中的孤立活力事件。它提醒着与永恒有关的艺术品的瞬息性。

# 庇护所

在帕特农神庙的每一角，正好低于遗失已久的山尖饰曾经被放置的地方，是四个狮头，每一个都有张着的嘴，很明显，雨水自其后的天沟从狮嘴流出（图9）。它们实际上是假天沟，但是动物排水口是一个有着长远历史的西方传统。所有来自朗香教堂（Ronchamp Chapel）屋顶的雨水顺着一条低谷找到位于后侧的一个排水口，然后跌落进一个开敞的蓄水池（图10）。其排水口并不是一个写实的动物，但是几乎所有的人都似乎在其中找到了一个——通常是一个定义模糊的怪兽的长鼻子或鼻孔。这是通过元素的活化，并且在帕特农神庙作为一个孤立的现象出现了。在这些建筑的其他部分并没有很多关于水以及适应水

图 7

AEG 涡轮工厂，彼得·贝伦斯，
德国柏林，1910

图 8

柱基，AEG 涡轮工厂，彼得·贝伦斯，
德国柏林，1910

的信息，这再次说明了为什么这些元素非常有效。可是，一个人仍然不能说任何一栋建筑不是庇护所。这些细部是夸张，而不是例外。然而，就像上述节点，它们是在毫不寻常图像中的对于日常的提醒。

# 安排

H.H. 理查森的佩因住宅（Paine House，1886）的中央台阶有一种不同类型的活化（图 11）。尽管有形式上的差异，但它的特定部件和爱奥尼的螺旋饰以及座盘饰有着许多相同处，比如，其扶手和栏杆。两者都是从建筑到雕塑表达的改制，在其中，一种物料暗示着与其所实际拥有的不同的——甚至是相反的——品质。在阿斯普伦德的布莱登堡百货商厦的扶手也是一个在整栋房屋其他地方表现种类缺失的雕塑性元素。第一个细部存在于理查德·诺曼·肖（Richard Norman Shaw）和斯坦福·怀特（Stanford White）的传统中，第二个细部存在

图 9

狮头假天沟，帕台农神殿，
雅典，公元前438

图 10

雨水落水管，朗香教堂，勒·柯布西耶
法国朗香，1955

于阿尔普和阿尔托的传统中，而这两种几乎一模一样的细部设计传统，发生在其他地方具有极少共通的两种建筑传统中。

　　这是通过安排的活化，但是这些细部和之前讨论过的雕塑性的活化也有着许多的共通之处，事实上，我们可以争辩地说，它们是完全一样的。巨大重量的缺失是真实的还是暗示的这一点是区分它们的明显特征。当这两个雕塑性的传统表达，甚至是母题，在许多点几乎是一样的时候，我们对于它们的反应却不是一样的，而重量则是其原因。

　　上述所有的活化类型都可以发生在大、小两种尺度。然而，以上所有的例子都是小尺度的，而在所有的四个例子中，都是因为作用力的大小与我们躯体大小的关系而导致的一个根本上不同秩序的小尺度活化。而作用力的大小和活化的尺度都是细部设计的尺度。细部设计，在最好的一面，是选择性的活化，而有的时候，则是选择性的去活化。

这里展示的活化例子，是古典细部与现代细部的并列，而作为结果，则是真实的代表。有非常多的装饰品与构造无关于活化，但是也有大量的装饰品起源于这些选择性活化种类中的一种，或者说已经获得了与其的相关性。有一些现代细部以一种写实的方式做着同样的事。然而，在功能上无用的、表达性的装饰与功能上夸张了的情形，以及纯粹功能性的细部之间，并不存在严格的界限。这三者中的每一种都出现在了现代建筑和传统的建筑中。

因此，有些装饰是细部，而有些细部则是装饰。

大小尺度活化之间的根本差异引导至关于细部的所有问题中最简单，而且最重要的一个问题是，"尺度为何重要"？这个问题的答案的一大部分是建筑必须承担的重量，我们将其视为该建筑所拥有的——就像我们视自我躯体所拥有的作用力和反作用力一样。

图11

壁炉厅，佩因住宅，H·H·理查森，
马萨诸塞州沃尔瑟姆，1886

什么是细部设计？

# 尺度为何重要？

我们用两种方式感知着建筑中压力和重量的效果——一种是制度性的，大于我们自身的力；还有一种是移情作用的，类似于我们自身的某种东西，不是形状上的相似，而是荷载量上的相似。我们也以两种方式理解一栋建筑的结构。一种是基于数学和统计的知识，还有一种是基于审美的，雕塑的，或许还是直觉的，甚至是在结构上不准确的印象。在审美效果的层面上，这个区别并不大。

当这些活化在细部的小尺度发生时，它们属于一种移情的而不是制度性的特征，它们处于我们体内的力的尺度。对此一个干脆的结论是，细部设计是在小尺度上关于移情的过程，不是在大尺度上的抽象化。而可以肯定的是，如果不是所有在此讨论过的细部，也有很大一部分的自主性细部属于这种类型，我们已经看到许多现代主义者拒绝沃林格的思想，如康定斯基、蒙德里安，或者赖特，虽然沃林格的思想可以应用在他们身上。因此问题在于：这是移情么？或者更应该问——什么是移情？

关于移情的想法自其于十九世纪晚期首次出现以后，有着很长的生命。关于移情的一个早期的解释是泛神论。哲学家罗伯特·费肖尔（Robert Vischer）于 1873 年写道：

> 这个现象构建的方式也成为一种我自身结构的比喻。我将自身裹在好似一件衣服的等高线内。

> 因此我们有了神奇的能力将我们自身的物理形态投射并且结合到一个物件的形态……除了与此内容相同的形态以外，那个形态还有可能是什么？因此我们在其上所投射的是我们自身的个性。

> 这个象征化的行为可以仅仅是基于与世界结合的泛神论需求，它绝不能被局限于我们更容易被理解的与人类物种的亲属关系，而是必须……被引导向宇宙。[12]

如果你觉得这个解答过于神秘，这儿也有更多科学的解释。在这个模式中，移情是与一个物件动觉的交感。沃尔夫林写道，"物理形态拥有一种特征，仅仅是因为我们自身拥有一个躯干……我们在所有现象中读出我们自身的影像"，但是他觉得将我们自身投射到一个物件上不是必须的，"除了一种无法解释的'自我投射'，我们或许想象，视觉神经冲动直接刺激运动神经，从而导致了特定的肌肉收缩"。无论如何，有时候，他听起来比费肖尔更泛神论。沃尔夫林写道，"万物，都有一种争取成为形态的意愿。"[13]

除了这种泛神论的需求，那些鼓吹移情的艺术史学家们大多觉得这是一个将自我投射到一个物件上的过程。而关于抽象化，艺术家们、神学家们和艺术史学家们在看待事物上有所不同。在这个具体的事情上，正好相反，他们认为是物件投射了某种东西进入到我们。家具制作者中岛乔治在他的书《一棵树的灵魂》（*The Soul of a Tree*）写道：

在日语中，"木靈"（kodama），即"一棵树的精神"代表着一种在这个岛国上几乎所有人皆知的一种体验。它包含一种与一棵树的心特殊亲密的感受。这是我们对于树的最深的尊敬，它驱使我们掌握困难的节点艺术，由此我们可以赋予树具有尊严和力量的第二次生命。[14]

虔诚的哲学家们将其视为一个更长传统的一部分。虔诚的历史学家米尔恰·伊利亚德(Mircea Eliade)就石像的起源做过类似的观察，"相比于任何塑像，未着衣的石头对于原始的宗教头脑暗示着远为有效的神祇存在。"[15]哲学家阿难·考马拉斯瓦米（Ananda Coomaraswamy）写过一种在印度艺术中找到的特质，契似（sadrsya），一种类似比拟的东西：

契似，"视觉对应"仍然通常被误读为与外观有关的两个东西：艺术品和模型。事实上，它所指代的特质是完全寄存在艺术品自身之内的，是作品内思想和感性因素的一个对应。这个对应事实上是人和物之间在"被仿效"的事上对应的类比；但是物件和艺术品是被独立确定的，各有了各自的好处。

在中国艺术中也有一个相似的概念，"形似"：

> 它不是如此的外向表现，而是在艺术家脑海里的，或是在普适神圣精神里的，或是在生命的呼吸里的一个概念……它是对于自然形式的正确使用的揭示。

对于考马拉斯瓦米来说，这曾是意象派或是带有神秘色彩的艺术，而不是西方传统中的符号象征性与肖像象征性的艺术：

> 在这种艺术中，感觉不出一件事物"是"什么和它所"意指"的差别……其终极主题是那单一且并不加以区分的原则，每当思想的光芒照耀在其内秘密实现的任何事物上时，它就在生命的每一个形式中揭示着自我。[16]

这个讨论将我们置身于审美的和精神的边界之间，而对于建筑师，这也许问题不太大，至少在争论所处的实践领域中如此。这个课题的最大困难是：一个在技术上实现的自然主义形式，或者至少一个有机形式，将如何同一个几何图案一样成为逃离这个世界的一种途径？其途径也许不是我们所能识别的一种形式，而是存在于我们对其制造和物料行为的现实感知中。

大多数可以被称为有机或者自然的艺术并不包括下列：安东尼·高迪（Antoni Gaudí）在米拉之家（Casa Milà）的悬壁，亨利·摩尔雕塑的有机形式，以及阿尔普对于混凝土的使用都是用凿子雕刻出来的。这些形式都是从外面引进的，而并不是由内产生的。阿尔托和阿斯普伦德的扶手都是以同样的方式，类似于木制装饰线条般由车床制造的。至多，人们可以争辩说它们是工具的特性和材料的抗性间的一种互动，而不是关于材料本身的一种表达。阿斯普伦德和霍尔的三夹板板凳肯定属于这一类型，而最近泛滥的数字化制造也是如此，尤其是模范化的天花板和墙板。每一种都更多地归功于其工具，而不是材料本身的特性。这些形式所在的建筑的矩形部分并没有不自然，不有机，或不表现其内在特性；或许相反地，它们来得更多。

虽然这些案例说明了，许多看似表达写实构建的现代细部也包含很多传统的表现形式，但是在此有一个关于其表现形式准确性的问题。在前述章节中，细部类型包括被活化的、自主的，以及在静态抽象化中具有颠覆性的（它们更写实并且较少地具有表现性）：贝尔拉格和彼得·赖斯的运动节点、苏托·德·莫拉的钢制连接件、约翰逊行政大楼的混凝土树基。如果这些细部的真正角色是与房建筑整体的抽象图像相抗衡，不论它是否是历史性的或是非主观性的，这些更写实却较少表现的细部将更有说服力。

这个争论不是说现代细部比传统的高级。恰恰相反，这是将传统细部回归其源初被活化的精髓的一个请愿，即使那些源初是神秘的。对于沃林格或者中岛来说，在某一时刻，脱离了细部是一个物件内部生命的一种活化。久而久之，这些演化成象征符号并且通常在过程中失掉了其特征。我的意图是脱离座盘饰和沟槽的象征主义并回归这些装饰物，即使不回到其公元前六世纪的源初，至少要回到当它们是力的表现那时，而不是回到作为样式特征的时代。

比反对几何及有机形态次要些的是一种理想的形式，而不是一种材料的真实感。不论是棱柱还是团块，所有形式都不排除理想形式或是材质现实的表达。它更多的是一个关于审美距离的问题，但是它并不仅仅由形状决定。因此细部设计的行为不仅仅是一个局部与整体，构建与装饰，风格与现实的问题，也是关于我们自身与一件建筑作品间关系的问题。

尺度是重要的，因为在某一时刻，一栋建筑中真实或者是被感知的作用的力，和我们自身内部作用的力是同序的；而这也正是移情的开始。

# 建筑局部和建筑整体间的关系是什么？

统一建筑局部和建筑整体的方式有这几种：为每一个目的在每一个尺度使用相同的技术设备，为了每一个目的在每一个尺度重复相同的装饰性母题；将每一个局部在形式上塑成风格上的统一体。每一种方式都可以成功，但是仅仅服务于一个目的，即视觉上的统一。如果有人想感受尺度的存在，想理解材料的天然属性，想展示一栋建筑中作用的内力，那么这些方法就是一个阻碍。为了这么做，局部与整体的关系必须认知并表达大小，材料的不同，庇护所的结构和功能的情况，以及节点的彰显。

目前看来，节点的未来并不是特别明朗。我们被更多地告知，因为据说有了数字化制造，我们正处于一个时代的边缘，在这个时代，建筑将没有节点，没有公差。这个宣言在被传递的同时通常不予解释为什么这是被渴望的，仿佛一切数字化的或是一切完美的东西都固然是好的。我的希望是在不久的将来能够听到数字化制造将如何使彰显节点变得更为容易。

一栋建筑的节点并不是小的局部，而是局部的部分。在任何时期或者在任何样式中，我们对建筑的很多最基本的理解，不仅仅依赖于对于局部的感知，而是基于对荷载在局部间转换，局部间安全地相连，以及它们处于动态平衡的感知。看起来不可避免地，我们使用类比将这种局部的组织理解成了大于本体的东西。显然，我在一栋建筑上所投射的远大于我们自身。但不仅仅是对于局部的感知，对于荷载的感知也很关键。随着对于重量的感知的改变，我们对于这些组装的反应也随之改变。

在局部与整体的关系中，关键的要素是由节点建立一种连接感，一种荷载的存在，以及一种构建的过程，或者是以上任何一种的缺失。

建筑功能的各方面的理解——结构、构建、庇护所以及功用——是不是对其建筑性理解的关键？

在 2003 年二月，针对世界贸易中心基地的设计所筛剩的两个项目：一个是由丹尼尔·李伯斯金（Daniel Libeskind）设计的，另一个是由 THINK 团队设计的。在《纽约时报》的一篇社论中，建筑史学家及评论家马文·特拉亨伯格（Marvin Trachtenberg）将李伯斯金的提案称为"创造性的一个奇迹"，并且写道"它独具一格，与零号地（Ground Zero）及其周遭的特定性有着深深的具有创造性的有机关系。"他对于 THINK 团队的提案没有一个好词，他将其视为现代主义最糟糕的立面延续：

> 在二十世纪早期，现代主义主流配制了一种程序，自此它便从未从中撤离：对于历史、记忆、场所以及特征的抑制；对于功能主义、技术和机器的得意洋洋……其根本的塔楼技术范例与其对立面结合会发生什么，是一种祭奠与复活的建筑？或许这种杂交体在理论上是可行的，但是现代主义与纪念相交的情形所可能产生的结果则会是一个建筑上的怪物，就像 THINK 团队设计的世界文化中心一样。[17]

特拉亨伯格的假设是建筑必须在科技的展示和"历史、记忆、场所以及特征"的展示中间做唯一性的选择，并且如果现代主义应答了"功能主义、技术和机器"，它就不能对场所，特别是城市进行应答；而 THINK 团队提案的优点并不重要。需要说明的是，我和很多人一样觉得其实它才是更优秀的方案——更令人不安的是特拉亨伯格的根本论理，即技术（且不管它到底是什么意思）如同资料库一样，提供着我们用于指派含义的象征符号。

如果不是没有可能，逃离建筑的象征性或类比式解读至少是极其困难的。我们可以将技术性图像解读成技术乐观主义或者是技术怀旧。然而这两者都是肤浅的解读，久之，就会像说美国南方的后古典主义是奴隶制的代表一样不具有正当性。南方的后古典主义仅仅是和奴隶制相关，并不是其象征，而将现代技术图像（不论是诺里斯大坝（Norris Dam，1936）或是克林顿图书馆(2004))与现代的恐惧或者成就相关联,就是将两者以一种轻率、短暂、肤浅,以及最终非建筑的方式来理解。

构造的彰显并不是排除启发"历史、记忆、场所以及特征"的建筑的一种备选,是这么做的机制。最神圣的建筑——万神庙、亚眠大教堂、伊势神宫(Ise Shrine)或者是肯贝尔艺术博物馆——与其在构造上的严谨是不矛盾的,相反,正是构造的严谨成就了其神圣。逃离对于建筑的象征性或类比式解读或许很难,但是总的来说避免对于建筑的构造性解读也是同等的困难。同样的,我们也无法避免对于建筑的抽象化理解;我们只是不太看重它罢了。

不论其解读有多充满自信,除了视其为一个被组装起来的建筑序列,我们该如何定义局部与整体的关系?除了视其为重量效力和强度的一种表现,我们该如何理解大与小之间的差别?我们该如何忽略一栋建筑的技术问题已被解决的证明?万神殿、亚眠大教堂、伊势神宫以及肯贝儿艺术博物馆的优点在于它们可以被理解成抽象,也可以被理解成构建;并且活化和抽象化也是大尺度进程上的一部分。将万神殿或者亚眠大教堂解释成纯粹是结构理性主义的结果是荒谬的,但是没有结构性的理解,想要理解它们或者欣赏它们则是不可能的。细部设计是这种理解过程的一部分,但是更准确地,这是一种同大尺度理解平行的在小尺度上的理解。

不论是多么地短暂,对于细部的欣赏正是逃离一栋建筑象征性和关联性品质,进而理解其实质的过程。一个类似的过程对我们理解作为整体的技术至关重要:不因其历史或社会关联来理解一种机制的需求,不将其理解为一丝怀旧或者本土色彩,而是在不考虑其技术到底是陈旧还是先进的基础上,欣赏其自身内部组织的秩序。

对于结构、构造、功用和庇护所的理解对一栋建筑重要的问题其实是没有意义的,因为它是不可避免的;就如同它的缺失一样,在某一时刻,它就是不可避免的,不是因为哪栋特定的建筑,而是因为我们自己。

# 什么是细部？

．在回答了众多较小的问题之后，我们就剩下这个比较大的问题了，即什么是细部。而现在，正如之前承诺过的，我应该提供一个一般性的总括的概念，它应包括之前已经给出的所有符合的概念。但是我不打算这么做。任何可以被提供的综合性概念在其边界上都不准确，在其描述上都过于含糊，在其宽泛用词上都过于笼统，在其具体用词上都过度，从而它将被轻易认为对从业者毫无帮助，而只适于满足研究用的理论家。但是如果作为一种物品分类的细部不能被任何程度的有用详情有效地描述，那么至少作为一项活动的细部设计可以实现。细部设计是区分距离的行为。建筑需要接触以及脱离，而细部则是做到两者的机制。

2005 年，我参与撰写的建筑系教师致弗吉尼亚大学社区的一封公开信中，我们问了一个修辞式的问题，"建筑仅仅是一个风格的问题么，仅仅是附会了历史关联的母题应用么？建筑师唯一的任务是在由一个没有想像力的平面图生成的对称体量上应用柱子、三角楣饰，以及其他装饰物么，或者还是对于一栋建筑实质，使用者需求，以及场地天然属性的一次探索？"[18] 问题的答案是，虽然这种母题的应用不是建筑的唯一任务，它至少在其本意中，是主要任务之一。

杰弗逊的大草坪的装饰物不是肤浅的历史遗留物或者是一种退化的装点。如果去除了它的座盘饰、凹形边饰、柱头，以及顶板，它将是一个没有生命的抽象，但是具有终极价值的是这些元素的雕塑性特质，而不是它们对历史的关联。弗吉尼亚大学的几栋后古典主义建筑的建筑师们觉得建了使人想起杰弗逊或者类似杰弗逊式建筑的东西，他们就尊重了他的成就；他们觉得只有象征才是重要的。这不是建筑式的理解，甚至不是建筑式的欣赏；这仅仅是建筑式的认可。为了达到一个肤浅的目的，要求这些元素剥离更深含义的一个过程。

如果你沿着杰弗逊的大草坪西南侧柱廊走，看看柱子的基部并且眼睛不要抬过地平线，你将看到这些：七十九根小柱子，每一个基部都有一个座盘饰。这些被五座馆舍打断，两座面对着柱廊的小柱子，三座面对着大一些的柱子的组团。第一和第二组团的较大柱子下是一个座盘饰，然后是一个凹形边饰，再然后是一个更大的座盘饰。第三和第四馆舍的两个较小柱子的组团和中小柱子的尺寸相同，也都有单个的座盘饰；而由四根多利克柱子组成的第五组则没有基部。靠近走道尽端的较小的三根柱子恢复到了它们源初的状况，即没有完工的灰泥和清洁剂，比那些覆盖着层层油漆的更老的柱子有着更锐利的线脚轮廓（图12）。我对这种类型的复原有着复杂的感情。它们形成一种有教育意义的并置。较旧的柱子有着岁月的光泽和一种历史的真实性。另外一方面，这些被复原的柱子线脚有着一种活化和生命力，它们缺乏那些相对工艺粗糙并且覆盖着厚厚油漆的较旧线脚。它展示了两种现实：一种是带有真实历史光泽的；而另一种，虽然没有那么纯正，却更忠诚于线脚的原则。它们说明，为了理解线脚，人们必须深入其表层并且回归到源初。那个含义可能会更难辨明，但是它将不那么短暂和油滑——它是动态平衡中局部的一种彰显；它是被活化的一种静态形式；它是被赋予重量的一个抽象形式，它在抽象和现实之间创造了一种距离。

这些就是细部，它们不是生成整体的局部，不是被隐藏部分的代表，肯定也不是贯穿某房屋始终的特定概念的应用结果。它们是最自主以及最具颠覆性的细部。在满足功能需求之外，在决定组织形式之外，在描绘重要形式之后，它们有着另外的任务。一栋建筑需要受到其他所有品质的启发，活化的品质，含蓄的表现，以及柱头所代表的材料属性中相对立的迹象。对于现代思潮，如果它们没有说明建筑是关于什么的，至少表达了细部设计是什么。和所有细部一样，大草坪的装饰物提醒着建筑设计需要表现对立，不一致，甚至偶尔是不可调和的力；而建筑师的任务既不是压抑它们也不是改善它们的差异，而是去细化，在一个有选择性的基础上，允许这些矛盾显现。

细部不是一种物品分类，不是装满象征符号的资料库，也不是一个聪明机制的收集。它们是我们看一栋建筑和感受一栋建筑的方式之间，抽象化和活化之间，材质现实和理想化形式之间一种必要调和的证据，无法量化地用一套态度启发另一套的证据。至少，细部是有意识地创造不一致，不完美，或者特殊局部的行为结果，而虽然我们一面试图调和我们加于房屋的感知矛盾，但更可能的结果是将这些差异变得轻易地显现。样式化的，完美的，隐形的或者根据

图 12

大草坪西南侧的柱基，弗吉尼亚大学，
托马斯·杰斐逊，
弗吉尼亚州夏洛兹维尔，始于1817

什么是细部设计？

母题创造的细部设计只有在存在不一致、不完美、夸张，以及包含不规范局部的情况才会成功。好的细部不是一致，而是不规范；不是典型，而是特殊；不是教条，而是异端；不是一个想法的延续，而是它的终结，并且成为另一个想法的开始。

1   Colin Rowe and Leon Satkowski. *Italian Architecture of the 16th Century* (New York: Princeton Architectural Press, 2002), 78–79; James Ackerman, *The Architecture of Michelangelo* (Baltimore: Penguin, [1961] 1971), 71ff.

2   José Ortega y Gasset, *The Duhumanization of Art* (Princeton: Princeton University Press, 1948), 17.

3   Melvin Rader, *A Modern Book of Esthetics* (New York: Holt, 1935), 294.

4   Wilhelm Worringer, *Abstraction and Empathy* (Chicago: Ivan R. Dee, 1997), 114.

5   Malevich, *Essays on Art, Vol. 1*, 200–201.

6   Richard Serra, *Writings/Interviews* (Chicago: Chicago University Press, 1994), 184–85.

7   Robert Smithson, *The Collected Writing*, (Berkeley: University of California Press, 1996), 338, 162.

8   Walker Percy, *Lost in the Cosmos* (New York: Farrar, Straus & Giroux, 1983), 143.

9   Payne, *The Architectural Treatise in the Italian Renaissance*, 178, 164.

10  Coventry Patmore, *Principle in Art, Etc.* (London: George Bell, 1890), 164ff.; Mallgrave and Ikonomou, *Empathy, Form and Space*, 159. Arthur Schopenhauer, *The World as Will and Representation, Vol. 2* (Indian Hills, Colorado: Falcon Wing, 1958), 411.

11  Dodds and Tavenor, *Body and Building*, 55.

12  Mallgrave and Ikonomou, *Empathy, Form and Space*, 101,104,109.

13  Ibid., 151,152, 157, 159.

14  Nakashima, *The Soul of a Tree* (New York: Harper & Row, 1988), 132.

15  Mircea Eliade, *Patterns in Comparative Religion* (Lincoln: Nebraska, 1958), 235.

16  Ananda Coomaraswamy, *The Transformation of Nature in Art* (New York: Dover, [1934] 1956), 13, 14, 38. A New Vision for Ground Zero Beyond Mainstream Modernism

17  Marvin Trachtenberg, "A New Vision for Ground Zero Beyond Mainstream Modernism" *New York Times*, February 23, 2003.

# 中英文专业词汇对照表

| | | | |
|---|---|---|---|
| Animated | 活化 | Inglenooks | 壁炉厅 |
| Abstract Detail | 抽象细部 | | |
| Arch | 拱门 | | |
| Articulated Detail | 表达性细部 | Joints | 节点 |
| Autonomous Detail | 自主的细部 | Joist | 托梁 |
| | | | |
| Baluster | 栏杆的支柱 | Lean-tos | 单坡顶蓬屋 |
| Bar Joins | 隔栅 | Lintel | 过梁 |
| Baseboard | 踢脚板 | | |
| Bay window | 飘窗 | | |
| Brace | 斜撑 | Motif | 母题 |
| Bracket | 梁托架 | Mullion | 竖梃 |
| Building Envelope | 建筑表皮 | | |
| | | Nailer | 受钉木条 |
| Cladding | 覆面 | Newel | 楼梯上下端的栏杆支柱 |
| Clapboard | 外墙覆板 | | |
| Coping | 压顶板 | | |
| Cornerboard | 墙角护板 | Order | 秩序 |
| Crown Mold | 天花线脚 | | |
| | | Panel Door | 镶板门 |
| Digital | 数字化 | Peg | 挂钉 |
| Double-hung Window | 双悬窗 | Platform | 平台 |
| Dovetail | 楔形榫头 | Plywood | 胶合板 |
| Down Spout | 雨水落水管 | Pin | 铰接 |
| Drip | 滴水 | Pivot | 支点 |
| Drywall | 清水墙 | | |
| | | Reveal | 墙内的凹槽 |
| Envelope | 外围结构 | Rigid | 钢接 |
| | | Rigid Frame | 钢架 |
| Fanlight | 横楣窗 | | |
| Flange | 凸缘 | Shingle | 屋顶瓦板 |
| Flashing | 泛水 | Sill | 窗台 |
| Flitch Beam | 组合梁板 | Skylight | 天窗 |
| Flute | 柱上的凹槽 | Spandrel | 拱肩 |
| Frame | 构架 | Strut | 支杆 |
| Frame Wall | 构架墙 | | |
| | | Tenon | 凸榫 |
| Gable | 山墙 | Thermal mass | 热储量 |
| Gutter | 天沟 | Trim | 装饰修边 |
| | | Truss | 桁架 |
| Hinge | 铰链 | | |
| | | Watertable | 承雨线脚 |

# 参考文献选摘

除了本书内备注的作品和图纸外，某些建筑信息的来源如下：

Arets, Wiel. *Living Library*. Utrecht: Prestel, 2005.

Banham, Reyner. "School at Hunstanton." *Architectural Review* (September 1954): 148–62.

Brownlee, David. *The Law Courts: The Architecture of George Edmund Street*. New York: Architectural History Foundation; Cambridge, Mass.: MIT Press, 1984.

Dillon, David. "Modern Art Museum of Fort Worth, Texas." *Architectural Record* 191 (March 2003): 98–113.

Breuer, Marcel. Drawings Collection, Library for Special Collections at Syracuse University.

Brooks, H. Allen, ed. *The Le Corbusier Archive*. New York: Garland, 1982.

Brownlee, David and David De Long. *Louis I Kahn: In the Realm of Architecture*. New York: Rizzoli, 1991.

Buchanan, Peter. *Renzo Piano Building Workshop: Complete Works*, 3 vols. London: Phaidon Press, 1993.

Butterfield, William. RIBA Drawings Collection, London.

Cardwell, Kenneth. *Bernard Maybeck: Artisan, Architect, Artist*. Santa Barbara: Peregrine Smith, 1977.

Celant, Germano, ed. *Prada Aoyama Tokyo: Herzog & de Meuron*. Milan: Fondazione Prada, 2003.

Le Corbusier, *Une maison-un palais*. Paris: G. Crès et cie, 1929.

Culot, Maurice. *Les Frères Perret: L'Oeuvre Complète*. Paris: Institut français d'architecture: Éditions Norma, 2000.

Curtis, William. *Le Corbusier at Work: The Genesis of the Carpenter Center for the Visual Arts*. Cambridge, Mass.: Harvard University Press, 1978.

Dannatt, Adrian. *United States Holocaust Memorial Museum: James Ingo Freed*. New York: Phaidon, 2002.

Drexler, Arthur, ed. *The Mies van der Rohe Archive*. New York: Garland, 1986.

Fjeld, Per Olaf. *Sverre Fehn: The Pattern of Thoughts*. New York: Monacelli Press, 2009.

Freudenheim, Leslie. *Building with Nature: Inspiration for the Arts & Crafts Home*. Layton, Utah: Gibbs Smith, 2005.

Futagawa, Yukio, ed. *Frank Lloyd Wright: Selected Houses*, 8 volumes. Tokyo: ADA Edita, 1989.

Futagawa, Yukio, ed. *Taliesin West*. Tokyo: ADA Edita, 2002.

Heinz, Thomas. *Dana House: Frank Lloyd Wright*. New York: St. Martin's Press, 1995.

Holl, Steven. *Intertwining*. New York: Princeton Architectural Press, 1996.

Koolhaas, Rem and Bruce Mau. *S,M,L,XL*. New York: Monacelli Press, 1995.

Lambot, Ian, ed. *Norman Foster: Team 4 and Foster Associates: Buildings and Projects*, 4 vol. London: Watermark, 1996.

Lawrence, Arnold W. *Greek Architecture*. New Haven: Yale University Press, 1957.

Ligtelijn, Vincent, ed.. *Aldo Van Eyck: Works*. Basel: Birkhäuser, 1999.

McCarter, Robert. *Louis I. Kahn*, New York: Phaidon, 2005.

McQuaid, Matilda. *Shigeru Ban*. London: Phaidon, 2003.

Middleton, Robin. "The Pursuit of Ordinariness: Garden Building, St. Hilda's College."

*Architectural Design* XL (February 1971): 77.

Miralles, Enric. *EMBT: Enric Miralles, Benedetta Tagliabue: Work in Progress*. Actar, 2004.

Møller, Erik. *Aarhus City Hall*. Copenhagen: Danish Architectural Press, 1991.

Novak, Megan. *Architecture Interruptus*. New York: D.A.P. Distributed Art Publishers, 2007.

Oechslin, Werner. *Otto Wagner, Adolf Loos, and the Road to Modern Architecture*. Cambridge: Cambridge University Press, 2002.

Polano, Sergio. *Hendrik Petrus Berlage: Complete Works*. New York: Rizzoli, 1987.

Scheer, Thorsten, ed. *Josef Paul Kleihues: Works 1966–1980*. Ostfildern: Hatje Cantz Verlag, 2008.

Schittich, Christian, ed. *In Detail: Japan*. Berlin: Birkhauser, 2002.

Sulzer, Peter. *Jean Prouvé: Oeuvre Complète*, 4 vols. Berlin: Wasmuth, 1995.

Sumi, Christian. *Immeuble Clarté Genf 1932*. Zurich: ETH, 1989.

Trigueiro, Luiz, ed. *Eduardo Souto de Moura*. Lisbon: Blau, 1996.

Vellay, Dominique. *La Maison de Verre: Pierre Chareau's Modernist Masterwork*. London: Thames & Hudson, 2007.

Wang, Wilfried. *Herzog & de Meuron*. Boston: Birkhauser, 1998.

Weinstein, Richard. *Morphosis: Buildings and Projects, 1989–1992*. New York: Rizzoli, 1994.

Williams, Tod and Billie Tsien. "The Neurosciences Institute." *GA document* 50 (April, 1997): 46–61.

Woodbridge, Sally. *Bernard Maybeck: Visionary Architect*. New York: Abbeville Press, 1992.

_____, "Eduardo Souto de Moura: Recent work." 2G No 5 1998.

_____, "McCormick Tribune Campus Center," GA Document 76, (2003): 8-47.

_____, "Kunsthal in Rotterdam," El Croquis 79, (1996): 74-105.

# 插图来源

用以绘制插图的信息来源如下：

## 第一章

**图1:**

Archives, Maitland Robinson Library,
Downing College, University of Cambridge.
Drawing number 1015/3/4

**图9:**

___ "Camp Mies." *Progressive Architecture* 48
(December, 1967): 128–129.

## 第二章

**图6:**

Wall Details, REMU Electrical Substation:
Melet, Ed. *The Architectural Detail.*
Rotterdam: NAi, 2002.
*El Croquis* 72 (1995)

**图7:**
**顶图**

Maison du Peuple:
Jean Prouvé Collection, Departmental
Archive of Meurthe-et-Moselle, Nancy,
Drawing No. 704.26.

High Museum, Meier:
Frampton, Kenneth. "High Museum of Art in
Atlanta," *Casabella* (November, 1982): 60–61;
*High Museum of Art: The New Building: A
Chronicle of Planning Design and Construction.*
Atlanta: High Museum of Art, 1983.

**图7:**
**底图**

Sainsbury Centre for Visual Arts:
____. "East Anglia Arts." *Architectural Review
CLXVI* (December, 1978): 347–354.

High Museum Addition, Piano:
Buchanan, Peter. *Renzo Piano Building
Workshop Compete Works, Vol. 5.* New York:
Phaidon, 2008.

**图17:**

Carpenter Center Construction Documents,
Drawing A16.

**图23:**

___. "Prada Flagship Store in Tokyo." Detail,
(March 2004): 172–73;
Celant, Germano, ed. *Prada Aoyama Tokyo:
Herzog & de Meuron.* Milan: Fondazione
Prada, 2003.

**图25:**

Seattle Public Library:
Killory, Christine and Rene David. *Details
in Contemporary Architecture.* New York:
Princeton Architectural Press, 2007.

**图28 :**

___, "Laboratory Building in Utrecht." *Detail*
44 (April, 2003): 352;
Melet, Ed. *The Architectural Detail.*
Rotterdam: NAi, 2002.

第三章

**图6–7:**

From *Concrete Engineering* 2 (September
1907) reproduced in Joseph Siry *Unity
Temple: Frank Lloyd Wright and Architecture
for Liberal Religion*, New York: Cambridge
University Press, 1996.

**图20及图21:**

Hanna House Documents (microform) FLW/
Hanna House archival collection, New York:
Architectural History Foundation Cambridge,
Massachusetts, 1981.

**图24及图25:**

Fay Jones Collection, University of Arkansas,
Folder F8-F14, Drawing 2.

**图34:**

Albertini, Bianca and Sandro Bagnoli. *Scarpa:
L'architettura nel Dettaglio.* Milano: Jaca
Book, 1988.


第四章

**图1:**

Church of St. Leopold:
Technische Betriebsleitung, Psychiatrisches
Krankenhaus Baumgarten
Postal Savings Bank:
Postsparkasse Archives

**图2:**

Netherlands Architecture Institute,
Rotterdam. Drawing Number 65.122, 65.123.

**图3:**

Bernard Maybeck Drawings Collection,
Environmental Design Archives, University
of California, Berkeley. Item Number
190615/104 FF 96–97.

**图4:**

Bernard Maybeck Drawings Collection,
Environmental Design Archives, University
of California, Berkeley. Item Number
193619/172-175FF 195–196.

**图7:**

Freigang, Christina. *Auguste Perret.* Berlin:
Deutcher Kunstverlg, 2003 21;
Institut Francais d'Architecture. Drawing
number 535AP58/6.

**图9及图10:**

Yorke, Francis. *The Modern House*, London:
The Architecture Press, 1934. *L'architecture
Vivante* (Spring 1928): New York: De Capo
1975. unpaginated.

**图11:**

Blaser, Werner. *Mies van der Rohe: The Art of
Structure*. New York: Praeger, 1965;
Hilberseimer, Ludwig. *Mies van der Rohe*.
Chicago: Paul Theobald, 1955.

**图13:**

**Top** Economist Building:
____, "The Economist Group." *Architectural
Design* 35 (February 1965): 78.
**Bottom** St. Hilda's College:
Middleton, Robin. "The Pursuit of
Ordinariness: Garden Building, St. Hilda's
College." *Architectural Design* XL (February,
1971): 77.

**图16:**

Louis I. Kahn Collection, Architectural
Drawing Archives, University of Pennsylvania

**图20:**

____. "Canadian Clay and Glass Gallery in
Waterloo, Ontario." *Detail* (March 1997):
190–191; Construction Documents, Drawing
A-12.

**图23:**

Fairweather, Virginia. *Expressing Structure.*
Boston: Birkhauser, 2004;
__, "Modern Art Museum of Fort Worth." *GA
Document* 74 (2003): 36.

**图25:**

顶图

Cincinnati Art Center:
____, "Rosenthal Center for Contemporary
Art." *GA Document* 74 (Tokyo: ADA Edita
2003): 6.

底图

Walker Art Center:
*El Croquis* 109/110
Killory, Christine and Rene David, *Details
in Contemporary Architecture* New York:
Princeton Architectural Press, 2007;
___, "Case Study: Extension of the Walker
Arts Center." There, (2005).

**图27:**

___. "Educatorium, at the University of
Utrecht," *El Croquis* 79, (1996):142.
El Croquis 88–89 1998 1. 98;
Melet, Ed. *The Architectural Detail.*
Rotterdam: NAi, 2002.

第五章

**图3:**

Netherlands Architecture Institute,
Rotterdam. Drawing Number 67.023.

**图7:**

Futagawa, Yukio, ed. *Frank Lloyd Wright
Monograph 1914–1923*. Vol. 4. Tokyo: ADA
Edita.

**图18, 图19及图20:**

Oscar Ojeda, *Arcadian Architecture*. New
York: Rizzoli, 2005.
Bohlin, Cywinski, Jackson *Ledge House.*
Gloucester, Massachusetts: Rockport, 1999.

**图22:**

"Kagawa Prefecture Office by Kenzo Tange."
*Kenchiku Bunka* 144 (October 1958): 21.

**图27:**

Rosen House:
____, "Rosen House, California,"
*Architectural Design* 35 (March 1965): 148.
Residential Block on the Rua do Teatro:
____, "Edificio de Viviendas en Rua do
Teatro." *El Croquis* (2005) 52–53.

**图32:**

"Lyon School of Architecture." *Architect's
Journal* (June 1990; July 1989; Nov. 1988):
511.pgs?
"Faculty of Architecture in Lyon." Detail 6
(1988): 651.

第六章

**图1:**
**顶图**
Tate Modern:
Rappaport, Nina. "Power Station."
*Architecture* 89 (May 2000): 153;
Moore, Rowan. *Building the Tate Modern*.
London: Tate Gallery, 2000.
**Bottom**
Dutch Embassy:
Melet. Ed. *The Architectural Detail*.
Rotterdam: NAi, 2002.

**图16:**
Aalto, Alvar, *The Architectural Drawings of
Alvar Aalto, 1917–1939*. New York: Garland,
1994. Drawing Numbers 81/213, 81/215.

**图24:**
Tentiori, Francesco. "Un Padiglione di Carlo
Scarpa alla Biennale di Venezia." *Casabella*
(No. 212:1956): 27–28.

**图29:**
**顶图**
Bredenberg's Department Store:
Swedish Architecture Museum, Stockholm,
Drawing Number AM-88-02-9164:
**中图**
Viipuri Library:
Aalto, Alvar, *The Architectural Drawings of
Alvar Aalto, 1917–1939*. New York: Garland,
1994. Drawing Number 50/242.
**底图**
Canadian Clay and Glass Gallery:
____, "Canadian Clay and Glass Gallery in
Waterloo, Ontario." *Detail* (March 1997)
190–91.

**图41:**
Louis I. Kahn Collection, Architectural
Drawing Archives, University of Pennsylvania
Items No. 030.11.A.3317, 030.1C 570.001.

**图44:**
Dornie, David. New Stone Architecture. New
York: McGraw Hill, 2003. 81–84;
Parry, Eric. *Eric Parry Architects*. London:
Black Dog, 2002.

第七章

**图2:**
Geymüller, Heinrich von and Stegmann,
Carl von. *Die Architektur der Renaissance in
Toscana*. Munich 1885-1909

# 图片版权

## 第一章

**图1:**
Nicholas Kane/arcaid.co.uk
**图5:**
Edward Cullinan Architects
**图7:**
William Wischmeyer

## 第二章

**图5:**
UN Studio: © Hans-Jürgen Commerell
**图10:**
Tony Kerr
**图11:**
Peter Aaron: Estostock
**图20:**
http://www.flickr.com/photos/super_lapin/
2933673374
**图21:**
http://www.flickr.com/photos/super_lapin/
311187575
**图22:**
Makie Suzuki
**图24:**
Ric Cochrane
**图26:**
Shigeru Ban Architects
**图27:**
UN Studio: © Christian Richters

## 第三章

**图1:**
Photograph by Thomas A. Heinz, AIA; ©
2010 Thomas A. Heinz, AIA
**图8:**
Library of Congress, Prints & Photographs
Division, HABS CAL, 19-LOSAN, 28-3,
Marvin Rand, Photographer.

**图11:**
http://www.flickr.com/photos/
ingamun/68113994
**图12:**
Ezra Stoller: ESTO
**图14:**
Library of Congress, Prints & Photographs
Division, HABS PA, 26-OHPY.V, 1-42, Jack
E. Boucher, Photographer
**图15:**
Library of Congress, Prints & Photographs
Division, HABS PA, 26-OHPY.V, 1-34, Jack
E. Boucher, Photographer
**图17:**
©2010 Frank Lloyd Wright Foundation;
Scottsdale, AZ/ Artist's Rights Society (ARS),
NY
**图30:**
Huib Blom
**图31:**
Tess van Eyck
**图32:**
Tess van Eyck
**图33:**
Seier + Seier
**图35:**
Maressa Perreault

## 第四章

**图5:**
Roy Flamm Photograph, Courtesy of The
Bancroft Library, University of California,
Berkeley.
**图8:**
Erich Lessing/ Art Resource. NY; ©2010
Artist's Rights Society (ARS), New York/
ADAGP, Paris/FLC
**图19:**
Steven Evans Photography, Inc.

# 索引

译后记

# 不谈建筑细部

隋心

在翻译了这本书与同为爱德华·福特所著的，同样讲细部的《五宅十详》之后，请允许我跳出建筑细部，谈谈别的东西。

## SIM 卡槽与油箱门 （无细部）

苹果 iPhone 4 的设计中，为了消除 SIM 卡的卡槽开口这个细部，设计师在手机中框切了一条缝，插拔 SIM 卡的时候，我们需要用一根针把卡槽顶出来，放入 SIM 卡后，再推回去。这个卡槽使用了与 iPhone 中框相同的金属材质，并期望卡槽能与中框融为一体，就如同这个卡槽不存在一般。然而，这隐藏得似乎不大好，即使不仔细审视，我们也能非常清楚地看到一圈缝隙以及那个针眼。而且，插卡的过程非常繁琐，并且影响美观。

锤子科技创始人罗永浩就不认同这个细部，并批评道它如同机身上的伤疤。于是锤子科技出品的 Smartisan T1 手机则采用了拆后盖然后插 SIM 卡的方式，以消除 SIM 卡槽这个伤疤。后盖通过机身底部的 2 颗螺丝固定，为了装 SIM 卡，T1 的用户必须拧下螺丝。螺丝被很好地隐藏在了扬声器的开孔中。相比 iPhone 4，T1 的这个细部消除得相当精美（图 1）。在 iPhone 出现以前，

图 1

Smartisan T1 的底部，图片来源：锤子科技

以及与 iPhone 同时期的许多其他品牌的智能手机的后盖是不用工具就可徒手拆卸的。iPhone 由于后盖无法拆卸，但又要塞入 SIM 卡，因此只能另开一个槽，然后再努力把这个槽藏起来。而试图解决疤痕问题的 T1 回到了拆后盖的老思路，虽然它把细部抹除得更好，但却把简单问题复杂化了。甚至 T1 的包装盒里附送了一个专门用来拧这两颗螺丝的、非常精美的、甚至可作为装饰物的螺丝刀。

同样试图隐藏开口的，还有小轿车的门。我每天上下班开的那辆本田思域拥有漂亮的流线型外观，似乎暗示着，它是一体化成型的，没有开口，没有门。尤其是油箱门，隐藏得特别好，乃至于连把手都省去了（图 2），打开它的唯一方式是按下驾驶舱座椅旁的一个按键。然而，我们都知道，这个车是有门的，并且我们会不自觉地寻找门把手以及门缝，于是我们知道这是个双门款的思域，还是四门款的思域。那个被努力隐藏的油箱门，也如同伤疤一样，能被我们不自觉地一眼就能找到。吉普牧马人则采用了完全相反的设计语汇，连接车门的轴承被强调，放大，节点被选择性地明确表达。油箱的开口非常抢眼，甚至采用一圈黑色塑料来强调它的存在（图 3）。同样强调了油箱门的还有道奇挑战者，它的油箱门就像一个银色的大瓶盖，甚至上面还写着 "FUEL"，生怕你加油时找不到油箱。

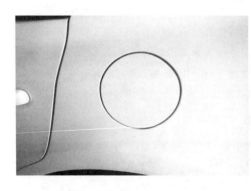

图 2

本田思域的油箱盖

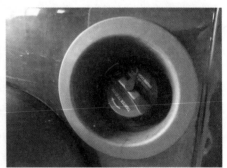

图 3

吉普牧马人的油箱盖

我们会觉得消除了细部的思域很有现代感，甚至，我们觉得面向未来的概念车都应该是一体化、流线型、没有棱角、没有细部的。同时，我们觉得，牧马人的设计经典复古，而挑战者则传承了美国肌肉车的传统。但是，细部的清除是否可取呢？

## 胶片单反与数码微单（揭示构造的细部）

　　奥林巴斯在2014年发布的E-M10数码微单相机在工业设计上很容易让人想到近半个世纪前的奥林巴斯OM-1胶片单反相机（图4）。甚至，这款最新的微单相机就是以"复古"为卖点的。但在其内部，成像原理上，CMOS感光元件与液晶屏等电子模块代替了银盐胶片、反光板、五菱镜、光学取景器等一系列机械构造。

图4

上为奥林巴斯E-M10，下为奥林巴斯OM-1

OM-1 是机械相机，那些扳手均为机械结构的一部分，卷片扳手与过片扳手分别连接对应的胶片卷轴，而光学取景器的设置是由单反相机的结构所决定的，来自镜头的光线通过反光板及五菱镜，最终投射到取景器中，这就决定了相机的取景器呈楔形，位于机身中央的上方并与镜头对齐。OM-1 外部的这些组件、扳手等细部忠实地反映了单反相机内部的构造逻辑。然而，虽然今天的微单 E-M10 采用的电子取景器的形式、位置与 OM-1 一致，但它已与相机的构造逻辑没有任何关系了，由于没有反光板、五菱镜等机械结构的限制，电子取景器本可以被设置在机身的任何一侧，也可以取消。同样地，在原本卷片扳手位置上的是模式转盘，而在原 ISO 拨轮与卷片扳手位置上的是两个可自定义的拨轮。这些拨轮与转盘都本可以不受限制地放在机身的任何一个位置上，甚至也可以取消——机身背后的触摸液晶屏本可以取代所有按键，相机的操作逻辑本可以同 iPhone 的操作逻辑一样。为什么还要纠结于胶片相机那由其结构特征决定的操作逻辑呢？

另外，胶片相机镜头中，光圈环、对焦环等均是机械结构，转动对焦环，就通过齿轮移动了镜组。而在数码时代，在富士 X100、松下 LX100 等数码相机中，这些环的位置和互动方式均与胶片相机的镜头一模一样，然而它不再是机械结构，而是，当你转动对焦环的时候，传感器捕捉你转了多大的角度，然后交由相机的处理芯片处理这个信号，再控制镜头内部的对焦马达驱动镜组的移动。

胶片单反相机的构造逻辑决定了相机取景器、扳手、对焦环、光圈环等的位置与形式，进而决定了我们使用相机的姿势及与相机互动的方式。而当机械构造被取代，胶片单反进化成数码微单之时，固化在我们肌肉记忆中的与相机交互的方式又倒逼微单模仿传统单反的形式与操作逻辑，而此时，数码微单的操控组件的设置已经与其内部构造没有任何关系了。甚至，越是专业的相机，其操作方式就越是复古，因为越是使用专业数码相机的摄影师，就越喜欢胶片相机的操作方式。

### 仿皮革与真塑料（细部与材料）

我们总是认为，以聚碳酸酯（塑料）为材质的三星手机总是廉价、粗糙与低质的，而有着金属边框、玻璃后盖的 iPhone，则更为精致。

于是三星努力把塑料做得不像塑料。不仔细观察，我们可能真以为三星 Galaxy Note3 以及一大批三星的手机、笔记本电脑的外表皮是皮革制成的（图5），甚至其触感与光感也与皮革无异。在时尚设计中，皮革作为一种材料，多是以缝制的方式与另一块皮革，或与另一种布料相连接的，因此，在交接处，缝制的连接方式形成了线状的纹理。无论是服装，钱包还是手袋，"皮革"与"缝制"密不可分，乃至于我们想到皮革，就想到了连接皮革的方式。在 Galaxy Note 3 的背盖边缘，我们也能找到类似的线状纹理，它暗示着皮革的缝合。然而，只要把背盖掀开，露出其未经处理的内侧，我们就能知道，这个背盖其实是塑料做的，只不过在这一整块塑料的表面压印了皮革纹理，在其边缘压印了缝制纹理。这是用一种材料来模拟另一种材料以及它的连接节点。塑料本来的形式并没有被忠实地呈现。

图5

三星Chromebook 2

同样以塑料为材质的 iPhone 5c 的背盖则忠实地呈现了塑料本来的性状、触感与光感。它表面光滑，边缘弯曲并同时作为手机的中框。

然而，我们或许可以质疑，塑料是否真的具有"原本"的性状，由于塑料的可塑性、延展性极强，它本来就可以是光滑的，也可以是粗糙的或有纹理的，而加工工艺本身已经成为塑料自身特性的一部分了，通过加工，它可以模仿别的材料——如木材、皮革，甚至是皮肤——的质感。正如，我们想到皮革，就想到缝制纹理一样，我们想到塑料，也就同时想到了塑料制品那千变万化的可能性。或许 Galaxy Note 3 的仿皮革表面与 iPhone 5c 的光滑表面均已经忠实地表现了塑料这种材料本来的特性。

## 整合与分化（可替换的组件）

　　iFixit 网站拆解了微软2014年发布的 Surface Pro 3平板电脑，发现它一体化到了极致，其屏幕、锂电池等组件均是用胶粘合成一体的。如果要更换老化了的内置锂电池，就必须拆下屏幕，而拆屏幕的过程几乎无法避免要破坏屏幕。于是，Surface Pro 3 就是一个无法维修的平板电脑，拆解它就是破坏它。

　　传统台式机的各个组件分别来自高度专业化、高度精细化分工的厂商：如Intel 负责提供 CPU，nVidia 负责提供显示芯片，华硕负责生产主板，金士顿负责生产内存条，三星负责生产固态硬盘……然后通过标准接口，它们被组装在一起，符合条件的所有显卡均可以与符合条件的所有主板相互兼容。而在笔记本电脑中，标准化生产的组件——如 CPU，内存等依然存在，CPU 与内存、显卡、南北桥芯片之间的传输协议、架构仍是相互兼容的，但 CPU、显卡等已经集成在主板上了，可更换的就只剩下内存条和硬盘了。而到了平板电脑中，所有传输协议，架构依然相互兼容，但终于，所有组件均无法更换了。我只需要一个螺丝刀就能轻松拆开我组装的台式机；我也能依赖一套工具，花些功夫，就能撬开我的联想 ThinkPad W510 笔记本电脑；而 Surface Pro 3 这样的平板，我却无从下手。

　　Surface Pro 3 中的CPU并不是专门为它设计的，同样的 CPU 可以在许多别的厂商所生产的笔电或平板中找到，同样地，Surface Pro 3 中的固态硬盘、内存、液晶面板等也是标准化生产的，非定制的，它们也出现在了别的笔电或平板中。但是这些标准化组件经过整机生产商的组装，形成的却是高度集成的，具高度整体性的产品，我们无法更换里面的组件，甚至，我们拆都拆不开。

### 握持的手柄（活化的、自主的细部）

哈苏 Stellar 是索尼 RX100 的奢华版（图6、图7），其本质上是同一部相机，哈苏只在外观和固件上对 RX100 做出了改变。而外观上，除了颜色、商标等差异外，最大的不同是哈苏的版本多了一个便于握持的手柄。而这个手柄与整机方块形的设计语汇格格不入。甚至，这个手柄是木质的，也与整机金属的材质格格不入。然而，正是木质流线形手柄——自主的细部——的引入大大提高了相机的握持手感；也因此，哈苏的版本更像一个被活化了的工艺品，而索尼的版本则更像冷冰冰的机器。同样类似的活化的手柄也常常在手枪、茶壶、拐杖等与手接触的产品中找到。

我们每天接触的鼠标，则很多直接被设计成了看起来能够与手掌完全贴合的形状（图8）。然而，人手的形状、大小千差万别，而每一款鼠标都只能适合于某一小部分人的手型，许多号称贴合了手型的鼠标长时间使用下来并不比左右对称的、不以贴合手型为目的的鼠标更舒服，很多时候反而更别扭。

图 6

哈苏Stellar，图片来源：哈苏

图 7

索尼RX100

图 8

厂商标榜贴合手型的鼠标

哈苏 Stellar 的手柄是自主的，甚至是颠覆的细部，而那些流线型所谓符合人机工学的鼠标，其终究和我的本田思域是一样的——它是一个整体，仿佛连左键和右键都要被隐藏掉才行。

当我们谈细部的时候，我们谈的不是细部本身，而是设计的整个理念，整个逻辑。无论是对于建筑、工业产品，还是服装、舞台布景。

本书翻译工作是多位译者通力合作的结果。各章节的责任译者如下：
前言：陈世光
第一章：隋心
第二章：胡迪
第三章：何为
第四章：李博翾、隋心
第五章：胡迪
第六章：陈世光
第七章：胡迪
插图：胡迪、隋心
初审：胡迪
最终定稿：隋心

另外，为了保证数据的精确与规整，本书在翻译过程中保持了原书的英制单位，不进行国际单位换算，谨此说明。

最后，请允许我代表本书的所有译者感谢本书原作者爱德华·福特先生的多次悉心指导。感谢亲人、师长与朋友们的帮助。感谢凤凰出版传媒集团段建姣女士对本书的重视及从立项到最终出版整个过程中的辛勤与鼎力支持。

特别鸣谢：徐点点女士、杜越博士。